Maths 4^e

Christophe POULAIN

- Les rappels de 5^e
- Le programme de 4e en 16 leçons
- 220 exercices corrigés
- Des conseils et méthodes
- Les compétences du socle commun

ellipses

Du même auteur chez le même éditeur

Mémo de mathématiques pour le brevet, 2010, 176 pages.

Maths 3e, Fiches de rappel, exercices et annales de brevet corrigés, 2010, 240 pages.

Énigmes et jeux mathématiques, 2011, 128 pages.

Je tiens tout particulièrement à remercier ma femme Céline ;
mon ami Jean-Michel SARLAT pour son soutien,
Sylvie HANNESSE, une amie, pour ses relectures très pointues ;
Thomas DEHON, un ancien élève, pour ses questions nombreuses ;
Hélène STAÏNER et Jean-Philippe ROUQUÈS, les auteurs du livre
*Des maths ensemble et pour chacun – 4e*
pour l'inspiration procurée par cette lecture.

Ce livre a été composé sur un système Linux (Debian Lenny) grâce à LaTeX, Ti*k*Z et à METAPOST pour les figures.

ISBN 978-2-7298-6550-4

32, rue Bargue 75740 Paris cedex 15

www.editions-ellipses.fr

Sommaire

I Vu en 5e… 5

II L'année de 4e 25

1 Statistiques 27

2 Multiplication des nombres relatifs 35

3 Quotient de deux nombres relatifs 41

4 Proportionnalité 47

5 Calcul littéral 59

6 Nombres relatifs en écriture fractionnaire 69

7 Puissance d'un entier relatif 77

8 Équations du 1er degré à une inconnue 85

9 Ordre 95

10 L'égalité de Pythagore 101

11 Triangle, milieux et parallèles 111

12 Distances, droites et cercles 119

13 Triangle rectangle et cercle 127

14 L'égalité des trois rapports 133

15 Cosinus d'un angle aigu 145

16 Nouveaux solides de l'espace 155

Correction des exercices 165

Index 223

Dans la suite, plusieurs cadres sont utilisés.
Celui-ci

indique que son contenu est une définition de cours.
Ce cadre, quant à lui, indique les compétences relatives au socle commun en classe de 4e.

> À l'issue de cette leçon, les compétences du socle commun sont :

Certaines d'entre elles sont en *italique* : ces compétences sont travaillées en 4e mais ne seront évaluées qu'en classe de 3e.

Le symbole indique une remarque, un complément d'information, une difficulté à percevoir…

Quant au symbole ci-contre, il présente un rappel, une indication… qu'il est nécessaire d'avoir en tête.

Première partie

Vu en 5e…

Rappel 1

La symétrie centrale

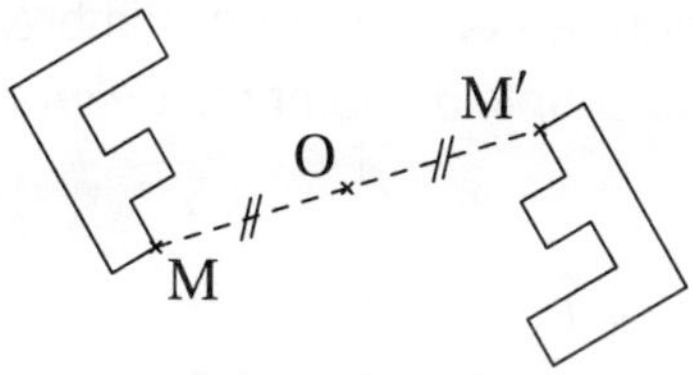

Le demi-tour par rapport à un point O s'appelle *la symétrie centrale de centre* O ou *symétrie par rapport* au point O.

M' est l'image de M par la symétrie centrale de centre O ou M' est le symétrique de M par rapport au point O.

Propriété

Dire que le point M' est l'image d'un point M par la symétrie de centre O, c'est dire que O est le milieu du segment $[MM']$.

Cette symétrie possède les mêmes propriétés de transformation que la symétrie axiale vue en 6e :
- les images de trois points alignés sont trois points alignés ;
- l'image d'une droite est une droite (et par une symétrie centrale, ces deux droites sont parallèles) ;
- l'image d'un segment est un segment de même longueur ;
- l'image du milieu d'un segment est le milieu du segment image ;
- l'image d'un cercle est un cercle de même rayon ;
- l'image d'un angle est un angle de même mesure ;
- les images de deux droites perpendiculaires sont perpendiculaires.

Rappel 2

La division euclidienne

La division euclidienne d'un nombre entier a par un nombre entier b non nul permet d'obtenir le couple de nombres entiers $(q;r)$ tels que :

$$a = b \times q + r \qquad \text{avec } 0 \leqslant r < b$$

$$\begin{array}{r|l} 4\,1\,7 & 1\,9 \\ \cline{2-2} 3\,7 & 2\,1 \\ 1\,8 & \end{array} \qquad\qquad \begin{array}{r|l} 8\,5\,4 & 1\,2 \\ \cline{2-2} 1\,4 & 7\,1 \\ 2 & \end{array}$$

$$417 = 19 \times 21 + 18 \qquad\qquad 854 = 12 \times 71 + 2$$

Dans la division euclidienne de a par b (où a et b sont deux nombres entiers avec b non nul), si le reste r est nul alors on écrit $a = b \times q$ et on dit que :

- a est un *multiple* de b ;
- b est un *diviseur* de a.

On peut aussi utiliser les critères de divisibilité :

- Un nombre entier est *divisible par 2* si son chiffre des unités est 2 ; 4 ; 6 ; 8 ; 0.
- Un nombre entier est *divisible par 3* si la somme de ses chiffres est un multiple de 3.
- Un nombre entier est *divisible par 4* si ses deux derniers chiffres forment un multiple de 4.
- Un nombre entier est *divisible par 5* si son chiffre des unités est 0 ou 5.
- Un nombre entier est *divisible par 9* si la somme de ses chiffres est un multiple de 9.

Rappel 3

Calculs numériques

Propriété

Lorsqu'une expression numérique n'a pas de parenthèses comportant des calculs, on effectue, ***de gauche à droite*** et *dans cet ordre*, les multiplications et divisions et enfin les additions et soustractions.

$$A = \underbrace{8 \times 5}_{①} + \underbrace{9 \times 7}_{①} \qquad B = \underbrace{4 \times 5}_{①} + \underbrace{16 \div 8}_{①}$$

$$A = 40 + 63 \qquad B = 20 + 2$$

$$A = 103 \qquad B = 22$$

Propriété

Lorsqu'une expression numérique a des parenthèses *comportant* des calculs, on effectue les calculs à l'intérieur de ces parenthèses en respectant la propriété précédente, puis on termine les calculs.

$$A = 8 \times (\underbrace{5+9}_{①}) \times 7 \qquad B = (\underbrace{20+3}_{①}) \times (16 - \underbrace{4 \times 3}_{①})$$

$$A = 8 \times 4 \times 7 \qquad B = 23 \times (\underbrace{16 - 12}_{②})$$

$$A = 224 \qquad B = 23 \times 4$$

$$B = 92$$

Propriété

Soit k, a et b, trois nombres quelconques. Alors :

$$k \times (a + b) = k \times a + k \times b$$

Cette propriété est très utile pour le calcul mental :

$$17 \times 29 = 17 \times (30 - 1) = 17 \times 30 - 17 = 510 - 17 = 493$$

$$34 \times 13 + 16 \times 13 = (34 + 16) \times 13 = 50 \times 13 = 650$$

Rappel 4

Fractions

Dans une classe de 25 élèves, il y a 15 filles. On dit que la proportion (ou *fréquence*) de filles est de « 15 sur 25 »,y ce qui s'écrit $\frac{15}{25}$.

Propriété

Le quotient de deux nombres positifs ne change pas lorsqu'on multiplie (ou on divise) ces deux nombres par un même nombre positif non nul (différent de 0).

$$\frac{a}{b} = \frac{a \times c}{b \times c} \qquad \frac{a}{b} = \frac{a \div c}{b \div c} \quad (b \neq 0\,;\, c \neq 0)$$

La proportion de filles peut donc s'écrire : $\frac{15_{\div 5}}{25_{\div 5}} = \frac{3}{5}$.

Dans une autre classe, la proportion de filles est de $\frac{6}{15}$.

Dans quelle classe y a-t-il le plus de filles ?

Propriété

Pour comparer des proportions, on les écrit avec le même dénominateur.

$\frac{6_{\div 3}}{15_{\div 3}} = \frac{2}{5}$.

Comme $\frac{2}{5} < \frac{3}{5}$, alors les filles sont plus nombreuses dans la première classe que dans la deuxième.

Rappel 5

Fractions : opérations

Propriété

Lorsqu'on ajoute (ou soustrait) deux fractions ayant le même dénominateur, alors on garde le dénominateur et on ajoute les numérateurs.

$$\frac{a}{b}+\frac{c}{b}=\frac{a+c}{b} \quad (b \neq 0)$$

$$\frac{4}{5}+\frac{7}{5}=\frac{4+7}{5}=\frac{11}{5} \qquad \frac{8}{6}-\frac{1}{6}=\frac{8-1}{6}=\frac{7}{6}$$

Propriété

Lorsqu'on ajoute (ou soustrait) deux fractions ayant des dénominateurs différents, alors on écrit les fractions avec le même dénominateur.

$$\frac{3}{5}+\frac{7}{10}=\frac{6}{10}+\frac{7}{10}=\frac{13}{10} \qquad \frac{5}{6}+\frac{2}{3}=\frac{5}{6}+\frac{4}{6}=\frac{9}{6}=\frac{3}{2}$$

Propriété

Lorsqu'on multiplie deux fractions, alors on multiplie les numérateurs entre eux et les dénominateurs entre eux.

$$\frac{a}{b}\times\frac{c}{d}=\frac{a\times c}{b\times d} \quad (b \neq 0\,;\, d \neq 0)$$

$$\frac{5}{3}\times\frac{7}{8}=\frac{5\times 7}{3\times 8}=\frac{35}{24}$$

Rappel 6

Triangles

Inégalité triangulaire

Si trois points A, B et C ne sont pas alignés, alors :

$$AC < AB + BC.$$

Lorsqu'on prouve que $AC = AB + BC$, cela signifie que les points A, B et C sont alignés et que le point B appartient au segment $[AC]$.

Propriété

La somme des angles d'un triangle est égale à 180°.

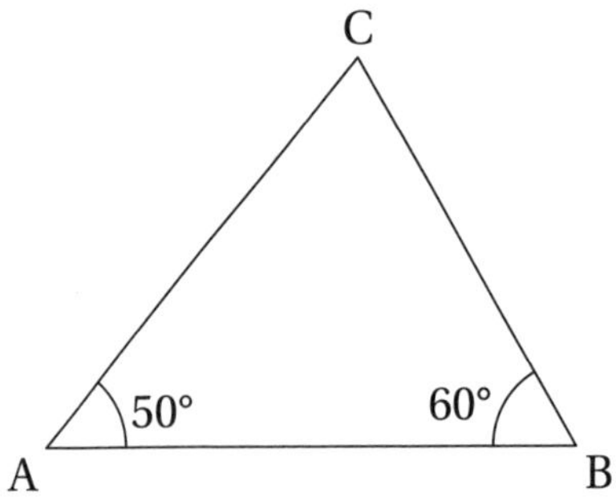

Dans le triangle ABC, on a

$$\widehat{CAB} + \widehat{ABC} + \widehat{BCA} = 180°$$
$$50° + 60° + \widehat{BCA} = 180°$$
$$110° + \widehat{BCA} = 180°$$
$$\widehat{BCA} = 70°$$

Propriété

Le centre du cercle circonscrit à un triangle est le point d'intersection des médiatrices des côtés de ce triangle.

En pratique, deux des trois médiatrices sont nécessaires.

Rappel 7

Triangles : hauteurs et médianes

▷ Hauteurs d'un triangle

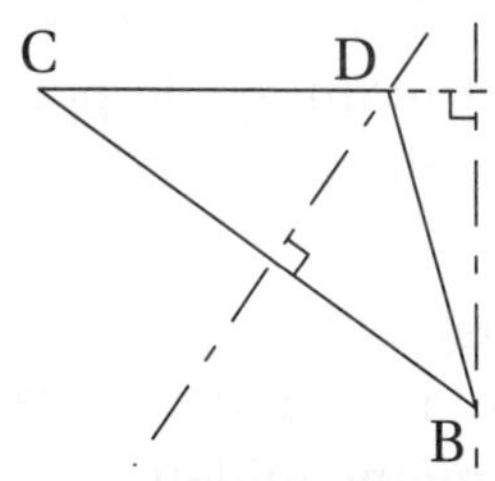

Dans un triangle, une *hauteur* est une droite passant par un sommet et perpendiculaire au côté opposé à ce sommet.

Il y a trois hauteurs dans un triangle. Elles peuvent être « à l'extérieur » du triangle.

Elles interviennent dans le calcul de l'aire du triangle (page 17).

▷ Médianes d'un triangle

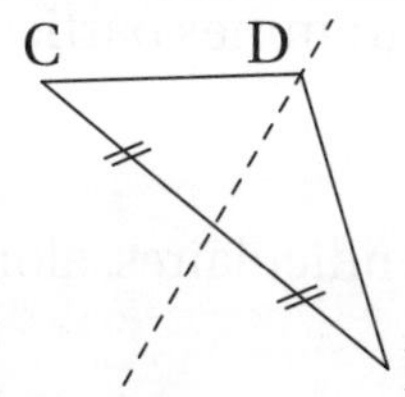

Dans un triangle, une *médiane* est une droite passant par un sommet et le milieu du côté opposé à ce sommet.

Il y a trois médianes dans un triangle.

Propriété

Une médiane d'un triangle partage ce triangle en deux triangles de même aire.

Dans le triangle CDB, la médiane issue de D partage ce triangle en deux triangles de même aire ; aire égale à la moitié de celle du triangle CDB.

Rappel 8

Les parallélogrammes

Un parallélogramme est un quadrilatère qui a ses côtés opposés parallèles deux à deux.

Les parallélogrammes ont un centre de symétrie qui est le point d'intersection de leurs diagonales. Grâce à la symétrie centrale (page 7), on obtient alors les propriétés suivantes :

- les côtés opposés d'un parallélogramme ont la même longueur ;
- les angles opposés d'un parallélogramme ont la même mesure ;
- les diagonales d'un parallélogramme ont le même milieu.

Propriété

Si les diagonales d'un quadrilatère ont le même milieu, alors ce quadrilatère est un parallélogramme.

La définition ou cette caractérisation permettent de prouver qu'un quadrilatère est un parallélogramme.

Les losanges, rectangles, carrés sont des parallélogrammes particuliers.

Propriété

- Si un parallélogramme a ses diagonales perpendiculaires, alors ce parallèlogramme est en fait un losange.
- Si un parallélogramme a deux côtés consécutifs de même longueur, alors ce parallélogramme est en fait un losange.
- Si un parallélogramme a ses diagonales de même longueur, alors ce parallélogramme est en fait un rectangle.
- Si un parallélogramme a deux côtés perpendiculaires, alors ce parallélogramme est en fait un rectangle.

Il ne faut pas oublier les définitions des losanges, rectangles et carrés.

Rappel 9

Angles : vocabulaire

Dire que des angles sont *complémentaires* signifie que la somme de leurs mesures vaut 90°.
Dire que des angles sont *supplémentaires* signifie que la somme de leurs mesures vaut 180°.

Angles particuliers À l'aide de la figure ci-dessous :

- les angles $\widehat{ABC}$ et $\widehat{CBH}$ sont *adjacents* : ils ont le même sommet, ont un côté en commun et sont situés de part et d'autre de ce côté ;
- les angles ② et ③ sont *des angles opposés par leur sommet* et ils ont même mesure ;
- les angles ① et ② sont *des angles correspondants* : ils sont définis par deux droites (AB) et (EF) et une droite (GC) sécante aux deux premières ;
- les angles ① et ③ sont *des angles alternes-internes* : ils sont définis par deux droites (AB) et (EF) et une droite (GC) sécante aux deux premières.

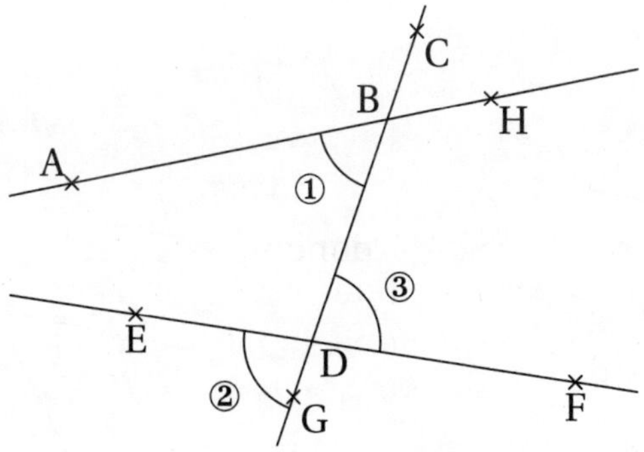

Rappel 10

Angles : propriétés

Propriété

Si deux droites (d) et (d_1) forment des angles correspondants (ou alternes-internes) de même mesure avec la sécante (d_2), alors les droites (d) et (d_1) sont parallèles.

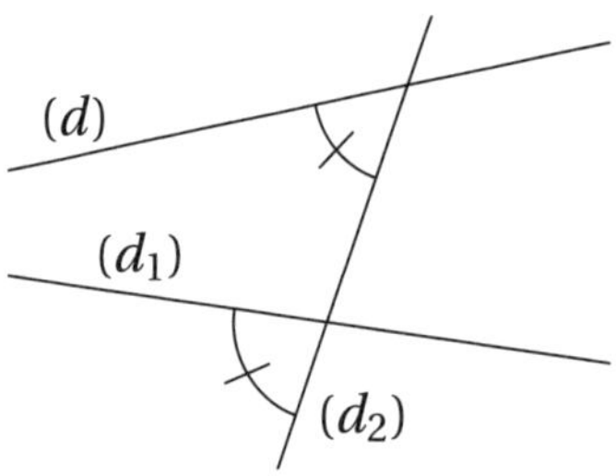

donc

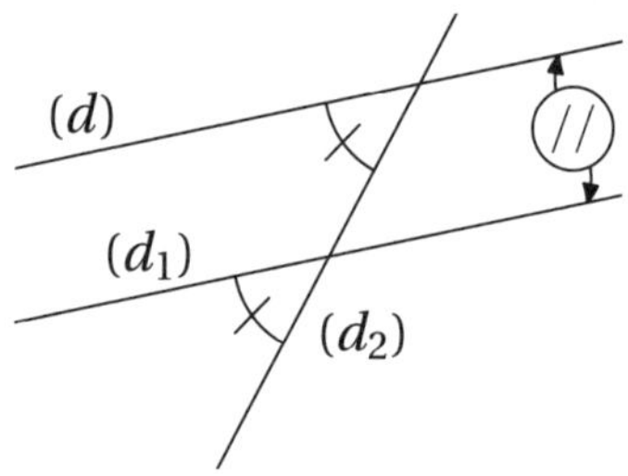

Propriété

Si les angles correspondants (ou alternes-internes) sont formés par deux droites parallèles (d) et (d_1) avec la sécante (d_2), alors ces angles ont la même mesure.

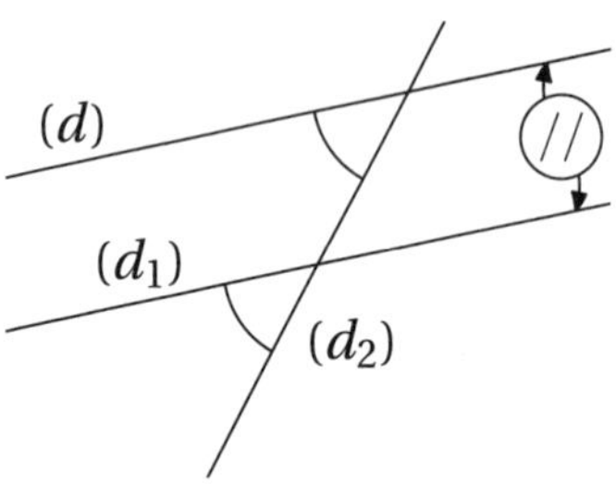

donc

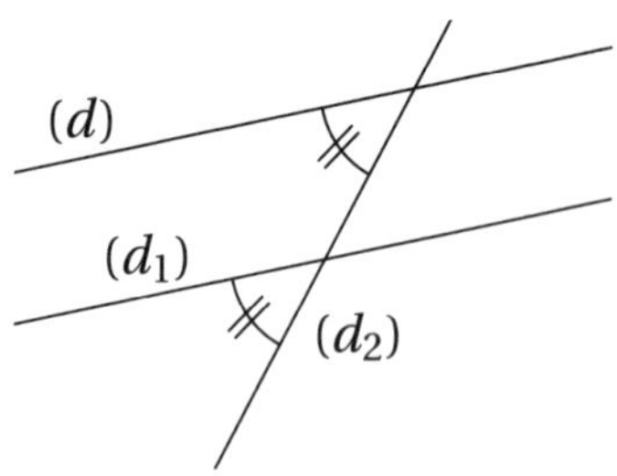

Rappel 11

Aire et périmètre

Dans cette partie, $\mathscr{P}$ est le périmètre de la surface considérée et $\mathscr{A}$ son aire.

Triangle de côté c et de hauteur relative à ce côté h.

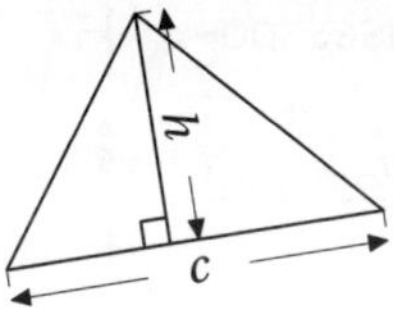

$\mathscr{P}$ = somme des côtés

$$\mathscr{A} = \frac{c \times h}{2}$$

Dans un triangle, il y a trois hauteurs ; donc trois façons de calculer son aire.

Rectangle de longueur L et de largeur ℓ.

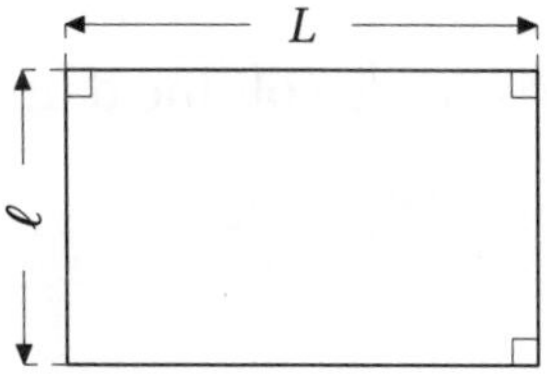

$$\mathscr{P} = 2 \times (\ell + L)$$

$$\mathscr{A} = L \times \ell$$

Un carré de côté c est un cas particulier du rectangle :

$\mathscr{P} = 4 \times c \quad \mathscr{A} = c^2$

Parallélogramme de côté c et de hauteur relative à ce côté h.

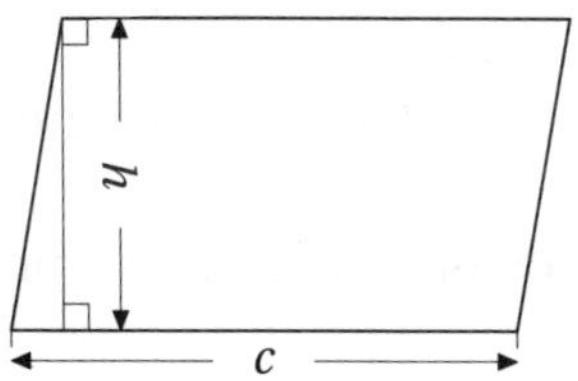

$\mathscr{P}$ = somme des côtés

$$\mathscr{A} = c \times h$$

Dans un parallélogramme, il y a deux hauteurs ; donc deux façons de calculer son aire.

Losange de côté c, de grande diagonale D et de petite diagonale d.

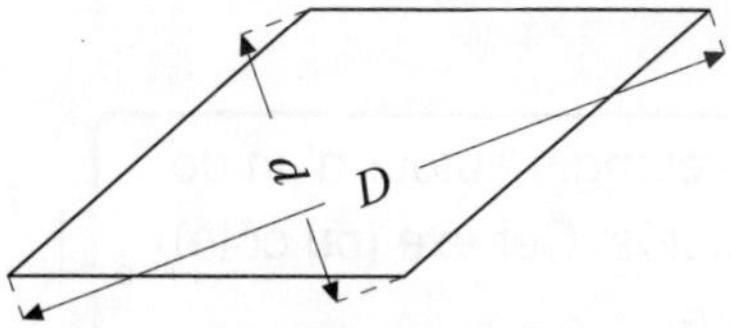

$$\mathscr{P} = 4 \times c$$

$$\mathscr{A} = \frac{d \times D}{2}$$

Avec ses diagonales, un losange est composé de quatre triangles rectangles identiques.

Cercle et disque de rayon r.

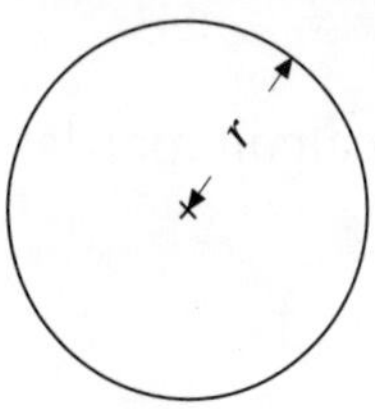

$$\mathscr{P}_{\text{cercle}} = 2 \times \pi \times r$$

$$\mathscr{A}_{\text{disque}} = \pi \times r^2$$

Rappel 12

Géométrie dans l'espace

Prisme droit

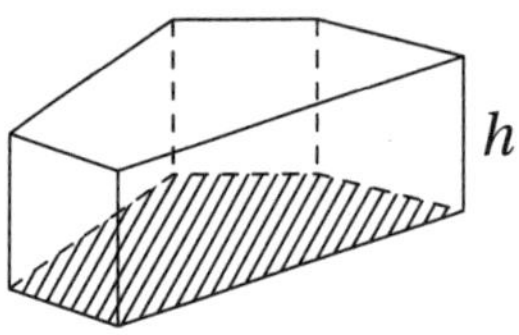

Solide constitué de deux *bases* polygonales identiques et parallèles et dont toutes *les faces latérales* sont des rectangles.

En notant $\mathscr{A}$ l'aire d'une base et h la hauteur du prisme, le volume d'un tel solide se calcule par la formule :

$$\mathcal{V} = \mathscr{A} \times h.$$

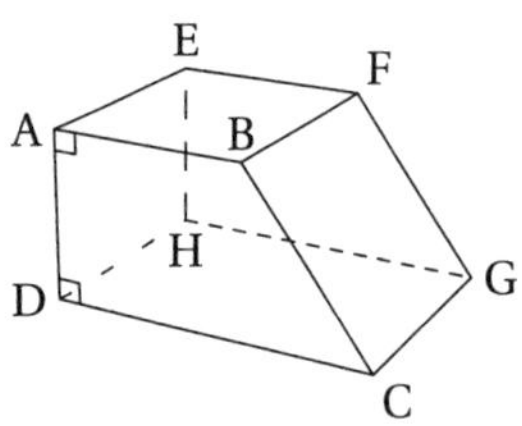

Avant de calculer le volume d'un prisme droit, il est préférable de déterminer *clairement* la nature de la base puis de calculer l'aire de cette base.
C'est d'autant plus nécessaire lorsque le prisme droit n'est pas « posé » sur la base !
Sur la figure ci-contre, la base du prisme droit est le polygone $ABCD$ (ou $EFGH$) !

Cylindre de révolution

Solide *créé* lorsqu'on fait tourner un rectangle autour d'un de ses axes de symétrie ou d'un de ses côtés. Cet axe (ou côté) est appelé *axe de révolution* du cylindre.

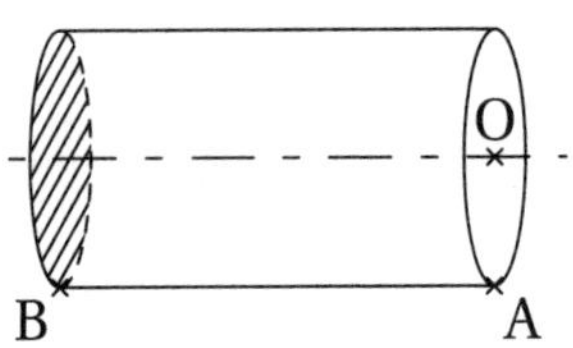

Le volume $\mathcal{V}$ d'un tel solide se calcule par la formule :

$$\mathcal{V} = \pi \times OA^2 \times AB.$$

Rappel 13

La proportionnalité

Dire que deux grandeurs sont *proportionnelles* signifie qu'en multipliant l'une par un nombre *non nul*, alors l'autre est également multipliée par ce même nombre.

Propriété

Dans un tableau, si on obtient les nombres de la deuxième ligne en multipliant ceux de la première ligne par un même nombre non nul k, alors le tableau est *un tableau de proportionnalité*. Le nombre *non nul* k est *le coefficient* de proportionnalité du tableau.

Pour compléter un tableau de proportionnalité, il existe plusieurs solutions :

- Utiliser la définition de la proportionnalité :

Masse (en kg)	1	2	5	...
Prix (en €)	1,75			...

(×2 ; ×5)

- Passer par l'unité :

Nombre de bouteilles	6	12	11	1
Prix (en €)	4,14	8,18		

(÷6 ; ×11)

On aurait pu également faire le prix de 12 bouteilles « moins » le prix d'une bouteille.

- Utiliser la définition d'un tableau de proportionnalité :

Capacité (en L)	4	8	5
Prix (en €)	26	52	

(×6,5)

Parfois ces multiplications se feront avec des nombres écrits en écriture fractionnaire. Par exemple : $6 \times \frac{11}{6} = 11$; $4 \times \frac{5}{4} = 5\ldots$

Rappel 14

La proportionnalité : applications

▷ Pourcentages

> Sur une quantité de 100 objets, si l'on en prend t, alors on dira que l'on a pris t % de la quantité.

- 10 % de remise signifie que sur 100 €, la remise sera de 10 € ;
- 17 % d'abstention signifie que sur 100 électeurs, 17 se sont abstenus.

Propriété

Prendre t % d'une quantité, c'est multiplier cette quantité par $\frac{t}{100}$.

J'ai besoin de 5 % de 75 g : $75\text{ g} \times \frac{5}{100} = \frac{375\text{ g}}{100} = 3{,}75\text{ g}$.

Un article qui coutaît 125 € a augmenté de 20 %, alors l'augmentation est de $125\text{ €} \times \frac{20}{100} = 25\text{ €}$.

▷ Échelle

Propriété

$$\text{échelle} = \frac{\text{distance sur le dessin}}{\text{distance réelle}}.$$

Les deux distances doivent être données dans la même unité.

Distance réelle	...	...
Distance sur la carte	...	...

(× échelle)

Rappel 15

Expressions littérales

▷ Convention d'écriture

Propriété

Dans une expression littérale, on peut supprimer le symbole de la multiplication *lorsqu'il n'y a aucune confusion possible.*

$$a + a = 2 \times a = 2a \quad 3 \times n + 4 = 3n + 4 \quad 4 \times (p+5) = 4(p+5)$$

▷ Utiliser des expressions littérales

La formule $V = c(20 - 2c)(20 - 2c)$ donne le volume V (en cm^3) d'une boite construite en fonction d'une longueur c (en cm). Sachant que la longueur c vaut 3 cm, que vaut le volume V ?

$$V = 3 \times (20 - 2 \times 3) \times (20 - 2 \times 3)$$
$$V = 3 \times (20 - 6) \times (20 - 6)$$
$$V = 3 \times 14 \times 14$$
$$V = 588 \text{ cm}^3$$

Il y a beaucoup de multiplications « cachées » dans la formule...

▷ Tester une égalité

On dispose des expressions littérales $5a + 2$ et $2a + 4$. Sont-elles égales pour $a = 4$?

$$\left.\begin{array}{l} 5a + 2 = 5 \times 4 + 2 = 20 + 2 = 22 \\ 2a + 4 = 2 \times 4 + 4 = 8 + 4 = 12 \end{array}\right\} 22 \neq 12$$

Les expressions $5a + 2$ et $2a + 4$ ne sont pas égales pour $a = 4$.

Rappel 16

Nombres relatifs : définitions

On sait que $7 - 5 = 2$. Mais que vaut $5 - 7$?
Pour que la soustraction soit *toujours* possible, on a créé les nombres *négatifs*. C'est pourquoi $5 - 7 = -2$.

Un nombre *relatif* est un nombre positif ou un nombre négatif.

On repère les nombres négatifs en prenant une droite graduée :

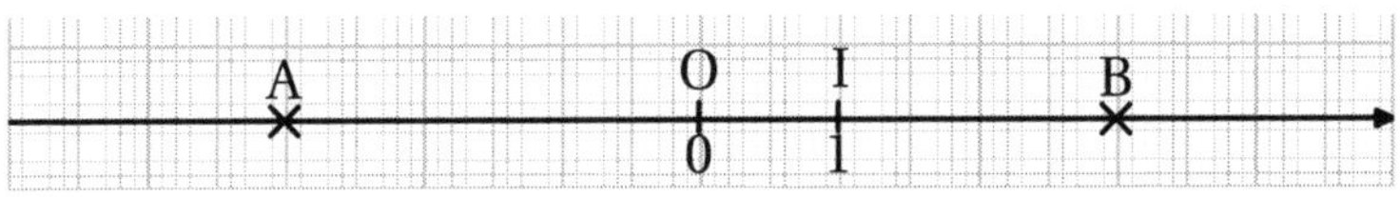

L'abscisse du point A est -3 ; celle du point B est 3. Les points A et B sont symétriques par rapport à l'origine : on dira que -3 et 3 sont des nombres *opposés*.
A et B ont la même *distance à zéro* : 3.

Grâce aux nombres relatifs, on peut repérer des points par *leurs coordonnées*.

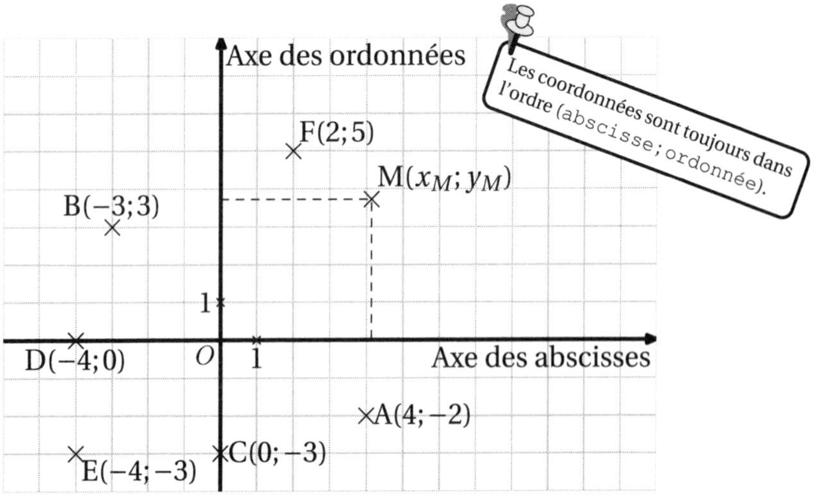

Rappel 17

Nombres relatifs : addition et soustraction

Propriété

La somme de deux nombres négatifs est négative. Sa distance à zéro s'obtient en additionnant les distances à zéro des deux nombres.

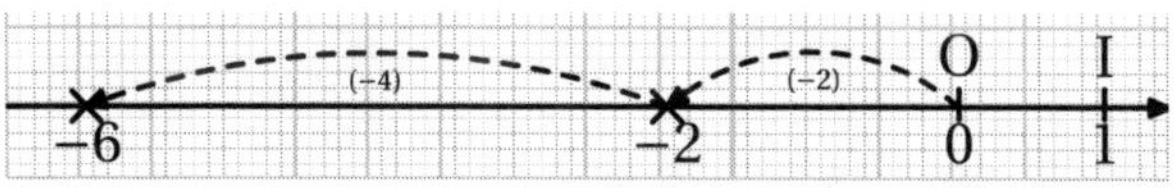

$(-2)+(-4)=-6$

Propriété

La somme de deux nombres relatifs de signes différents a le même signe que le nombre le plus « éloigné » de zéro. Sa distance à zéro est la *différence* entre la plus grande des distances à zéro et la plus petite.

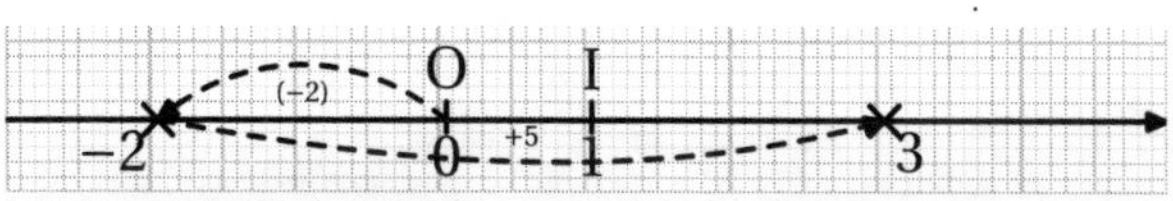

$(-2)+(+5)=3$

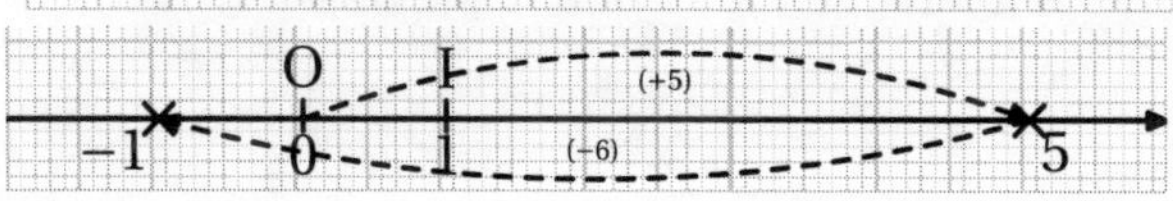

$(+5)+(-6)=-1$

Propriété

Soustraire un nombre, c'est ajouter son opposé.

$7-(-5)$	$(-6)-7$
$7+5$	$(-6)+(-7)$
12	-13

Deuxième partie

L'année de 4^{e}

Leçon 1

Statistiques

Lors d'une séance de saut en hauteur, le professeur d'EPS a relevé, en centimètres, les performances ci-dessous :

110 - 115 - 120 - 110 - 100 - 110 - 125 - 125 - 100 - 95 - 135 - 105 - 130 - 110 - 95 - 100 - 110 - 85 - 85 - 105 - 140 - 125 - 100 - 135 - 105 - 130 - 135 - 115 - 120 - 135

Quelles informations peut-on obtenir à partir de ces performances ?

▷ Effectifs d'une série statistique

L'enseignant a relevé les différentes hauteurs passées par ses élèves. Le *caractère* étudié ici est la hauteur des différents sauts.
Plutôt que d'utiliser « un par un » les résultats obtenus, on peut les regrouper dans un tableau statistique :

Hauteur (cm)	85	95	100	105	110	115	120	125	130	135	140
Nombre d'élèves	2	2	4	3	5	2	2	3	2	4	1

> Dans un tableau statistique, l'*effectif* d'une valeur est le nombre de réponses associé à cette valeur.
> L'ensemble des valeurs et des effectifs forme une *série statistique*.

Dans la série statistique des performances, l'effectif de la valeur 110 cm est 5, celui de la valeur 125 cm est 3.

> Dans une série statistique, *l'effectif total* est égal à la somme des effectifs de cette série statistique.

L'effectif total de l'étude statistique faite par le professeur d'EPS est :

$$2+2+4+3+5+2+2+3+2+4+1=30.$$

On sait alors qu'il y a eu 30 performances relevées.

Afin d'avoir une vue plus synthétique de cette étude, l'enseignant souhaite présenter les résultats sous la forme de pourcentages. Pour cela, on se concentre sur chacune des valeurs de la série statistique, l'une après l'autre, en calculant *la fréquence* de chaque valeur :

> La fréquence f d'une valeur du caractère étudié est :
>
> $$f = \frac{\text{Effectif de la valeur du caractère}}{\text{Effectif total de la série}}.$$

On peut alors compléter le tableau des données relevées :

Hauteur (cm)	85	95	100	105	110	115	120	125	130	135	140
Nombre d'élèves	2	2	4	3	5	2	2	3	2	4	1
Fréquence	$\frac{2}{30}$	$\frac{2}{30}$	$\frac{4}{30}$	$\frac{3}{30}$	$\frac{5}{30}$	$\frac{2}{30}$	$\frac{2}{30}$	$\frac{3}{30}$	$\frac{2}{30}$	$\frac{4}{30}$	$\frac{1}{30}$

La somme totale des fréquences est égale à 1.

Grâce aux fréquences, les réponses, demandées sous forme de pourcentages, deviennent plus simples à calculer. En effet, pour la hauteur 135 cm :

$\times \frac{4}{30}$

4	pour	30
?	pour	100

$$? = \frac{4}{30} \times 100 = f \times 100.$$

La performance 135 cm a été réalisée par environ 13,3 % des élèves.

Cours

Exercice 1

Pour agrémenter la cour d'un collège, on a planté 76 arbustes dont on a mesuré la taille.
Compléter le tableau en indiquant l'effectif manquant et les fréquences. *On écrira les fréquences sous la forme d'un pourcentage.*

Taille	1,30 m	1,40 m	1,50 m	1,60 m
Effectif	12	32		9
Fréquence				

Le professeur d'EPS souhaite maintenant avoir une représentation graphique des résultats. En suivant la même méthode que pour les pourcentages, on va construire un diagramme circulaire (ou semi-circulaire) pour présenter graphiquement cette étude.
L'angle correspondant à la valeur 100 cm est :

$\times \frac{4}{30}$

4 pour 30

? pour 360°

$$? = \frac{4}{30} \times 360 = f \times 360.$$

La performance 100 cm est donc représentée par un angle de 48°. Le diagramme circulaire obtenu est donc le suivant :

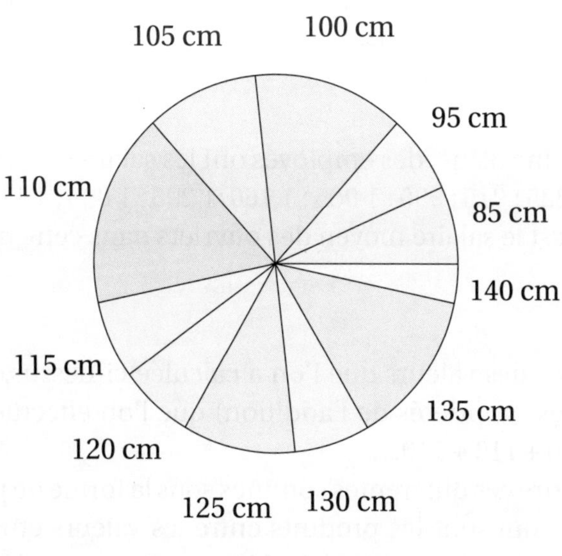

Pour un diagramme semi-circulaire, on prend 180° à la place de 360°.

Cours

Exercice 2

Construire un diagramme circulaire correspondant à la série statistique de l'exercice résolu 1.

L'enseignant souhaite « positionner » les élèves par rapport à une donnée relative aux résultats obtenus. Un des indicateurs statistiques connu par le professeur est *la moyenne* de la série statistique.

> Pour calculer la moyenne d'une série statistique, on effectue la somme de *toutes* les valeurs puis on la divise par l'effectif total.

Pour ce relevé de performances, la somme des valeurs est :

$$110+115+120+110+100+110+125+125+100+95+135$$
$$+105+130+110+95+100+110+85+85+105+140+125$$
$$+100+135+105+130+135+115+120+135$$

soit 3 410 et l'effectif total est 30. Donc la performance moyenne relevée est :

$$m = \frac{3\,410}{30} \approx 113{,}7 \text{ cm}.$$

Attention à l'interprétation : il n'y a pas 15 élèves sous la moyenne et 15 élèves au-dessus de la moyenne.

Exercice 3

Dans une usine, des employés ont les salaires suivants (en €) :
760 ; 825 ; 915 ; 990 ; 1 065 ; 1 160 ;1 296 ; 1 090 ; 1 110 ; 953.
Quel est le salaire moyen des ouvriers dans cette usine ?

Dans la somme des valeurs que l'on a calculée ci-dessus, on remarque (en utilisant les propriétés de l'addition) que l'on effectue $85+85$ puis $110+110+110+110+110\ldots$
Or, on peut écrire ces différentes sommes sous la forme de produits 2×85 puis $5\times 110\ldots$ qui sont les produits entre les valeurs étudiées et leurs effectifs. En faisant ainsi, on a calculé la *moyenne pondérée* de la série statistique.

Pour calculer la *moyenne pondérée* par les effectifs d'une série statistique :
- on multiplie chaque valeur par l'effectif correspondant,
- puis on effectue la somme de ces produits,
- pour enfin diviser cette somme par l'effectif total.

La *moyenne pondérée* ne diffère *en rien* de la moyenne calculée *classiquement*. Il s'agit juste d'une amélioration du procédé.
On dit *pondérée* car chaque valeur est affectée par son effectif.

Exercice 4

Dans une classe de 28 élèves, les notes à un devoir se répartissent de la manière suivante :

Notes	6	7	8	9	10	11	12	13	15
Effectifs	2	1	2	4	6	3	3	3	4

Calculer la moyenne de la classe à ce devoir.

▷ Statistiques et tableur

Pour cette partie, on a utilisé le tableur Calc. C'est celui de la suite bureautique OpenOffice, librement téléchargeable à l'adresse :

`http://fr.openoffice.org/`.

On rappelle les définitions à connaître lors de l'utilisation d'un tableur : colonne ; ligne et cellule.

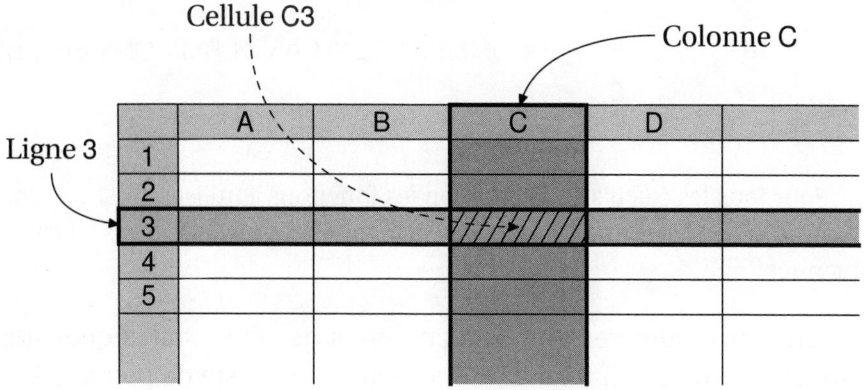

Cours

La fonction SOMME permet de calculer la somme d'un ensemble de valeurs. Mais il faut le faire de manière à rendre tout changement dans l'ensemble des valeurs, très simple à faire. On utilise pour cela *des références* aux cellules sous la forme A1, A2…

	A	B	C
1	12		
2	5		
3	15		
4	10		=SOMME(A1:A5)
5	12		

En validant cette saisie, l'ordinateur affichera 54 (résultat de la somme des cellules A1 à A5) et *adaptera seul* cette valeur lorsque les cellules A1 à A5 changeront de contenu.
La moyenne d'une série statistique se calcule alors facilement avec ce calcul de somme mais on peut également utiliser la fonction MOYENNE sous la forme =MOYENNE(A1:A5) qui renvoie directement la moyenne des nombres situés dans les cellules A1 à A5.

Par contre, sur ce tableur, on ne peut pas calculer une moyenne pondérée avec une seule fonction.
Si on souhaite déterminer une telle moyenne, il faut décomposer les calculs avec la fonction SOMMEPROD(A1:A5;B1:B5) qui effectue la somme des produits des nombres de la colonne A par ceux de la colonne B.

	A	B	C	D	E	F
1	12	1				
2	5	2				
3	15	1				
4	10	3	=SOMMEPROD(A1:A5,B1:B5)/SOMME(B1:B5)			
5	12	2				

Pour tous les calculs à effectuer ou les fonctions à utiliser, il est *impératif* de les faire précéder d'un signe « = » sinon l'ordinateur n'effectue pas les calculs demandés !

Pour construire différentes représentations de séries statistiques (diagramme en bâtons, circulaire ou semi-circulaire ; liste de points…), on

peut également faire appel au tableur, grâce au menu Insertion puis Diagramme.
Les combinaisons possibles pour la construction d'un graphique sont nombreuses : il conviendra d'être vigilant lors de l'utilisation de cette commande.

Le tableur peut également être utilisé dans le calcul littéral (page 59).

> À l'issue de cette leçon, les compétences du socle commun sont :
> - Calculer des fréquences.
> - Calculer la moyenne d'une série donnée.
> - Créer ou modifier une feuille de calcul, insérer une formule.
> - Créer un graphique à partir des données d'une feuille de calcul.

▷ Exercices complémentaires

5 ▶ Calculer la moyenne de la série de valeurs :

19	5	25	23	36	2	10	11	5	27
17	9	28	12	19	14	35	30	5	1

6 ▶ *On détaillera les calculs.*

(a) On a relevé les températures à Nice durant une semaine de novembre : -1 ; 2 ; 1 ; -1 ; -2 ; 5 ; 9.
Quelle a été la température moyenne à Nice cette semaine-là ?

(b) On a relevé les températures à Rennes durant cette même semaine : -3 ; -2 ; 0 ; -1 ; -2 ; 3 ; 5.
Quelle a été la température moyenne à Rennes cette semaine-là ?

7 ▶ La série statistique suivante représente la durée d'attente à un standard téléphonique :

valeur (minutes)	7	10	12	13	14	15	18
effectif	11	4	4	1	7	2	1

Calculer la durée moyenne d'attente.

8 ▶ Le graphique ci-dessous représente la répartition des notes d'une classe lors du dernier devoir :

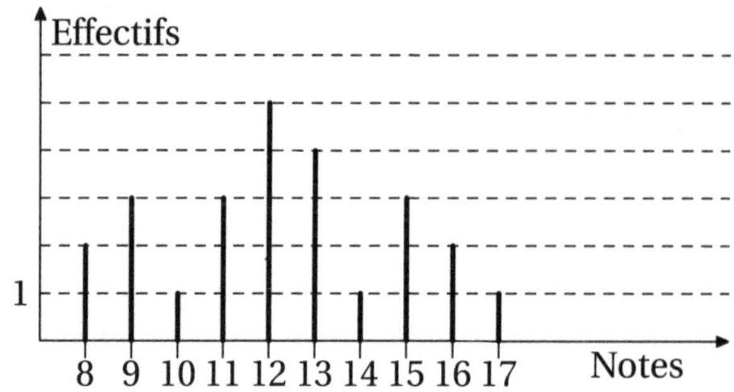

(a) Combien d'élèves ont effectué ce devoir ?

(b) Combien d'élèves ont obtenu une note supérieure ou égale à 14 ?

(c) Quelle est la note moyenne à ce devoir ?

(d) La moitié de la classe a-t-elle obtenue plus que la note moyenne ?

9 ▶ Il y avait cinq perroquets dans une cage et leur prix moyen était de 5 000 €.
Un jour, durant le nettoyage de la cage, le plus beau des perroquets s'est envolé. Le prix moyen des quatre perroquets restants est maintenant de 4 000 €.
Combien coûtait le perroquet qui s'est échappé ?

10 ▶ Voici les notes d'un élève de 4e en mathématiques :

1er trimestre	15	10	8	13	10	
2e trimestre	13	9	7	14	13	16
3e trimestre	12	15	17	14	12	

(a) Calculer sa moyenne pour chacun des trois trimestres.

(b) Calculer la moyenne des moyennes des trois trimestres.

(c) Calculer la moyenne de l'ensemble de ses notes sur son année scolaire. Que remarque-t-on ?

Leçon 2

Multiplication des nombres relatifs

Cours

Prérequis

- Connaître la définition de l'opposé d'un nombre relatif (page 22).
- Savoir additionner et soustraire des nombres relatifs (page 23).

Depuis bien longtemps, on sait que la multiplication et l'addition des nombres entiers positifs sont très liées. En effet :

$$4 \times 14 = 14 + 14 + 14 + 14 = 56,$$
$$3 \times 5 = 5 + 5 + 5 = 15,$$
$$5 \times 3 = 3 + 3 + 3 + 3 + 3 = 15.$$

En suivant le même schéma, on peut écrire :

$$4 \times (-14) = (-14) + (-14) + (-14) + (-14) = -56$$
$$3 \times (-5) = (-5) + (-5) + (-5) = -15$$
$$5 \times (-3) = (-3) + (-3) + (-3) + (-3) + (-3) = -15$$

Il est donc facile de multiplier un nombre positif par un nombre relatif.
Que se passe-t-il pour $(-4) \times (-14)$?
Étudions le produit $(-4) \times \left[(-14) + 14\right]$. D'une part,

$$(-4) \times \left[(-14) + 14\right] = (-4) \times 0 = 0.$$

D'autre part,

$$(-4) \times \left[(-14) + 14\right] = (-4) \times (-14) + (-4) \times 14.$$

Donc

$$(-4) \times (-14) + (-4) \times 14 = 0$$

et $(-4) \times (-14)$ est l'opposé de $(-4) \times 14$. Comme $(-4) \times 14 = -56$ alors :

$$(-14) \times (-4) = 56.$$

Ceci n'est qu'un exemple mais en procédant de la même façon, on démontre que :

Propriété

Le produit de deux nombres relatifs de même signe est POSITIF.
Le produit de deux nombres relatifs de signes différents est NÉGATIF.

Pour multiplier deux nombres relatifs :
- on détermine *d'abord* le signe du produit ;
- puis on calcule ensuite le produit sans tenir compte des signes.

$(-2) \times (-3)$	$(-4) \times 6$	$7 \times (-3)$
Il y a deux facteurs (-2 et -3) qui sont négatifs : le produit sera *positif*. De plus $2 \times 3 = 6$. Donc :	Les facteurs -4 et 6 ont des signes différents : le produit sera *négatif*. De plus $4 \times 6 = 24$. Donc :	Les facteurs 7 et -3 ont des signes différents : le produit sera *négatif*. De plus $7 \times 3 = 21$. Donc :
$(-2) \times (-3) = 6$	$(-4) \times 6 = -24$	$7 \times (-3) = -21$

Si a est un nombre relatif quelconque, alors $a \times 0 = 0 \times a = 0$.

Exercice 11

Compléter :

$(-3) \times (-1) = \ldots$	$3 \times (-2) = \ldots$	$(-1) \times 6 = \ldots$
$(-1) \times (-6) = \ldots$	$3 \times (-5) = \ldots$	$(-2) \times (-7) = \ldots$
$(-3) \times (-7) = \ldots$	$7 \times (-4) = \ldots$	$(-3) \times (-2) = \ldots$
$(-2) \times (+7) = \ldots$	$2 \times (-9) = \ldots$	$(-8) \times (+9) = \ldots$
$3 \times (-1) = \ldots$	$(-6) \times (-3) = \ldots$	$(-0,1) \times (-0,1) = \ldots$
$(-11) \times (-3) = \ldots$	$(+11) \times (-7) = \ldots$	$100 \times (-0,01) = \ldots$
$(-4) \times (+9) = \ldots$	$(-1) \times (+96) = \ldots$	$(-0,1) \times (-0,01) = \ldots$
$2 \times (-7) = \ldots$	$(-1) \times (-1) = \ldots$	$(-10) \times 0,1 = \ldots$

À partir de cette propriété de calculs, on peut dire :

Multiplication par -1

Multiplier un nombre relatif par -1, c'est prendre l'opposé de ce nombre.

$$(-1)\times a = a\times(-1) = -a$$

$12\times(-1)=-12$ $\quad (-1)\times 5=-5$ $\quad (-7)\times(-1)=7$ $\quad (-1)\times(-3)=3$

On peut maintenant effectuer quelques calculs plus complexes, en respectant les priorités de calculs :

$$A=(-2)\times 4+(-3)\times(-5)$$
$$A=-8+15$$
$$A=7$$

$$B=(2\times 3-4)\times(-5)$$
$$B=(6-4)\times(-5)$$
$$B=2\times(-5)$$
$$B=-10$$

Exercice 12

Effectuer les opérations proposées en détaillant les calculs :

$E=3\times(-5)+(-6)\times 5$ $\qquad F=[4\times(-9)+2]\times 5-2$

Maintenant que nous savons multiplier deux nombres relatifs, étudions les produits de plus de deux facteurs tels que :

$$A=\underbrace{3\times(-4)}\times(-3)\times(-3)$$
$$A=\underbrace{(-12)\times(-3)}\times(-3)$$
$$A=36\times(-3)$$
$$A=-108$$

$$B=\underbrace{(-3)\times 4}\times(-3)\times 3$$
$$B=\underbrace{-12\times(-3)}\times 3$$
$$B=36\times 3$$
$$B=108$$

$$C=\underbrace{(-3)\times(-4)}\times(-3)\times(-3)$$
$$C=\underbrace{12\times(-3)}\times(-3)$$
$$C=(-36)\times(-3)$$
$$C=108$$

$$D=\underbrace{(-3)\times 4}\times 3\times 3$$
$$D=\underbrace{-12\times 3}\times 3$$
$$D=(-36)\times 3$$
$$D=-108$$

Les calculs A et D sont égaux (ils comportent respectivement 3 et 1 facteurs négatifs) et les calculs B et C le sont également (ils comportent respectivement 2 et 4 facteurs négatifs). Le signe du produit change donc avec *la parité* du nombre de facteurs négatifs.

Cours

Propriété

Lorsqu'on multiplie des nombres relatifs différents de 0 :
- s'il y a un nombre PAIR de facteurs *négatifs*, alors le produit est POSITIF ;
- s'il y a un nombre IMPAIR de facteurs *négatifs*, alors le produit est NÉGATIF.

Soit $A = (-4) \times 3 \times (-7) \times (-110) \times (-17)$.
Comme il y a quatre facteurs négatifs (4 est pair), alors A est positif.

Soit $B = 13 \times (-19) \times (-53) \times (-15)$.
Comme il y a trois facteurs négatifs (3 est impair), alors B est négatif.

Exercice 13

Donner le signe des deux produits suivants. Justifier la réponse.

$$I = 3{,}1 \times 4{,}2 \times (-1{,}2) \times (-1{,}3) \times 4{,}7 \times (-1{,}9)$$
$$J = (-19{,}1) \times (-37{,}2) \times 17{,}4 \times (-43{,}7) \times (-51{,}2)$$

SC À l'issue de cette leçon, les compétences du socle commun sont : SC
- Calculer le produit de nombres relatifs simples.

▷ Exercices complémentaires

14 ▶ Effectuer les calculs suivants :

$A = 3 \times (-5)$	$B = (-6) \times 5$	$C = 4 \times (-9)$
$D = 2 \times 5$	$E = 8 \times (-5)$	$F = (-6) \times 8$
$G = -4 \times 5$	$H = 2 \times (-5)$	$I = 7 \times (-4)$
$J = (-5) \times (-5)$	$K = -3 \times (-7)$	$L = 4 \times (-4)$
$M = (-4) \times (-4)$	$N = 3 \times 6$	$O = (-5) \times (-7)$

15 ▶ Recopier et compléter le tableau :

$\times$	-7	-4	-2	0	5	10
-10						
-5						
-1						
1						
3						
7						

16 ▶ Recopier et compléter le tableau suivant :

a	b	$a+b$	$b-a$	$a\times b$
6	3			
-2	1			
9	-3			
-15	-5			
-6	-3			
-4	8			
-5	-10			

17 ▶ Donner le signe des produits ci-dessous. On justifiera la réponse.

$$A=(-1)\times(-1)\times(-1)\times(-1)\times(-1)\times(-1)\times(-1)$$

$$B=5\times(-8)\times(-1)\times 2\times(-1)$$

$$C=-3\times 3\times(-3)$$

$$D=(-2)\times 5\times(-5)\times 2\times(-2)$$

$$E=10\times(-10)\times(-3)\times 10\times(-10)\times(-1)$$

$$F=(-3)\times(-3)\times(-3)\times(-3)\times(-3)\times(-3)$$

18 ▶ Recopier et compléter les organigrammes de calculs suivants :

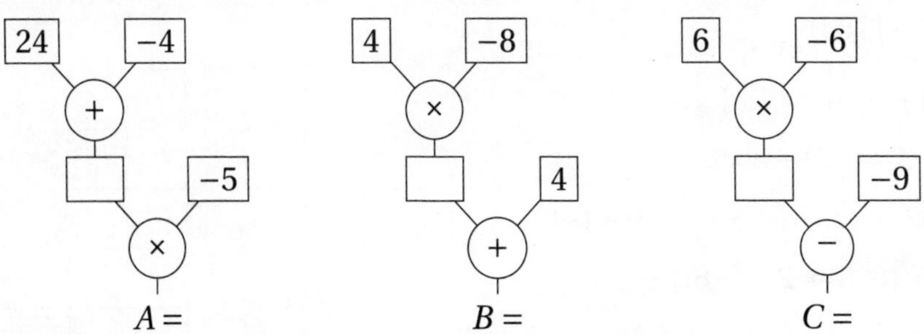

19 ▶ Recopier et compléter les organigrammes de calculs suivants :

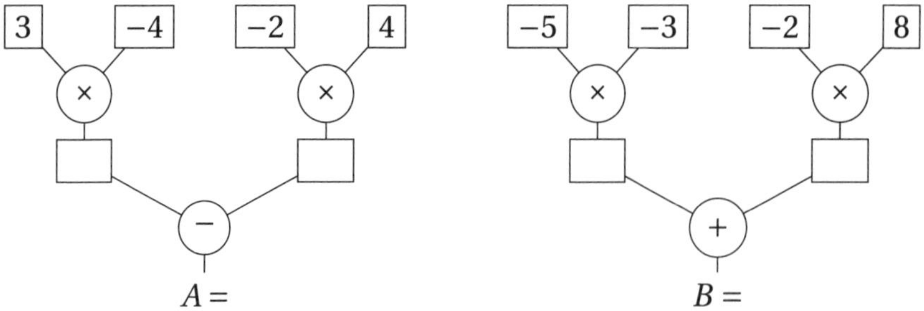

20 ▶ Effectuer les opérations proposées en détaillant les calculs :

$E = 3 \times (-6) + (-5) \times 5$ $\qquad$ $F = (-4) \times (-3) - 6 \times (-3)$

$G = [4 + 3 \times (-2)] \times (-3)$ $\qquad$ $H = [4 \times (-8) + 2] \times 2 - 2$

$I = 8 \times (-5) + 3 - (-6) \times 8$ $\qquad$ $J = [-4 \times 5 + 2] \times [2 \times (-5) + 1]$

21 ▶ Calculer les expressions données en utilisant les valeurs $a = -11$; $b = 5$; $c = -2$.

$A = a - b \times c$ $\qquad$ $B = (a - b) \times c$

$C = 2 \times a - (3 \times b + 5 \times c)$ $\qquad$ $D = -(a + b) - 2 \times c$

22 ▶ On définit une nouvelle opération appelée *triangle* qui permet de faire des calculs de la façon suivante :

$$a \rhd b = (a + 2 \times b) \times (2 \times a + b)$$

(a) Vérifier que $2 \rhd 3$ donne 56 comme résultat.

(b) Calculer $-1 \rhd 2$ puis $-2 \rhd (-3)$.

23 ▶ Effectuer les calculs pour compléter, *en lettres*, la grille de mots croisés ci-dessous afin d'obtenir le nom d'un célèbre mathématicien suisse (1707-1783).

$[5 + (-5) \times (-3)] \times 5$

$[-3 \times (-2) + 2 \times (-1)] \times (-3)$

$[12{,}5 \times (-8) + 5 \times (-5)] \times (-8)$

$4 \times [(-3) \times 2 - (-8)] - 1$

$2 \times [(-3) + (-1{,}5) \times (-4) + 1{,}75 \times 2]$

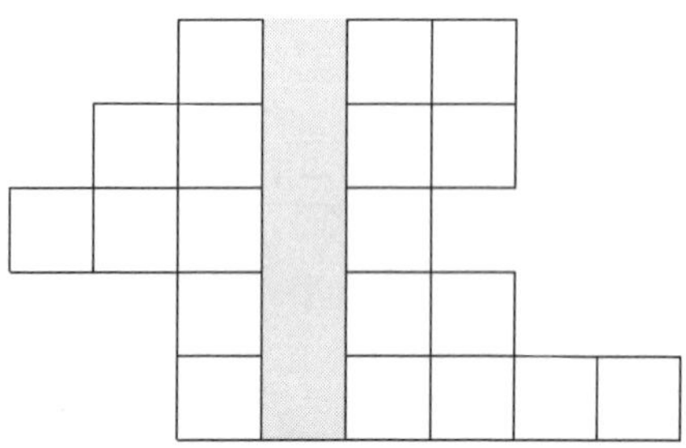

Leçon 3

Quotient de deux nombres relatifs

Cours

Prérequis

- Savoir multiplier deux nombres relatifs (page 35).
- Connaître la définition d'un quotient.

> Le nombre x qui vérifie $ax = b$ (avec $a \neq 0$) s'appelle *le quotient* de b par a. Il se note $\frac{b}{a}$.
>
> $$a \times x = b \quad (a \neq 0)$$
>
> $$x = \frac{b}{a}$$

On sait que $3 \times (-2) = -6$ et que $(-4) \times (-5) = 20$. Alors, grâce à ces multiplications, on peut dire que :
- le quotient de -6 par 3 est -2 ;
- le quotient de -6 par -2 est 3 ;
- le quotient de 20 par -4 est -5 ;
- le quotient de 20 par -5 est -4.

De la même façon, si a et b sont tous deux des nombres négatifs *non nuls*, compléter l'égalité

$$a \times ? = b$$

revient à trouver un nombre positif. Et si a est un nombre négatif *non nul* et b un nombre positif *non nul*, compléter l'égalité

$$a \times ? = b$$

revient à trouver un nombre négatif.

Propriété

Le quotient de deux nombres relatifs *non nuls* de même signe est POSITIF.

Le quotient de deux nombres relatifs *non nuls* de signes différents est NÉGATIF.

Pour diviser deux nombres relatifs :
- on détermine *d'abord* le signe du quotient ;
- puis on calcule ensuite le quotient sans tenir compte des signes.

$-7 \div (-2)$	$-9 \div 3$
Les nombres -7 et -2 sont tous deux négatifs : le quotient sera *positif*. De plus, $7 \div 2 = 3{,}5$. Donc : $-7 \div (-2) = 3{,}5$	Les nombres -9 et 3 sont de signes différents : le quotient sera *négatif*. De plus, $9 \div 3 = 3$. Donc : $-9 \div 3 = -3$

Exercice 24

Effectuer les calculs suivants :

$(-12) \div 6 = \ldots$	$21 \div (-7) = \ldots$	$(-30) \div (-5) = \ldots$
$(-4) \div (-2) = \ldots$	$(-32) \div (-8) = \ldots$	$(-18) \div 6 = \ldots$
$(-99) \div 9 = \ldots$	$(-99) \div (-11) = \ldots$	$99 \div (-9) = \ldots$
$(-6) \div (-3) = \ldots$	$(-72) \div (-9) = \ldots$	$72 \div (-8) = \ldots$
$27 \div (-3) = \ldots$	$(-27) \div 3 = \ldots$	$(-27) \div (-3) = \ldots$
$35 \div (-7) = \ldots$	$(-35) \div (-7) = \ldots$	$(-35) \div (-5) = \ldots$

▷ Inverse d'un nombre relatif non nul

Parmi les quotients, il en existe un de particulier :

> *L'inverse* d'un nombre relatif x (avec $x \neq 0$) est le quotient de 1 par x ; on le note $\frac{1}{x}$ ou x^{-1}.

L'inverse de 2 est $\frac{1}{2}$; l'inverse de -7 est $\frac{1}{-7}$.

Exercice 25

Déterminer les inverses de 3 ; -5 ; π ; $2+7$; $5-8$ et $4\times(-3)+14$.

Attention à ne pas confondre *l'inverse* d'un nombre relatif non nul avec *l'opposé* d'un nombre relatif : l'opposé de 2 est -2 ; l'opposé de -7 est 7.

Si l'on souhaite calculer l'inverse d'un nombre non nul à la calculatrice, on utilisera la touche $\boxed{x^{-1}}$ plutôt que d'effectuer le quotient directement.

7	x^{-1}	=	0.1428571429

$$\frac{1}{7} \approx 0{,}142\,857\,142\,9$$

C'est une valeur approchée car $7 \times 0{,}142\,857\,142\,9 \neq 1$

▷ Quotients égaux

On sait que $4 \div (-2) = -2$ et que $-8 \div 4 = -2$. Donc $4 \div (-2) = -8 \div 4$. Mais comment savoir si deux quotients, n'ayant *a priori* pas de liens, sont égaux ? On sait déjà que pour des nombres a, b et k positifs (b et k étant non nuls), on a :

$$\frac{a}{b} = \frac{a \times k}{b \times k}.$$

Que se passe-t-il pour des nombres relatifs ? Prenons la fraction $\frac{a}{-7}$.
Si nous multiplions a et -7 par un même nombre relatif *non nul* k, le quotient $\frac{a \times k}{-7 \times k}$ est-il égal à $\frac{a}{-7}$?

Appelons ℓ le quotient de a par -7. Alors $\frac{a}{-7} = \ell$ ou encore $a = -7 \times \ell$.
Si k est un nombre relatif *non nul*, alors :

$$a \times k = -7 \times \ell \times k.$$

D'où, en utilisant les propriétés de la multiplication,

$$a \times k = -7 \times k \times \ell.$$

Cours

Dans le produit $a \times k$, combien de fois trouve-t-on $-7 \times k$? D'après l'égalité précédente, ℓ fois.
Or, $\ell = \dfrac{a}{-7}$. Donc

$$\frac{a \times k}{-7 \times k} = \frac{a}{-7}$$

Cet exemple peut être généralisé afin d'obtenir la propriété

Propriété

Le quotient de deux nombres relatifs ne change pas lorsqu'on multiplie (ou on divise) ces deux nombres par un *même* nombre relatif *non nul* (différent de 0).

$$\frac{a}{b} = \frac{a \times c}{b \times c} \qquad \frac{a}{b} = \frac{a \div c}{b \div c} \qquad (b \neq 0\,;\, c \neq 0)$$

$0,3 \div (-20)$ se calcule en multipliant $0,3$ et -20 par 10 :

$$0,3 \div (-20) = 3 \div (-200)$$

$-18 \div 12$ peut se calculer mentalement en *simplifiant* par 6.

$$-18 \div 12 = \{(-3) \times 6\} \div \{2 \times 6\} = -3 \div 2 = -1,5$$

Exercice 26

Voici plusieurs phrases. Sont-elles vraies ou fausses ? Expliquer pourquoi.

1/ Le quotient de 12 par 15 est égal au quotient de 4 par 3.

2/ Le quotient de 32 par -24 et celui de -3 par 4 sont égaux.

3/ Le quotient de -27 par -45 et celui de 3 par 5 sont égaux.

4/ Le quotient de 25 par 35 et le quotient de -15 par -21 sont différents.

SC

À l'issue de cette leçon, les compétences du socle commun sont :
- Déterminer une valeur approchée du quotient de deux nombres décimaux (positifs ou négatifs).
- *Connaître la notion d'inverse d'un nombre relatif non nul et savoir utiliser la touche correspondante de la calculatrice.*

SC

▷ Exercices complémentaires

27 ▶ Effectuer les calculs suivants :

$A = 15 \div (-5)$ $\quad$ $B = (-6) \div 2$ $\quad$ $C = 18 \div (-9)$

$D = 20 \div 5$ $\quad$ $E = 40 \div (-5)$ $\quad$ $F = (-56) \div 8$

$G = -25 \div 5$ $\quad$ $H = 45 \div (-5)$ $\quad$ $I = 28 \div (-4)$

$J = (-5) \div (-5)$ $\quad$ $K = -21 \div (-7)$ $\quad$ $L = 16 \div (-4)$

$M = (-24) \div (-4)$ $\quad$ $N = 36 \div 6$ $\quad$ $O = (-35) \div (-7)$

28 ▶ Recopier et compléter le tableau suivant :

a	b	$a-b$	$a \times b$	$a \div b$
6	3			
−2	1			
9	−3			
−15	−5			
−6	−3			

29 ▶ On donne les organigrammes de calculs suivants :

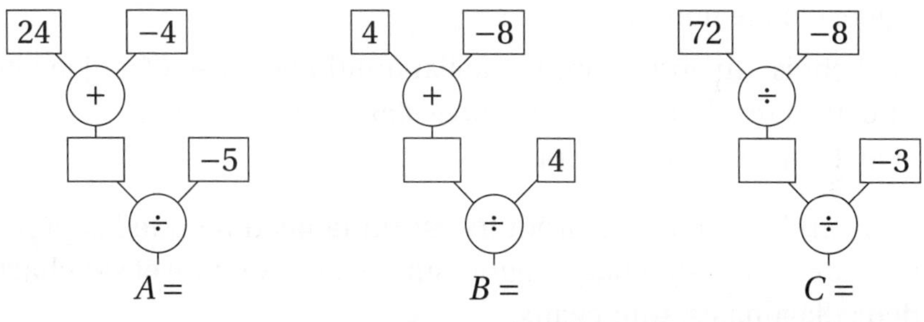

Recopier et compléter ces organigrammes de calculs.

30 ▶ On donne les organigrammes de calculs suivants :

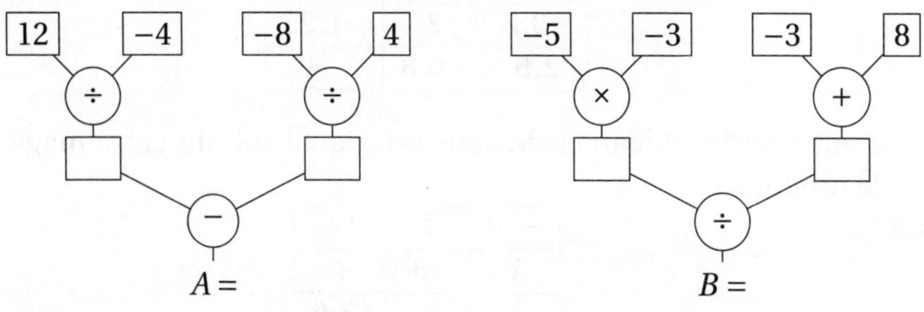

Recopier et compléter ces organigrammes de calculs.

31 ▶ Effectuer les opérations proposées en détaillant les calculs :

$A = 3 \times (-5) + (-30) \div 5$ $\qquad$ $B = [36 \div (-9) + 2] \times 5 - 2$

$C = [8 \times (-5) + 8] \div 4$ $\qquad$ $D = (-4 \times 5 + 2) \div ((-10) \div (-5) + 7)$

32 ▶ On considère l'expression suivante :

$$A = (3a - 2b) \div (2c + a)$$

(a) Calculer la valeur de cette expression lorsque $a = 4$; $b = -1$; $c = 5$.

(b) Calculer la valeur de cette expression lorsque $a = -2$; $b = 3$; $c = 4$.

33 ▶ Calculer :

(a) l'inverse de l'opposé de 5 ;

(b) l'opposé de l'inverse de −2 ;

(c) le produit des inverses de −2 et 5 ;

(d) l'inverse du produit de −2 et 5.

34 ▶ *On détaillera le raisonnement.*

(a) J'ai choisi un nombre. Je lui ai retranché 12 et j'ai multiplié le résultat par −9. J'ai ainsi trouvé 900.
Quel était le nombre choisi ?

(b) J'ai choisi un autre nombre. Je l'ai multiplié par −100 et j'ai ajouté 1 000 au résultat. J'ai ainsi trouvé 999.
Quel était le nombre choisi ?

35 ▶ Un carré magique de produits est un tableau tel que les produits des nombres écrits sur chaque ligne, sur chaque colonne et sur chacune des deux diagonales, sont égaux.

(a) Vérifier si le tableau ci-dessous est un carré magique de produits :

−1	−5	1,6
−3,2	2	−1,25
2,5	−0,8	−4

(b) Compléter le tableau ci-dessous pour qu'il soit un carré magique de produits :

−10	?	12
?	−6	?
?	?	−3,6

Leçon 4

Proportionnalité

Prérequis

- Connaître les propriétés du quotient de deux nombres (page 41).
- Connaître la définition d'une situation de proportionnalité et savoir utiliser les méthodes de calculs sur la proportionnalité (page 19).

Le tableau ci-dessous représente le prix d'un morceau de tissu en fonction de la longueur achetée :

Longueur de tissu (mètre)	3	5	9
Prix (en €)	7,50	12,50	22,50

On remarque que le prix s'obtient en multipliant la longueur par 2,50. C'est donc un tableau de proportionnalité et 2,50 est le *coefficient de proportionnalité*. Mais parfois, c'est un peu plus délicat :

Longueur de tissu (mètre)	3	5	9
Prix (en €)	8,52	14,20	25,56

Comment expliquer que ce tableau soit un tableau de proportionnalité ou non ? Trouver *directement* l'éventuel coefficient de proportionnalité semble difficile. Cependant, on peut trouver trois nombres k_1, k_2 et k_3 tels que :

$$3 \times k_1 = 8,52 \qquad 5 \times k_2 = 14,20 \qquad 9 \times k_3 = 25,56$$

Donc

$$k_1 = \frac{8,52}{3} \qquad k_2 = \frac{14,20}{5} \qquad k_3 = \frac{25,56}{9}$$

$$k_1 = 2,84 \qquad k_2 = 2,84 \qquad k_3 = 2,84$$

Tous ces quotients sont égaux : on obtient donc une situation de proportionnalité et le coefficient de proportionnalité est 2,84 €.

Cours

Propriété

Pour reconnaître si un tableau de nombres est un tableau de proportionnalité, *tous les quotients* colonne par colonne doivent être égaux.

1er cas Le tableau suivant est-il un tableau de proportionnalité ?

10	25	40
9	22,5	36

$$\frac{9_{\times 5}}{10_{\times 5}} = \frac{45}{50} \qquad \frac{22,5_{\times 2}}{25_{\times 2}} = \frac{45}{50} \qquad \frac{36_{\div 4}}{40_{\div 4}} = \frac{9}{10}$$

Comme *tous* les quotients sont égaux, alors c'est un tableau de proportionnalité.

2e cas Le tableau suivant est-il un tableau de proportionnalité ?

La calculatrice n'est pas obligatoire pour comparer des quotients.

10	25	40
8	15	22

$$\frac{8_{\div 2}}{10_{\div 2}} = \frac{4}{5} \qquad \frac{15_{\div 5}}{25_{\div 5}} = \frac{3}{5} \neq \frac{4}{5}$$

Comme les quotients ne sont pas égaux, alors ce n'est pas un tableau de proportionnalité.

Il n'est pas utile de déterminer le troisième quotient. Dès qu'un des quotients est différent des autres, le tableau ne représente pas une situation de proportionnalité.

Exercice 36

Si un évènement *imprévu* survient sur la route, le conducteur réagit avec un temps de retard d'environ 1 seconde et la voiture parcourt encore une certaine distance qui dépend de la vitesse à laquelle roule le véhicule.
Le tableau ci-dessous indique différents résultats de relevés effectués par la Gendarmerie Nationale :

Vitesse en km/h	50	70	100
Distance parcourue pendant le temps de réaction (mètre)	14	19,6	28

Ce tableau correspond-il à une situation de proportionnalité ?

▷ L'égalité des produits en croix

Cours

On dispose de deux quotients égaux $\frac{5}{17}$ et $\frac{7}{\ell}$. On obtient alors *facilement* le tableau de proportionnalité suivant :

5	7
17	ℓ

Si k est le coefficient de proportionnalité, alors on a tout de suite :

$$5 \times k = 17 \text{ et } 7 \times k = \ell.$$

Par conséquent, $k = \frac{17}{5}$ et $7 \times \frac{17}{5} = \ell$. Donc ℓ est égal à $\frac{7 \times 17}{5}$ et devient le quotient de 17×7 par 5. On peut alors écrire que $\ell \times 5 = 17 \times 7$.

L'égalité des produits en croix

On prend a, b, c et d, quatre nombres relatifs non nuls.

Si je sais que $\frac{a}{b} = \frac{c}{d}$, alors $a \times d = b \times c$.

Exercice 37

Dans chacun des cas, exprimer ℓ en fonction de d.

$$\frac{\ell}{3} = \frac{d}{5} \qquad \frac{3}{\ell} = \frac{d}{7} \qquad \frac{3}{\ell} = \frac{-11}{d}$$

Étudions maintenant la propriété *réciproque* : sachant que $7 \times d = b \times 3$ (avec b et d des nombres non nuls), est-ce que $\frac{7}{b} = \frac{3}{d}$?

Donc nous savons que :

$$7 \times d = b \times 3.$$

Alors :

$$\frac{7}{b} = \frac{7 \times 3}{b \times 3} = \frac{7 \times 3}{7 \times d} = \frac{3}{d}.$$

Cours

Propriété

On prend a, b, c et d, quatre nombres relatifs non nuls.

Si je sais que $a \times d = b \times c$, alors $\frac{a}{b} = \frac{c}{d}$.

Exercice 38

Dans chacun des cas, exprimer le quotient $\frac{a}{b}$.

$a \times 7 = b \times 3$ $\quad$ $-4 \times a = 2 \times b$ $\quad$ $-9 \times b = 14 \times a$

Pour déterminer la valeur de x lorsque

$$\frac{17}{29} = \frac{x}{35},$$

on utilise alors l'égalité des produits en croix :

$$29 \times x = 35 \times 17$$
$$29 \times x = 595$$
$$x = 595 \div 29$$
$$x \approx 20{,}52$$

On peut aussi faire un peu plus vite :

$$\frac{17}{29} = \frac{x}{35}$$

$$x = \frac{35 \times 17}{29}$$

C'est utile lorsqu'on connaît trois données sur les quatre. Un peu moins dans les autres cas…

Exercice 39

Dans chacun des cas, déterminer la valeur du nombre n.

$\frac{8}{32} = \frac{5}{n}$ $\quad$ $\frac{7{,}3}{n} = \frac{4{,}2}{6{,}51}$ $\quad$ $\frac{3{,}4}{2{,}4} = \frac{n}{1{,}5}$ $\quad$ $\frac{n}{4{,}5} = \frac{5}{2{,}5}$

L'égalité des produits en croix s'utilise alors de manière immédiate lors des situations de proportionnalité !

Exercice 40

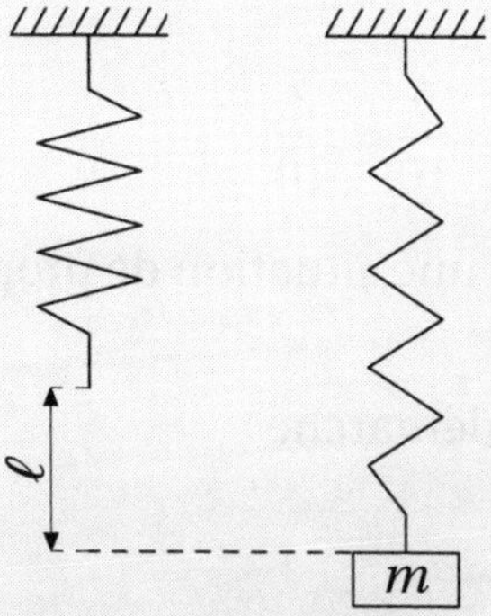

Lorsqu'on suspend une masse m (en grammes) au bout d'un ressort, l'allongement ℓ (en centimètres) du ressort est *proportionnel* à la masse m.
Compléter le tableau ci-dessous en indiquant les calculs effectués.

Masse m (g)	12	30	45		
Allongement ℓ (cm)	0,8			7,5	10,1

▷ Situation de proportionnalité et représentation graphique

Lors d'une séance de cours, le professeur de sciences physiques a mis en place trois ateliers pour que les élèves puissent manipuler et étudier différentes situations.

1er atelier Les élèves obtiennent les résultats suivants :

10	25	40
2	12,5	32

L'enseignant se demande si ce tableau représente une situation de proportionnalité. Réflexe immédiat, il place les valeurs du tableau sur un graphique :

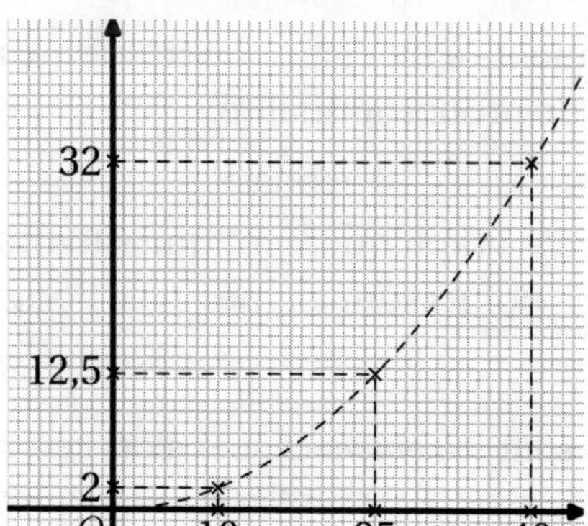

Calculons les quotients :

$$\frac{2}{10} \qquad \frac{12{,}5}{25} = \frac{1}{2} = \frac{5}{10} \neq \frac{2}{10}.$$

Ils ne sont pas égaux donc il ne s'agit pas d'une situation de proportionnalité.

2e atelier Le professeur effectue la même démarche :

10	25	40
13	25	37

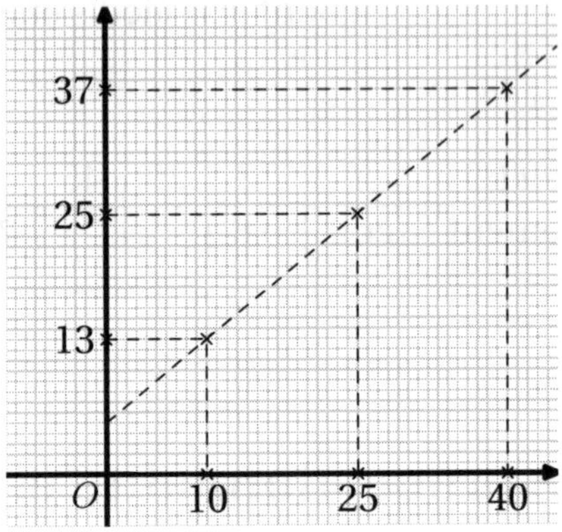

$$\frac{13}{10}$$

$$\frac{25}{25} = 1 = \frac{10}{10}$$

Les quotients ne sont pas égaux donc ce n'est pas une situation de proportionnalité.

3e atelier Une nouvelle fois, après le travail des élèves, l'enseignant utilise un graphique :

10	25	40
6	15	24

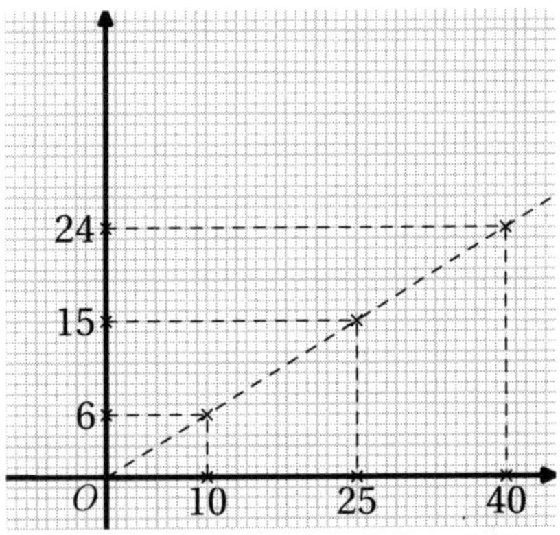

$$\frac{6}{10}$$

$$\frac{15_{\div 5}}{25_{\div 5}} = \frac{3}{5} = \frac{6}{10}$$

$$\frac{24_{\div 6}}{40_{\div 6}} = \frac{6}{10}$$

Cette fois-ci, les quotients sont égaux. Le troisième atelier est représentatif d'une situation de proportionnalité.

Propriété

Lorsqu'on représente graphiquement une situation de proportionnalité, alors *tous* les points sont alignés avec l'origine du repère.

Si tous les points sont *seulement* alignés alors cela ne suffit pas (voir le 2e atelier ci-dessus) : il est essentiel de vérifier si l'alignement se fait avec l'origine du repère.

Exercice 41

L'eau en gelant augmente de volume. Le segment de droite, donné ci-dessous, représente le volume de glace (en litres) obtenu à partir d'un volume d'eau liquide (en litres).

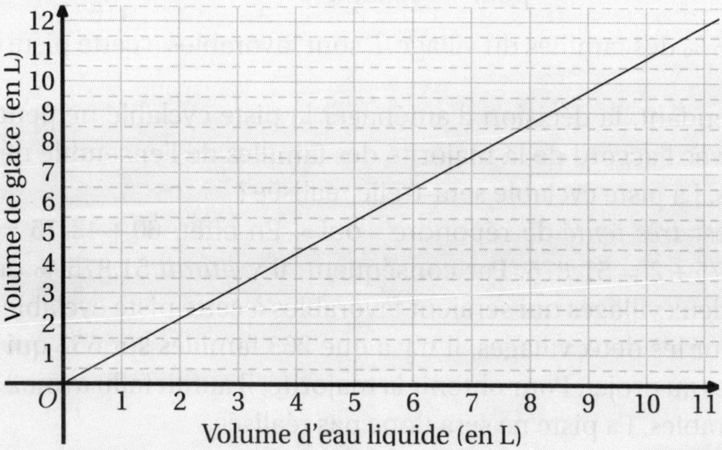

1/ Répondre aux questions suivantes en utilisant une lecture graphique :

(a) Quel est le volume de glace obtenu à partir de 6 litres de liquide ?

(b) Quel volume d'eau liquide faut-il geler pour obtenir 10 litres de glace ?

2/ Le volume de glace est-il proportionnel au volume d'eau liquide ? Justifier.

▷ Pourcentages et indices

Les pourcentages sont très présents dans la vie quotidienne et nous entourent constamment. Les utiliser, les *interpréter* est essentiel.

Par exemple, lors d'une enquête, on a demandé aux familles de deux villages voisins S et T de répondre à la question suivante : « Êtes-vous favorable à l'aménagement d'une piste cyclable entre les deux villages ? » Dans le village S, 60 % des 135 familles consultées ont répondu « oui ». Cela représente donc $\frac{60}{100} \times 135 = 81$ familles qui ont répondu favorablement.

Cours

Dans le village T, il y a eu 182 réponses favorables sur les 416 familles consultées. Quel pourcentage cela représente-t-il ?

182 « oui »	pour	416 familles
?	pour	100 familles

$$? = \frac{182 \times 100}{416} = 43,75$$

On a utilisé l'égalité des produits en croix.

43,75 % des familles du village T sont favorables à cette piste cyclable.

Cependant, la décision d'aménager la piste cyclable ne peut être prise qu'avec l'accord de la majorité des familles de l'ensemble des deux villages. La piste cyclable sera-t-elle réalisée ?
On est *très tenté* de répondre « oui ». En effet, $60 + 43,75 = 103,75$ et $103,75 \div 2 = 51,875$. Par conséquent, il y *aurait* 51,875 % des familles des deux villages qui seraient favorables à cette piste cyclable.
Or, sur les deux villages, il n'y a que 263 familles sur 551 qui sont favorables au projet. Pour obtenir la majorité, il aurait fallu avoir 276 familles favorables. La piste ne sera donc pas réalisée.

Quel pourcentage des familles des deux villages représente les familles favorables à ce projet ?

263 « oui »	pour	551 familles
?	pour	100 familles

$$? = \frac{263 \times 100}{551} \approx 47,73$$

Seulement 47,73 % des familles des deux villages sont favorables à cette piste cyclable. Les pourcentages peuvent être trompeurs, méfiance...

Exercice 42

Dans deux classes de 4e d'un collège, on organise une enquête pour décider de l'ouverture d'un club d'échecs.
En 4eA, 6 élèves sur 24 souhaitent l'ouverture.
En 4eB, 10 élèves sur 29 souhaitent l'ouverture.

1/ Calculer, pour chaque classe, le pourcentage des élèves souhaitant l'ouverture du club.

2/ Le club n'existera que si au moins 30 % des élèves de l'ensemble des deux classes ont répondu « oui ». Le club ouvrira-t-il ?

Observons un autre exemple. On a étudié l'évolution du prix du gazole en France en 2010 et on a obtenu, d'après l'UFIP, le tableau suivant :

Mois	Janv	Févr	Mars	Avri	Mai	Juin	Juil	Août	Sept	Octo
Prix (€)	1,075	1,083	1,120	1,156	1,166	1,165	1,137	1,140	1,145	1,162

Calculer les pourcentages d'augmentation (ou de baisse) d'un mois par rapport à un autre peut se faire facilement mais on peut les obtenir plus vite grâce à *un indice de base 100* fixé sur un des mois étudiés.

Mois	Janv	Févr	Mars	Avri	Mai	Juin	Juil	Août	Sept	Octo
Prix (€)	1,075	1,083	1,120	1,156	1,166	1,165	1,137	1,140	1,145	1,162
Indice	100									

L'indice de base 100 se place sur le mois que l'on choisit pour *référence* ; et on complète ensuite grâce à l'égalité des produits en croix.

Mois	Janv	Févr	Mars	Avri	Mai	Juin	Juil	Août	Sept	Octo
Prix (€)	1,075	1,083	1,120	1,156	1,166	1,165	1,137	1,140	1,145	1,162
Indice	100	100,74								

Il y a eu 0,74 % d'augmentation entre les mois de janvier et février.

Exercice 43

Compléter le tableau ci-dessus pour obtenir les pourcentages d'augmentation par rapport au mois de janvier.

Le mois de *référence* n'est pas obligatoirement le mois de janvier.

▷ Vitesse moyenne

Lorsqu'un objet parcourt une distance d pendant un temps t, alors sa vitesse moyenne v se calcule par

$$v = \frac{d}{t}.$$

L'unité *classiquement* utilisée est le kilomètre par heure (notée km/h ou km.h^{-1}). Mais on peut également utiliser le mètre par seconde (noté m/s ou m.s^{-1}), le kilomètre par seconde (noté km/s ou km.s^{-1})... Il faut faire attention aux unités utilisées dans l'énoncé.

En parcourant 120 km en 2 heures, la vitesse moyenne est $\frac{120}{2} = 60$ km/h ou 60 km.h^{-1}.

En parcourant 30 m en 5 secondes, la vitesse moyenne est $\frac{30}{5} = 6$ m/s ou 6 m.s^{-1}. Quelle est cette vitesse moyenne en km/h ?

6 m	en	1 seconde	
360 m	en	1 minute (60 secondes)	
21 600 m	en	1 heure (60 minutes)	soit 21,6 km/h.

On peut également utiliser les méthodes de calculs sur la proportionnalité : 120 km en 2 heures, cela fait combien de kilomètres en 1 heure ?

Exercice 44

Un automobiliste roule 15 minutes à la vitesse de 80 km/h puis 1 heure et 45 minutes à la vitesse de 120 km/h.

1/ Quelle est la distance *totale* parcourue ?

2/ Calculer la vitesse moyenne sur cette distance totale.

Il faut être attentif lors d'exercices sur la vitesse *moyenne*. Par exemple,

– un trajet aller de 100 km a été effectué en 48 minutes :

100 km	48 minutes	la vitesse moyenne est 125 km/h ;
?	60 minutes	

– le trajet retour de 100 km a été effectué en 50 minutes :

100 km	50 minutes	la vitesse moyenne est 120 km/h.
?	60 minutes	

Quelle est la vitesse moyenne sur *l'ensemble du trajet aller-retour* ? 122,5 km/h ?

Faisons le calcul :

200 km	98 minutes	on obtient environ 122,45 km/h !
?	60 minutes	

C'est très proche de 122,5 km/h, mais il y a clairement une différence !

Exercice 45

1/ À l'aller, un automobiliste a parcouru 190 km en deux heures et trente minutes. Calculer sa vitesse moyenne en km.h^{-1} sur le trajet aller.

2/ Au retour, il a mis 45 minutes de moins. Quelle est sa vitesse moyenne sur le trajet retour ?

3/ Quelle est sa vitesse moyenne sur l'ensemble du trajet ?

À l'issue de cette leçon, les compétences du socle commun sont :

- Savoir calculer une donnée manquante dans une situation de proportionnalité (déterminer une quatrième proportionnelle).
- Savoir calculer un pourcentage.
- SC *Savoir utiliser dans le plan muni d'un repère, la caractérisation de la proportionnalité par l'alignement des points avec l'origine du repère.* SC
- *Savoir calculer des distances parcourues, des vitesses moyennes et des durées de parcours.*
- *Savoir changer d'unités de vitesse (mètre par seconde et kilomètre par heure).*

Cours

▷ Exercices complémentaires

46 ▶ Le volume d'eau (en litre) débité par un robinet en fonction du temps (en minutes) a été relevé sur le graphique ci-dessous :

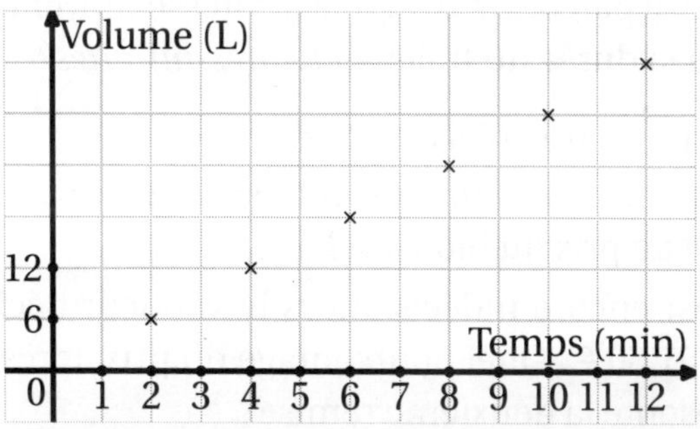

(a) Le volume d'eau est-il proportionnel au temps écoulé ? Justifier la réponse.

(b) Quelle quantité d'eau s'écoule pendant 6 minutes ?

(c) Quel est le temps nécessaire pour remplir un lavabo de 30 litres ?

47 ▶ *On donnera la réponse arrondie au centième près par excès.*

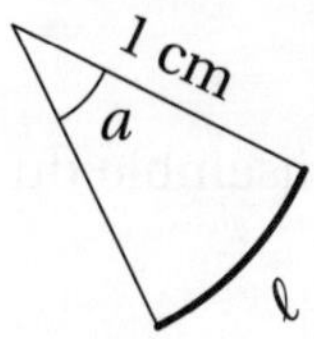

Déterminer dans chaque cas la longueur de l'arc de cercle.

Angle a (degrés)	55	31	12	102	27	99
Longueur ℓ (cm)						

48 ▶ La distance de freinage est la distance nécessaire pour immobiliser complètement un véhicule à l'aide des freins. Le tableau ci-dessous donne la distance de freinage en fonction de la vitesse :

Vitesse en km/h	30	50	80	90	100	110
Distance de freinage en m	6	15	42	54	65	80

(a) Le tableau représente-t-il un tableau de proportionnalité ?

(b) Construire un graphique représentant la distance de freinage en fonction de la vitesse. Retrouver la réponse à la question (a).

49 ▶ Calculer la vitesse moyenne,

(a) en km.h^{-1}, d'un athlète qui parcourt 100 m en 10 s ;

(b) en km.h^{-1}, d'un tigre qui parcourt 4 km en 12 min ;

(c) en km.h^{-1}, d'un ballon qui parcourt 20 m en 1,5 s ;

(d) en m.s^{-1}, d'une voiture effectuant 360 km en 4 h.

50 ▶ *On détaillera les calculs.*

(a) Quelle est la vitesse moyenne d'un TGV qui parcourt 205 km en 1 h 15 min ?

(b) Un cycliste roule à la vitesse moyenne de 24 km.h^{-1} pendant 48 minutes. Quelle distance a-t-il parcourue durant ces 48 minutes ?

(c) Un taxi pense parcourir 161 km à la vitesse moyenne de 70 km.h^{-1}. Quelle sera la durée du trajet *en heures-minutes* ?

51 ▶ Un blouson a un prix réel de 120 €.

(a) Le vendeur consent à faire une remise de 20 % sur le prix réel. Quel est le nouveau prix du blouson ?

(b) Le client est encore indécis. Alors le vendeur décide de solder le blouson à 81,60 €. Quel pourcentage du prix après la première remise représente la deuxième remise ?

(c) Quel pourcentage du prix réel représente le total des deux remises ? Que remarque-t-on ?

52 ▶ Un automobiliste parcourt 270 km de jour à la vitesse moyenne de 80 km/h. Puis, avec la nuit et la pluie, il réduit sa vitesse de 20 % et roule ainsi pendant 4 h 15 min.

(a) Calculer la durée du trajet de jour et prouver qu'elle peut s'écrire 3 h 22 min 30 s.

(b) Calculer la distance parcourue de nuit.

(c) Calculer la vitesse moyenne de l'automobiliste sur l'ensemble du voyage.

Leçon 5

Calcul littéral

Prérequis

- Connaître les simplifications d'écritures dans les expressions littérales ($7x = 7 \times x$).
- Savoir substituer une lettre par une valeur numérique.

Un artisan carreleur propose à ses clients d'utiliser les motifs suivants pour couvrir une cour carrée :

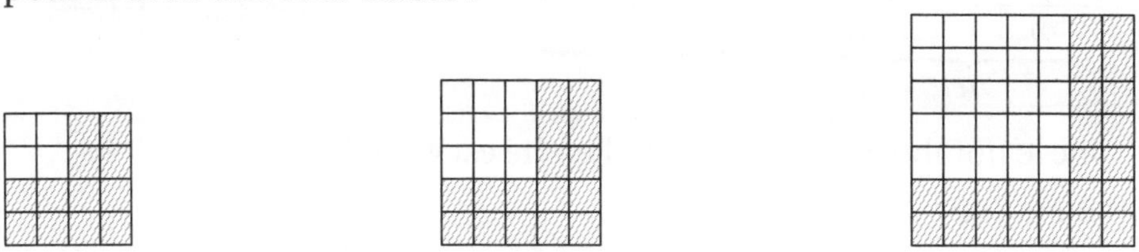

Pour le 1er exemple, il a besoin de 12 carrés noirs ; pour le 2e exemple de 16 carrés noirs ; pour le 3e exemple de 24 carrés noirs.
Quelles que soient les dimensions finales de son carré, comment fait-il pour calculer rapidement le nombre de carrés noirs dont il aura besoin ?

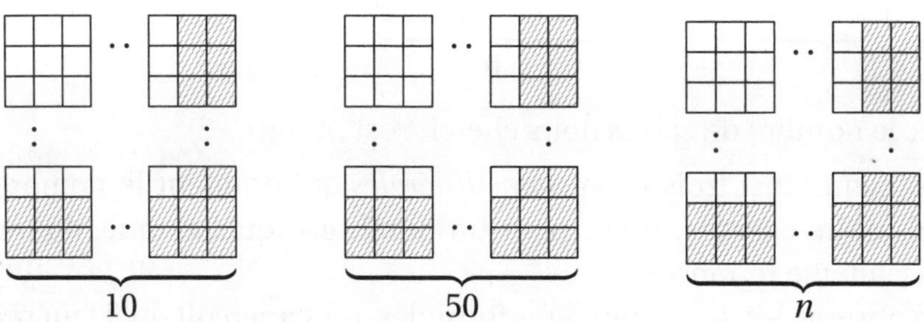

▷ Obtenir des formules de calcul

Si on prend la dernière figure, cette construction peut être vue de plusieurs façons :

thode

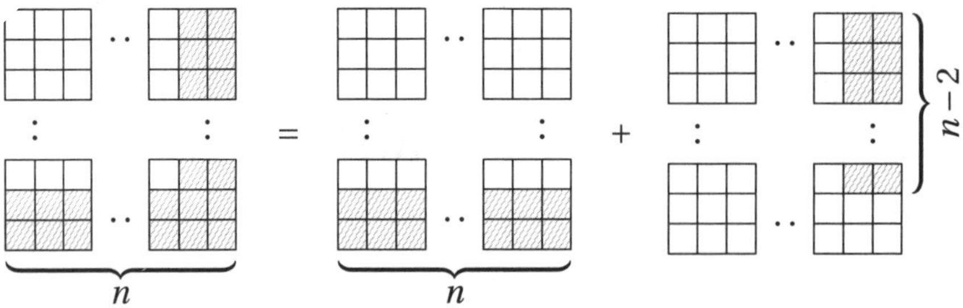

Donc le nombre de carrés noirs cherché est $2n + 2(n-2)$.

2e méthode

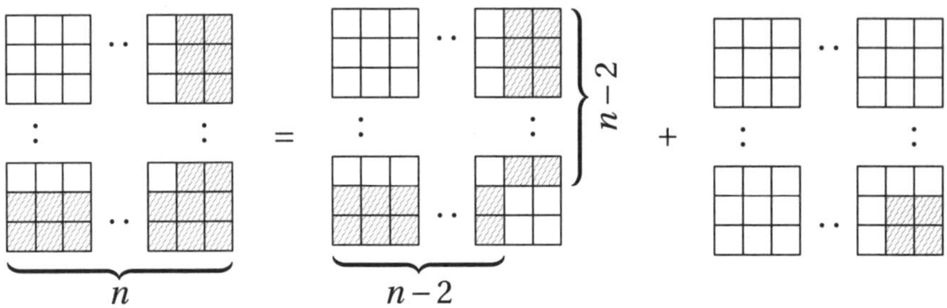

Donc le nombre de carrés noirs cherché est $4(n-2)+4$.

3e méthode

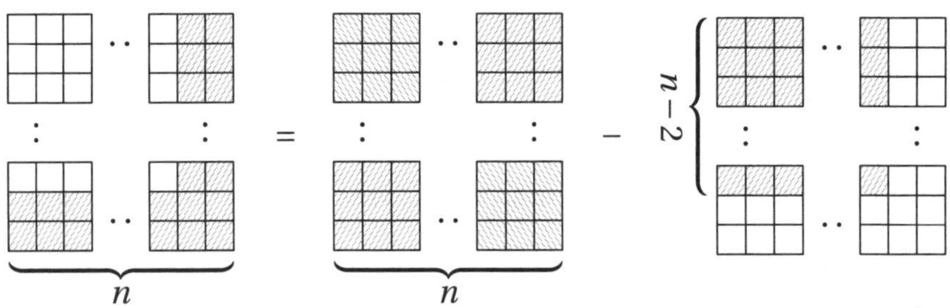

Donc le nombre de carrés noirs cherché est $n^2 - (n-2)^2$.

On obtient ainsi trois *expressions littérales* qui donnent le nombre de carrés noirs cherché. Mais, pour un nombre n quelconque, donnent-elles la même réponse ?

Si on observe les deux premières formules, on s'aperçoit qu'il faut maintenant savoir transformer $2(n-2)$ et $4(n-2)$.

Simple distributivité

Si k, a et b sont trois nombres quelconques alors

$$k \times (a+b) = k \times a + k \times b$$

$C = 3(x+1)$ | $D = -4(1-x)$
$k = 3\,;\, a = x\,;\, b = 1$ | $k = -4\,;\, a = 1\,;\, b = -x$
$C = 3 \times x + 3 \times 1$ | $D = -4 \times 1 + (-4) \times (-x)$
$C = 3x + 3$ | $D = -4 + 4x$

Cours

Exercice 53

Transformer l'écriture des expressions suivantes :

$A = 3(x+5)$ $B = -4(t+3)$ $C = -2(z-9)$ $D = 5(4+2a)$

La « lecture »

$$k \times (a+b) = k \times a + k \times b$$

transforme un produit en une somme : on dit qu'on a *développé* l'expression $k \times (a+b)$.
La « lecture »

$$k \times a + k \times b = k \times (a+b)$$

transforme une somme en un produit : on dit qu'on a *factorisé* l'expression $k \times a + k \times b$.

La simple distributivité est aussi utile pour les regroupements de termes :

$A = 2x + 7x$ | $B = 5x - 8x$
$A = (2+7)x$ | $B = (5-8)x$
$A = 9x$ | $B = -3x$

Mais attention, les expressions telles que $2x+3$; $x^2 - 3x$… ne peuvent pas faire l'objet d'un regroupement de termes.

Exercice 54

Simplifier l'écriture des expressions suivantes :

$A = 2x + 3x$ $C = 2p - 3p + 1$ $E = 2x + 3 + 4x + 6$
$B = 2x \times 3x$ $D = 2n^2 - 5n^2 + 4n - 6n$

La 1re formule $2n+2(n-2)$ devient donc :

$$2n+2\times n+2\times(-2)$$
$$2n+2n+(-4)$$
$$4n-4$$

alors que la 2e formule $4(n-2)+4$ s'écrit :

$$4\times n+4\times(-2)+4$$
$$4n+(-8)+4$$
$$4n-4$$

Les deux premières formules sont égales !

Que dire maintenant de la 3e formule $n^2-(n-2)^2$? Dans un premier temps, il faut réussir à transformer l'écriture $(n-2)^2$ soit $(n-2)\times(n-2)$. Comment faire ? On a déjà la simple distributivité. Écrivons alors

$$(n-2)\times(n-2)=k\times(n-2).$$

Ce qui nous permet d'écrire $k\times(n-2)=k\times n+k\times(-2)$.
Or, $k=(n-2)$. Donc

$$k\times n=(n-2)\times n=n\times n+n\times(-2)$$

$$k\times(-2)=(n-2)\times(-2)=n\times(-2)+(-2)\times(-2)$$

Pour finalement obtenir

$$(n-2)\times(n-2)=n\times n+n\times(-2)+n\times(-2)+(-2)\times(-2).$$

En utilisant les propriétés de l'addition (échanges de termes), on écrit alors :

$$(n-2)\times(n-2)=n\times n+n\times(-2)+(-2)\times n+(-2)\times(-2).$$

On a distribué n sur le deuxième facteur puis -2 sur le deuxième facteur :

$$(n-2)\times(n-2)=n\times n+n\times(-2)+(-2)\times n+(-2)\times(-2).$$

On a distribué deux fois ; c'est ce qu'on appelle *la double distributivité*.

Double distributivité

Si a, b, c et d sont quatre expressions mathématiques, alors

$$(a+b)\times(c+d)=a\times c+a\times d+b\times c+b\times d$$

La formule de la double distributivité ne comporte aucun signe « – » !

Appliquons correctement cette double distributivité sur les exemples suivants :

$A = (x+2) \times (x+3)$

$a = x\,;\, b = 2\,;\, c = x\,;\, d = 3$

$A = x \times x + x \times 3 + 2 \times x + 2 \times 3$

$A = x^2 + 3x + 2x + 6$

$A = x^2 + 5x + 6$

$B = (2\ell + 3) \times (\ell - 5)$

$B = (2\ell + 3) \times (\ell + (-5))$

$a = 2\ell\,;\, b = 3\,;\, c = \ell\,;\, d = -5$

$B = 2\ell \times \ell + 2\ell \times (-5) + 3 \times \ell + 3 \times (-5)$

$B = 2\ell^2 + (-10\ell) + 3\ell + (-15)$

$B = 2\ell^2 - 10\ell + 3\ell - 15$

$B = 2\ell^2 - 7\ell - 15$

$C = (3t-1) \times (5-2t)$

$C = (3t + (-1)) \times (5 + (-2t))$

$C = 3t \times 5 + 3t \times (-2t) + (-1) \times 5 + (-1) \times (-2t)$

$C = 15t + (-6t^2) + (-5) + 2t$

$C = 15t - 6t^2 - 5 + 2t$

$C = -6t^2 + 17t - 5$

Exercice 55

Développer les expressions suivantes puis simplifier leur écriture :

$G = (x+3)(x+4) \quad H = (p+1)(2p+4) \quad I = (2n-1)(3n+5).$

L'expression $(n-2) \times (n-2)$ de la 3e formule devient donc :

$n \times n + n \times (-2) + (-2) \times n + (-2) \times (-2)$

$n^2 + (-2n) + (-2n) + 4$

$n^2 + (-4n) + 4$

$n^2 - 4n + 4$

La 3e formule s'écrit donc $n^2 - (n^2 - 4n + 4)$. Ce n'est pas encore tout à fait l'écriture simplifiée des 1re et 2e formules…

Cours

Comment faire cette soustraction ? On sait que *soustraire un nombre*, c'est ajouter son opposé. Quel est l'opposé de $n^2 - 4n + 4$? Que faut-il lui ajouter pour obtenir 0 ?

$$n^2 - 4n + 4 + ? = 0$$

On décompose le « ? » :

$$n^2 + \square - 4n + \star + 4 + \triangle = 0$$

ce qui nous donne $\square = -n^2$; $\star = 4n$; $\triangle = -4$. L'opposé de $n^2 - 4n + 4$ est $-n^2 + 4n - 4$: il est formé de l'opposé de chacun des termes !

Propriété

Soustraire une somme littérale revient à ajouter l'opposé de *chacun* des termes de cette somme.

$$a + (-b + c) = a - b + c \qquad (a + b) - c = a + b - c$$

$$a - (-b + c) = a + b - c \qquad (a + b) - (-c + d) = a + b + c - d$$

Cette propriété de calcul intervient après le développement, qui est une multiplication.

Exercice 56

Simplifier l'écriture des expressions suivantes :

$A = (5x + 2) - (6x + 4)$ $\qquad$ $B = (-3p - 4) - (-8p + 3)$

$C = -(5 + 3a) + (-a + 4)$ $\qquad$ $D = (-5t + 3) + (4t - 5)$

Reprenons alors la dernière expression obtenue pour la 3e formule :

$$n^2 - (n^2 - 4n + 4)$$

$$n^2 - n^2 + 4n - 4$$

$$4n - 4$$

Les trois formules obtenues sont bien toutes les *mêmes* !

Lors de l'étude de ces formules, on a *réduit* les expressions obtenues.

Réduire une expression littérale, c'est l'écrire le plus simplement possible avec le moins de termes possibles.

▷ Convaincre

Si le calcul littéral permet d'obtenir des formules pour effectuer rapidement des calculs *répétitifs* et *similaires*, il est également très utile pour *démontrer*, convaincre.
En effet, considérons le programme de calcul suivant :

① Choisir un nombre.
② Ajouter 7 à ce nombre.
③ Multiplier le résultat par 3.
④ Retrancher 20 au résultat.
⑤ Retrancher enfin le triple du nombre du départ.

« Retrancher » signifie *soustraire.*

Testons ce programme de calcul avec 3 ; −2 ; 0 ; −5.

$$3 \xrightarrow{+7} 10 \xrightarrow{\times 3} 30 \xrightarrow{-20} 10 \xrightarrow{-3\times 3} 1 \qquad -2 \xrightarrow{+7} 5 \xrightarrow{\times 3} 15 \xrightarrow{-20} -5 \xrightarrow{-3\times(-2)} 1$$

$$0 \xrightarrow{+7} 7 \xrightarrow{\times 3} 21 \xrightarrow{-20} 1 \xrightarrow{-3\times 0} 1 \qquad -5 \xrightarrow{+7} 2 \xrightarrow{\times 3} 6 \xrightarrow{-20} -14 \xrightarrow{-3\times(-5)} 1$$

Faisons *une conjecture* : serait-il possible que ce programme de calcul donne *toujours* 1 comme résultat ?

On ne peut *rien* affirmer avec les quatre tests effectués ci-dessus. On pourrait utiliser un tableur pour en effectuer beaucoup d'autres.
Mais, même un « grand » nombre de tests ne prouvera pas que cela donnera *toujours* 1…

Comment démontrer ou réfuter cette conjecture ?
Le calcul littéral va nous aider. Choisissons n comme nombre de départ :

$$n \xrightarrow{+7} n+7 \xrightarrow{\times 3} 3\times(n+7)$$
$$3\times n + 3\times 7$$
$$3n+21 \xrightarrow{-20} 3n+21-20$$
$$3n+1 \xrightarrow{-3\times n} 3n+1-3n = 1$$

Quel que soit le nombre choisi au départ, le programme de calcul ci-dessus donne *toujours* comme résultat 1.

Cours

Cours

Exercice 57

Voici un programme de calcul, valable pour tous les nombres :

ajouter 3 ; multiplier le résultat par 3 ; ajouter le double du nombre du départ ; puis enlever 9.

Maxime pense qu'il faut multiplier le nombre choisi par 3.

1/ Effectuer ce programme de calcul pour 0 ; 4 et -2.

2/ Doit-on corriger la remarque de Maxime ? Si oui, justifier la correction à faire. Si non, expliquer la méthode proposée par Maxime.

SC

À l'issue de cette leçon, les compétences du socle commun sont :

- Calculer la valeur d'une expression littérale en donnant aux variables des valeurs numériques.
- Sur des exemples littéraux, utiliser les égalités

$$k(a+b) = ka + kb \text{ et } k(a-b) = ka - kb$$

dans les deux sens.

SC

▷ Exercices complémentaires

58 ▶ *On détaillera les calculs.*

(a) Réduire les expressions suivantes :

$O = -6 + x - 3 + 2x \qquad P = -2x - (x+1) \qquad R = 4x + (2x-1) - (2x-4)$

(b) Développer et réduire les expressions suivantes :

$S = 3(2+4x) \qquad T = 1 - 2(x+4) \qquad U = 2(x-1) + 3(2-2x)$

(c) Donner les valeurs de O, P, R, S, T, U pour la valeur $x = -1$.

59 ▶ Développer et réduire les expressions suivantes :

$A = (x+2)(2x+5) \qquad B = (3n-4)(2n-3)$

$C = (2t-1)(3t+4) + (2t+1)(3t-4)$

60 ▶ *On détaillera les étapes de calculs.*

(a) Développer et réduire l'expression $E = 2(x+3) - 3x$.

(b) Développer et réduire l'expression $F = (n+1)(n-6) + 4$.

(c) Développer et réduire l'expression $G = 2p^2 - (p-1)(2p-3)$.

61 ▶ On donne l'expression

$$A = 4(2x+1) - 8 - 2(-2-x).$$

Calculer la valeur de cette expression pour $x = 125\,789\,487\,003\,912{,}09$.

62 ▶ Que vaut l'expression $E = (n+2)(n-1) - n^2$ pour toute valeur de x ? En déduire, *sans calculatrice*, le produit

$$2\,000\,002 \times 1\,999\,999 - 2\,000\,000^2.$$

63 ▶ La somme de trois nombres entiers relatifs *consécutifs* est-elle un multiple de 3 ? Justifier la réponse.

64 ▶ *L'unité de longueur est le centimètre.*
Soit un segment $[AB]$. Un rectangle a les dimensions suivantes : sa largeur mesure 3 cm de plus que la longueur AB et sa longueur mesure le double de sa largeur.
Prouver que le périmètre de ce rectangle est le triple de sa longueur.

65 ▶ Voici un programme de calcul :

① Choisir un nombre entier.

② Multiplier ce nombre par lui-même.

③ Ajouter 11.

④ Retrancher six fois le nombre du départ.

⑤ Multiplier le résultat obtenu par le nombre du départ.

(a) Appliquer ce programme de calcul en choisissant le nombre 1 ; puis le nombre 2 et le nombre 3.

(b) Quelle conjecture peut-on faire ? Cette conjecture est-elle toujours vraie ?

66 ▶ Voici deux programmes de calcul :

Programme n° 1	**Programme n° 2**
① Choisis un nombre.	① Choisis un nombre.
② Multiplie-le par 3.	② Multiplie-le par 9.
③ Ajoute 10.	③ Ajoute 30.
④ Multiplie le résultat par 6.	④ Multiplie le résultat par 2.

(a) Appliquer ces deux programmes de calcul aux nombres 2 et -1.

(b) Que remarque-t-on ? Cette remarque est-elle vraie pour n'importe quel nombre choisi au départ ?

67 ▶ *On écrira tous les calculs nécessaires.*

(a) Prouver les égalités suivantes :

$$2 \times 0 - 1^2 = -1$$
$$3 \times 1 - 2^2 = -1$$
$$4 \times 2 - 3^2 = -1$$
$$5 \times 3 - 4^2 = -1$$

(b) Écrire trois autres égalités construites de la même façon. Sont-elles encore vraies ?

(c) Quelle conjecture peut-on faire ? Est-elle toujours vraie ?

68 ▶ Nous savons que $x = a - 2$; $y = b + 2$ et $z = 2(y - x - 2) + xy$.

(a) Calculer z lorsque $a = -1$ et $b = 4$.

(b) Calculer z lorsque $a = 3$ et $b = -3$.

(c) Quelle conjecture peut-on faire ?

(d) Démontrer que cette conjecture est *toujours* vraie.

Leçon 6

Nombres relatifs en écriture fractionnaire

Cours

Prérequis

- Savoir additionner deux nombres positifs en écritures fractionnaires ayant le même dénominateur (page 11).
- Savoir multiplier deux nombres positifs en écritures fractionnaires (page 11).

▷ Addition et soustraction de deux fractions

Prenons deux fractions $\frac{a}{7}$ et $\frac{b}{7}$ avec a et b deux nombres relatifs.
Le cas des nombres positifs ayant déjà été vu en classe de 5e, que se passe-t-il si a est un nombre négatif et b un nombre positif ?

Appelons k le quotient de a par 7 et ℓ le quotient de b par 7. Alors :

$$a = 7 \times k \qquad \text{et} \qquad b = 7 \times \ell.$$

Donc si on étudie la somme $a + b$, on obtient

$$a + b = 7 \times k + 7 \times \ell$$

$$a + b = 7 \times (k + \ell)$$

On a utilisé la simple distributivité pour factoriser.

Combien de fois met-on 7 dans la somme $a + b$? D'après la dernière égalité, $(k + \ell)$ fois. Donc

$$\frac{a+b}{7} = k + \ell$$

$$\frac{a+b}{7} = \frac{a}{7} + \frac{b}{7}$$

La méthode de calcul vue pour les nombres positifs est également valable pour les nombres relatifs.

Cours

Propriété

Pour additionner (ou soustraire) deux fractions de même dénominateur, on additionne (ou on soustrait) les numérateurs et on garde le même dénominateur.

$$\frac{a}{k}+\frac{b}{k}=\frac{a+b}{k} \qquad \frac{a}{k}-\frac{b}{k}=\frac{a-b}{k} \qquad (k \neq 0)$$

$$\frac{-7}{3}+\frac{2}{3}=\frac{-7+2}{3}=\frac{-5}{3}=-\frac{5}{3} \qquad \frac{1}{5}-\frac{3}{5}=\frac{1-3}{5}=\frac{-2}{5}=-\frac{2}{5}$$

Le signe d'un quotient (page 41) justifie l'égalité $\frac{-2}{5}=-\frac{2}{5}$.

Exercice 69

Effectuer les calculs suivants :

$$\frac{4}{3}+\frac{-8}{3} \qquad \frac{5}{4}-\frac{10}{4} \qquad \frac{-7}{5}+\frac{4}{5}$$

Après l'étude du cas des dénominateurs identiques, que dire du cas des dénominateurs différents ? La règle précédente ne s'applique pas. On se *facilite* alors la tâche en transformant les deux fractions pour qu'elles aient le même dénominateur.

Propriété

Pour additionner (ou soustraire) deux fractions de dénominateurs différents, on écrit les deux fractions avec le même dénominateur et on applique la règle précédente.

Pour obtenir des fractions égales, on utilise les quotients égaux (page 43).

Exercice 70

Recopier et compléter les égalités de quotients suivantes :

1/ $\frac{20}{25}=\frac{\dots}{5}=\frac{8}{\dots}$; **3/** $\frac{-36}{24}=\frac{9}{\dots}=\frac{\dots}{4}$;

2/ $\frac{-3}{12}=\frac{\dots}{4}=\frac{5}{\dots}$; **4/** $\frac{-25}{100}=\frac{\dots}{4}=\frac{-3}{\dots}$.

1er calcul $\frac{-1}{3} + \frac{5}{2}$. On cherche un multiple *commun* à 3 et à 2. Lequel prendre ?

6 × 3 = 18	6 × 2 = 12
5 × 3 = 15	5 × 2 = 10
4 × 3 = 12	4 × 2 = 8
3 × 3 = 9	3 × 2 = 6
2 × 3 = 6	2 × 2 = 4

Il y en a plusieurs (6 ; 12...) mais on prend le plus *simple* : 6.

$$\left.\begin{array}{l} \dfrac{-1_{\times 2}}{3_{\times 2}} = \dfrac{-2}{6} \\[2ex] \dfrac{5_{\times 3}}{2_{\times 3}} = \dfrac{15}{6} \end{array}\right\} \frac{-1}{3} + \frac{5}{2} = \frac{-2}{6} + \frac{15}{6} = \frac{-2+15}{6} = \frac{13}{6}.$$

2e calcul $\frac{5}{6} - \frac{7}{8}$. On cherche un multiple *commun* à 8 et 6.

6 × 8 = 48	6 × 6 = 36
5 × 8 = 40	5 × 6 = 30
4 × 8 = 32	4 × 6 = 24
3 × 8 = 24	3 × 6 = 18
2 × 8 = 16	2 × 6 = 12

Il y en a plusieurs (24 ; 48...) mais on prend le plus *simple* : 24.

$$\left.\begin{array}{l} \dfrac{5_{\times 4}}{6_{\times 4}} = \dfrac{20}{24} \\[2ex] \dfrac{7_{\times 3}}{8_{\times 3}} = \dfrac{21}{24} \end{array}\right\} \frac{5}{6} - \frac{7}{8} = \frac{20}{24} - \frac{21}{24} = \frac{20-21}{24} = \frac{-1}{24} = -\frac{1}{24}.$$

Exercice 71

Effectuer les calculs suivants :

$A = \frac{2}{3} + \frac{10}{7}$ $B = \frac{3}{5} - \frac{11}{15}$ $C = \frac{3}{8} + \frac{-5}{12}$

▷ Multiplication de deux fractions

Comme pour l'addition, le cas des nombres positifs est déjà connu.

$$\frac{5}{3} \times \frac{7}{8} = \frac{5 \times 7}{3 \times 8} = \frac{35}{24}$$

Cours

Prenons alors, une nouvelle fois, deux fractions $\frac{a}{7}$ et $\frac{b}{-9}$ où a et b sont deux nombres relatifs.
Utilisons k le quotient de a par 7 et ℓ le quotient de b par -9. Alors :

$$\frac{a}{7} = k \qquad \text{et} \qquad \frac{b}{-9} = \ell$$
$$a = 7 \times k \qquad\qquad b = -9 \times \ell$$

Le produit $a \times b$ nous permet de dire

$$a \times b = 7 \times k \times (-9) \times \ell$$
$$a \times b = 7 \times (-9) \times k \times \ell$$
$$a \times b = -63 \times (k \times \ell)$$

Combien de fois met-on -63 dans le produit $a \times b$? D'après l'égalité précédente, $(k \times \ell)$ fois. Donc

$$\frac{a \times b}{-63} = k \times \ell$$

Or, $-63 = 7 \times (-9)$. Par conséquent,

$$\frac{a \times b}{7 \times (-9)} = k \times \ell$$
$$\frac{a \times b}{7 \times (-9)} = \frac{a}{7} \times \frac{b}{-9}$$

On peut remplacer 7 et -9 par d'autres valeurs *non nulles*, on reprendra le même raisonnement. La méthode vue en 5e pour multiplier deux fractions se généralise aux nombres relatifs :

Propriété

Pour multiplier deux fractions, on multiplie les numérateurs entre eux et les dénominateurs entre eux.

$$\frac{a}{b} \times \frac{c}{d} = \frac{a \times c}{b \times d} \qquad (b \neq 0\,;\, d \neq 0)$$

$$\frac{3}{5} \times \frac{-2}{7} = \frac{3 \times (-2)}{5 \times 7} = \frac{-6}{35} \qquad 4 \times \frac{9}{5} = \frac{4}{1} \times \frac{9}{5} = \frac{4 \times 9}{1 \times 5} = \frac{36}{5}.$$

Pour une multiplication de deux fractions, il est donc *totalement inutile* d'écrire les deux fractions avec le même dénominateur.

Exercice 72

Effectuer les calculs suivants :

$$D = \frac{4}{5} \times \frac{-7}{9} \qquad E = \frac{-7}{8} \times \frac{6}{-5} \qquad F = \frac{1}{3} \times \frac{1}{4} \qquad G = \frac{3}{4} \times \left(-\frac{2}{5}\right)$$

Cours

On note que si a et b sont deux nombres relatifs (avec b non nul), on a

$$a \times \frac{1}{b} = \frac{a}{b}.$$

Ce qui peut se lire :

$$\frac{a}{b} = a \times \frac{1}{b}.$$

Propriété

Diviser par un nombre relatif *non nul* revient à multiplier par l'inverse de ce nombre.

▷ Division de deux fractions

Pour la division, on utilise la propriété ci-dessus. Mais quel est l'inverse d'une fraction ?
Prenons par exemple la fraction $\frac{2}{7}$. Par quel nombre doit-on la multiplier pour obtenir 1 ?

$$\frac{2}{7} \times ? = 1$$

Décomposons le « ? » :

$$\frac{2}{7} \times \frac{\square}{\star} = 1$$

pour obtenir

$$\frac{2 \times \square}{7 \times \star} = 1$$

ou encore

$$2 \times \square = 7 \times \star.$$

Ce qui donne, en appliquant l'égalité des produits en croix (page 49) :

$$\frac{\square}{\star} = \frac{7}{2}.$$

Cours

L'inverse de $\frac{2}{7}$ est $\frac{7}{2}$. De même, l'inverse de la fraction $\frac{3}{4}$ sera $\frac{4}{3}$; $\frac{-2}{5}$ sera l'inverse de la fraction $\frac{5}{-2}$. On obtient donc

L'inverse de la fraction $\frac{c}{d}$ est la fraction $\frac{d}{c}$ (avec $c \neq 0$; $d \neq 0$).

Propriété

Diviser par une fraction $\frac{a}{b}$ avec a et b des nombres relatifs *non nuls* revient à multiplier par la fraction $\frac{b}{a}$.

$$\frac{3}{4} \div \frac{7}{5} = \frac{3}{4} \times \frac{5}{7} = \frac{3 \times 5}{4 \times 7} = \frac{15}{28} \qquad \frac{4}{3} \div 9 = \frac{4}{3} \div \frac{9}{1} = \frac{4}{3} \times \frac{1}{9} = \frac{4}{27}.$$

Exercice 73

Calculer les quotients ci-dessous :

$$A = \frac{1}{3} \div \frac{5}{4} \quad B = \frac{3}{7} \div \frac{7}{5} \quad C = \frac{-2}{3} \div \frac{5}{4} \quad D = \frac{3}{2} \div \frac{-5}{8}.$$

Toute la leçon porte sur les fractions. Si on a une écriture fractionnaire, on la transforme en fraction !

$$\frac{1{,}25_{\times 100}}{5{,}7_{\times 100}} = \frac{125}{570}$$

SC

À l'issue de cette leçon, les compétences du socle commun sont :

- Savoir multiplier deux nombres *positifs* en écriture fractionnaire.
- *Savoir additionner, soustraire, multiplier des nombres relatifs en écriture fractionnaire.*

SC

▷ Exercices complémentaires

74 ▸ Calculer les sommes suivantes :

$$A=\frac{1}{9}+\frac{10}{9} \qquad B=\frac{5}{13}-\frac{10}{13} \qquad C=\frac{5}{14}+\frac{1}{7}$$

$$D=\frac{1}{-3}+\frac{11}{-9} \qquad E=\frac{5}{8}-\frac{13}{20} \qquad F=\frac{10}{12}-\frac{8}{10}$$

75 ▸ Calculer les produits ci-dessous :

$$A=\frac{-2}{3}\times\frac{3}{-4} \qquad B=\frac{7}{2}\times\frac{-5}{-2} \qquad C=\frac{-2}{-30}\times\frac{-9}{-2}$$

$$D=\frac{-8}{-7}\times\frac{-3}{2} \qquad E=\frac{0,5}{-7}\times\frac{10}{-100} \qquad F=\frac{21}{3}\times\frac{3}{-5}$$

76 ▸ Calculer les quotients ci-dessous :

$$A=\frac{-9}{5}\div\frac{7}{-8} \qquad B=\frac{12}{7}\div\frac{5}{7} \qquad C=\frac{9}{8}\div\frac{-8}{9} \qquad D=\frac{-2}{7}\div\frac{3}{14}$$

77 ▸ *On détaillera les raisonnements.*

(a) En ajoutant $\frac{3}{5}$ à une fraction, on obtient $\frac{9}{10}$. Quelle est cette fraction ?

(b) En enlevant $\frac{1}{2}$ à une fraction, on obtient $\frac{1}{3}$. Quelle est cette fraction ?

(c) En multipliant une fraction par $\frac{14}{15}$, on obtient $\frac{28}{9}$. Quelle est cette fraction ?

78 ▸ *Pour tout l'exercice, on détaillera les calculs et on donnera les résultats sous leur forme la plus simple possible.*

(a) Effectuer les calculs suivants :

$$A=\frac{2}{9}+\frac{10}{9} \qquad B=\frac{3}{7}-\frac{2}{35} \qquad C=\frac{4}{9}+\frac{5}{6}$$

(b) Effectuer les calculs suivants :

$$D=\frac{4}{-5}\times\frac{-7}{9} \qquad E=\frac{7}{8}\div\frac{5}{6}$$

(c) Effectuer les calculs suivants :

$$F = \frac{1}{2} + \frac{1}{3} \div \frac{1}{4} \qquad G = \frac{1}{4} \times \left(\frac{1}{3} + \frac{2}{5}\right)$$

79 ▶ Calculer la valeur de l'expression $3a + 4b - ab$ pour $a = \frac{1}{2}$ et $b = -\frac{5}{3}$.

80 ▶ Retrouver le nombre caché à la place de □.

$$\frac{87}{60} = \frac{1}{2} + \frac{1}{4} + \frac{1}{3} + \frac{1}{6} + \frac{1}{\square}$$

81 ▶ a et b désignent deux nombres et on sait que

$$\frac{a}{12} - \frac{b}{21} = \frac{1}{2}.$$

Calculer $7a - 4b$.

82 ▶ Ce mois-ci, Émilie a dépensé un quart de son argent de poche pour des livres, un tiers pour le cinéma et un autre tiers pour des dépenses diverses.
A-t-elle dépensé tout son argent ? Si non, calculer la fraction de son argent de poche qui lui reste.

83 ▶ Quatre personnes découvrent un trésor et le partage se fait de la façon suivante : la 1re personne prend un quart du trésor, la deuxième un tiers, la troisième $\frac{1}{5}$ et la dernière personne reçoit le reste soit 117 pièces d'or.

(a) Quelle est la fraction du trésor que représente la part de la 4e personne ?

(b) En déduire que le trésor contenait 540 pièces d'or.

(c) Quel est le nombre de pièces obtenu par chacune des personnes ?

84 ▶ Sébastien a dépensé les $\frac{3}{5}$ de son argent de poche pour l'achat de plusieurs CD et les $\frac{2}{3}$ de ce qui lui reste pour l'achat de bandes dessinées.

(a) Quelle fraction de la somme de départ représente la somme qu'il reste après ses achats ?

(b) S'il lui reste 20 €, combien avait-il au départ ?

(c) Quel est le prix des CD ? Et celui des BD ?

Leçon 7

Puissance d'un entier relatif

Prérequis

- Savoir multiplier des nombres relatifs (page 35).

D'après l'encyclopédie libre wikipédia (`wikipedia.fr`), la légende la plus célèbre sur l'origine du jeu d'échecs raconte

> « ... l'histoire du roi Belkib (Indes, 3 000 ans avant notre ère) qui cherchait à tout prix à tromper son ennui. Il promit donc une récompense exceptionnelle à qui lui proposerait une distraction qui le satisferait.
>
> 
>
> Lorsque le sage Sissa lui présenta le jeu d'échecs, le souverain, enthousiaste, demanda à Sissa ce que celui-ci souhaitait en échange de ce cadeau extraordinaire. Humblement, Sissa demanda au prince de déposer deux grains de blé sur la première case, quatre sur la deuxième, huit sur la troisième, et ainsi de suite pour remplir l'échiquier en doublant la quantité de grain à chaque case. Le prince accorda immédiatement cette récompense *modeste.* »

Modeste récompense ? Il y aura donc :
- 2 grains sur la 1re case ;
- 2×2 soit 4 grains sur la 2e case ;
- $2 \times 2 \times 2$ soit 8 grains sur la 3e case ;
- $2 \times 2 \times 2 \times 2$ soit 16 grains sur la 4e case.

Cours

Combien de grains y aura-t-il sur la 18e case ? Écrivons le calcul à faire :

$$2\times2\times2\times2\times2\times2\times2\times2\times2\times2\times2\times2\times2\times2\times2\times2\times2\times2=262\,144$$

Pour se faciliter la tâche, on décide d'utiliser une nouvelle écriture :

$$\underbrace{2\times2\times2\times2\times2\times2\times2\times2\times2\times2\times2\times2\times2\times2\times2\times2\times2\times2}_{18\text{ facteurs}}=2^{18}$$

> Une puissance d'un nombre relatif a se note sous la forme a^m où m est un nombre relatif. Dans cette écriture, m est appelé *l'exposant*.

Au collège, l'exposant m sera uniquement un nombre *entier* relatif.

> Soit n un nombre entier positif et a un nombre relatif.
>
> $$a^0=1 \qquad a^1=a$$
>
> À partir de $n=2$: $a^n=\underbrace{a\times a\times a\times\cdots\times a}_{n\text{ facteurs}}$

$$2^5=2\times2\times2\times2\times2=32 \qquad (-5)^2=(-5)\times(-5)=25$$

$$(-3)^3=(-3)\times(-3)\times(-3)=-27 \qquad \left(\frac{2}{5}\right)^3=\frac{2}{5}\times\frac{2}{5}\times\frac{2}{5}=\frac{2\times2\times2}{5\times5\times5}=\frac{8}{125}$$

Exercice 85

Compléter, si possible, par le nombre entier qui convient :

$2\times2\times2\times2\times2\ldots2^{\square}$ $\qquad$ $5\times5\times5\times5\times5\times5\times5\ldots5^{\square}$

$0,5\times0,5\times0,5\ldots0,5^{\square}$ $\qquad$ $(-3)\times(-3)\times(-3)\times(-3)\ldots(-3)^{\square}$

$5+5+5\ldots5^{\square}$ $\qquad$ $4\times4\times4\times4+4\ldots4^{\square}$

$64\ldots4^{\square}$ $\qquad$ $625\ldots5^{\square}$

Attention, une nouvelle fois, aux sens des calculs et à leurs écritures.

$$(-3)^2 = (-3) \times (-3) = 9 \qquad -3^2 = -3 \times 3 = -9$$

Cours

On peut alors écrire des tables de « puissances », comme par exemple :

$$\begin{aligned}
2^5 &= 2 \times 2 \times 2 \times 2 \times 2 \\
2^4 &= 2 \times 2 \times 2 \times 2 \quad \div 2 \\
2^3 &= 2 \times 2 \times 2 \quad \div 2 \\
2^2 &= 2 \times 2 \quad \div 2 \\
2^1 &= 2 \quad \div 2 \\
2^0 &= 1 \quad \div 2
\end{aligned}$$

Si l'on continue de « descendre », on obtient une écriture 2^{-1}, 2^{-2}... À quoi est-ce égal ?

$$\begin{aligned}
2^0 &= 1 \\
2^{-1} &= \frac{1}{2} \quad 1 \div 2 \\
2^{-2} &= \frac{1}{2^2} \quad \frac{1}{2} \div 2 = \frac{1}{2} \times \frac{1}{2} = \frac{1}{2 \times 2} \\
2^{-3} &= \frac{1}{2^3} \quad \frac{1}{2^2} \div 2 = \frac{1}{2^2} \times \frac{1}{2} = \frac{1}{2^2 \times 2} = \frac{1}{2 \times 2 \times 2}
\end{aligned}$$

Si n est un nombre entier positif et a un nombre relatif, alors

$$a^{-n} = \frac{1}{a^n} \qquad (a \neq 0).$$

$$2^{-5} = \frac{1}{2^5} = \frac{1}{32} \quad (-5)^{-3} = \frac{1}{(-5)^3} = \frac{1}{-125} \quad (-3)^{-4} = \frac{1}{(-3)^4} = \frac{1}{81}$$

Exercice 86

Calculer

$2^{-4} =$ $\quad 5^{-3} =$ $\quad 10^{-1} =$ $\quad 1^{-51} =$

$2{,}3^{-3} =$ $\quad 0{,}2^{-4} =$ $\quad (-2)^{-3} =$ $\quad (-3)^{-2} =$

Utilisation de la calculatrice

Plutôt que de taper de nombreuses multiplications, on peut utiliser (selon le modèle) les touches [↑] ou [y^x] ou [x^y] ou [$x^\square$].

Calcul	Touches	Affichage
$2^5 =$	[2] [↑] [5] [=]	32
$(-5)^3 =$	[(] [±] [5] [)] [↑] [3] [=]	-125
$4^{-2} =$	[4] [↑] [(] [±] [2] [)] [=]	0.0625

Attention à l'écriture des calculs sur la calculatrice. $(-5)^4 \neq -5^4$. Les parenthèses seront obligatoires sur la calculatrice.

Calcul	Touches	Affichage
$(-3)^4 =$	[(] [±] [3] [)] [↑] [4] [=]	81
$-3^4 =$	[−] [3] [↑] [4] [=]	-81

▷ Cas particuliers : les puissances de 10

– **L'exposant est un entier positif.** Soit n un entier positif. Alors

$$10^0 = 1 \text{ et } 10^1 = 10$$

À partir de $n = 2$: $10^n = \underbrace{10 \times 10 \times \ldots \times 10}_{n \text{ facteurs}} = 1\underbrace{000\ldots0}_{n \text{ zéros}}$

$10^3 = 10 \times 10 \times 10 = 1\,000$ $\qquad$ $10^5 = 10 \times 10 \times 10 \times 10 \times 10 = 100\,000$

Exercice 87

Écrire les nombres suivants à l'aide d'une puissance de 10 :

1/ 10 000 **4/** 1 000 000 000 **7/** 1

2/ 100 000 000 **5/** 10 000 000 **8/** 100

3/ 1 000 **6/** 100 000 **9/** 10

– **L'exposant est un entier négatif.** Soit m un entier positif. Alors

$$10^{-m} = \frac{1}{10^m} = \underbrace{0,00\ldots0}_{m \text{ zéros}}1$$

$$10^{-3} = \frac{1}{10^3} = 0,001 \qquad 10^{-5} = \frac{1}{10^5} = 0,000\,01$$

Cours

Exercice 88

Écrire les nombres suivants à l'aide d'une puissance de 10 :

1/ 0,000 1

2/ 0,1

3/ 0,000 001

4/ 0,01

5/ 0,000 000 1

6/ 0,001

7/ 0,000 000 01

8/ 0,000 01

On sait déjà calculer facilement les produits $3,15 \times 10$; $1,2 \times 1\,000\ldots$ ou les quotients $3,15 \div 10$; $23\,456 \div 1\,000\ldots$ Multiplier un nombre décimal par une puissance de 10 généralise ces méthodes :

Propriété

Multiplier un nombre décimal par une puissance de 10 revient à décaler la virgule d'autant de rangs que l'exposant :
– vers la gauche si l'exposant est négatif ;
– vers la droite si l'exposant est positif.

$35,152 \times 10^2 = 3\,510,3$ — deux rangs vers la droite

$47,1 \times 10^{-3} = 0,047\,1$ — trois rangs vers la gauche

Exercice 89

Donner l'écriture décimale des nombres suivants :

$A = 3 \times 10^4$ $\quad B = 5,6 \times 10^3$ $\quad C = -0,76 \times 10^{-1}$

$D = 234,56 \times 10^{-5}$ $\quad E = 0,045 \times 10^4$ $\quad F = -23,45 \times 10^2$

$G = -45,4 \times 10^{-4}$ $\quad H = 1,25 \times 10^{-3}$

L'interprétation d'écritures telles que $234,56 \times 10^{-5}$ est à connaître, d'autant plus que la calculatrice fournit *souvent* des réponses affichées sous cette forme :

$$253\,649 \times 172\,135 = \boxed{4.366\,187\,062 \times 10^{10}}$$

Pourtant, *à la main*, on prouve que $253\,649 \times 172\,135 = 43\,661\,870\,615$ soit $4{,}366\,187\,061\,5 \times 10^{10}$.

Un autre intérêt de ces écritures est qu'un nombre décimal peut en avoir plusieurs de ce genre.
Par exemple, le nombre 89 458,2 peut s'écrire :

$$89\,458{,}2 = 8\,945{,}82 \times 10^1$$
$$89\,458{,}2 = 894{,}582 \times 10^2$$
$$89\,458{,}2 = 8{,}945\,82 \times 10^4$$
$$89\,458{,}2 = 0{,}894\,582 \times 10^5$$
$$89\,458{,}2 = 894\,582 \times 10^{-1}$$

Parmi ces écritures, une est particulière : $8{,}945\,82 \times 10^4$; on l'appelle *l'écriture scientifique* de 89 458,2.

> Lorsqu'on écrit un nombre décimal en *écriture scientifique*, on l'écrit sous la forme d'un produit d'un nombre décimal compris entre 1 et 10 (exclu) et d'une puissance de 10.

L'écriture scientifique de 385 est $3,85 \times 10^2$.
$1,52 \times 10^{-5}$ est l'écriture scientifique de 0,000 015 2.
L'écriture scientifique de $A = 3\,548 \times 10^4$ est

$$A = 35\,480\,000 \text{ (Écriture décimale)}$$
$$A = 3,548 \times 10^7 \text{ (Écriture scientifique)}$$

Exercice 90

Donner l'écriture scientifique des nombres suivants :

$A = 235$	$B = 45,56$	$C = 0,034$
$D = -56,4$	$E = 0,0505$	$F = -20,670$
$G = 1\,345$	$H = -50\,645{,}67$	

SC

À l'issue de cette leçon, les compétences du socle commun sont :

- Comprendre les notations a^n et a^{-n} et savoir les utiliser sur des exemples numériques, pour des exposants très simples.
- Utiliser, sur des exemples numériques, les notations 10^n et 10^{-n} pour obtenir des résultats tels que $10^2 \times 10^3 = 10^5$ ou $\left(10^3\right)^4 = 10^{12}$.

SC

▷ Exercices complémentaires

91 ▶ Recopier et compléter le tableau ci-dessous :

n	0	1	2	3	4
2^n					
$(-2)^n$					
2^{-n}					
-2^n					

92 ▶ *On écrira tous les calculs. L'unité de longueur est le centimètre.*

(a) Calculer l'aire d'un rectangle de longueur 10^4 et de largeur 10^{-2}.

(b) Calculer l'aire d'un triangle de côté de base $0,82 \times 10^3$ et de hauteur relative à ce côté $2,4 \times 10^4$.

93 ▶ *On donnera les résultats sous la forme d'une fraction.*
Calculer la valeur numérique de l'expression $F = (3 - x)^y$ lorsque

(a) $x = y = -2$ (b) $x = 5$ et $y = -1$ (c) $x = -1$ et $y = -3$

94 ▶ Effectuer le calcul suivant en écrivant les étapes intermédiaires :

$$G = 7,5 \times 10^3 + 35 \times 10^{-2}.$$

95 ▶ *On détaillera les calculs.*

(a) Calculer la valeur de l'expression $C = 4x^2 - 5x + 2,7$ pour $x = 3$.

(b) Calculer la valeur de l'expression $D = 5x^3 + 6x^2 - 10$ pour $x = 10$.

96 ▶ Transformer les expressions suivantes pour les écrire sous la forme d'une seule puissance d'un même nombre.

$$A = 7^2 \times 7^3 \qquad B = \frac{3^4}{3^2} \qquad C = 8^2 + 6^2$$

$$D = \frac{4^3 \times 4}{4^5} \qquad E = \left((-3)^2\right)^3 \times (-3)^4 \qquad F = 5^8 \times 2^5 \times 5^{-3}$$

97 ▶ Développer les expressions suivantes et donner le résultat sous la forme la plus simple possible.

$$A = x^2 \times \left(x^3 + x^2\right) \quad B = y \times \left(y^2 + y^3\right) \quad C = z^2 \times \left(z + 2z^2\right).$$

98 ▶ On considère les nombres suivants :

$$A = 45\,000 \quad B = 0{,}000\,073 \quad C = 47\,000 \times 10^3 \quad D = 0{,}052 \times 10^{-4}.$$

Donner l'écriture scientifique de ces nombres.

99 ▶ On considère l'expression suivante :

$$E = 5{,}5 \times 10^7 \times 0{,}4 \times 10^{-9}.$$

Donner l'écriture décimale et l'écriture scientifique de E.

100 ▶ La lumière parcourt environ 3×10^5 km en 1 seconde. Combien de temps va mettre la lumière pour parcourir la distance Soleil - Terre, c'est-à-dire $1{,}5 \times 10^8$ km ?

101 ▶ Calculer

$$\left(5 - \left(4 - \left(3 - (2-1)^1\right)^2\right)^3\right)^4$$

102 ▶ Combien de chiffres comporte le produit

$$4\,567\,890\,987\,654 \times 345\,676\,543\,?$$

On pourra chercher à encadrer les deux facteurs par des écritures comportant des puissances de 10.

Leçon 8

Équations du 1er degré à une inconnue

Prérequis

- Connaître la définition d'un quotient (page 41).
- Savoir remplacer une lettre par un nombre.
- Savoir utiliser le calcul littéral (page 59).

Marie doit effectuer le programme de calcul suivant :

- Multiplie par 2
- Ajoute 3

Elle prend 5 comme nombre de départ,

$$5 \xrightarrow{\times 2} 10 \xrightarrow{+3} 13,$$

et elle obtient 13.
Quel nombre a-t-elle choisi pour obtenir −5 ?

$$? \xrightarrow{\times 2} \; ? \xrightarrow{+3} -5$$

$$\boxed{-4} \xleftarrow{\div 2} -8 \xleftarrow{-3} -5$$

Elle a donc choisi −4. Vérifions :

$$-4 \xrightarrow{\times 2} -8 \xrightarrow{+3} -5$$

On aurait également pu présenter le calcul sous la forme $-4 \times 2 + 3$.

Maxence doit, quant à lui, effectuer le programme de calcul suivant :

- Retire 2
- Multiplie par 5
- Ajoute 8

Cours

Il prend -4 comme nombre de départ,

$$-4 \xrightarrow{-2} -6 \xrightarrow{\times 5} -30 \xrightarrow{+8} -22,$$

et il obtient -22.
Quel nombre a-t-il choisi pour obtenir 10,2 ?

$$? \xrightarrow{-2} \quad ? \xrightarrow{\times 5} \quad ? \xrightarrow{+8} 10{,}2$$

$$\boxed{2{,}44} \xleftarrow{+2} 0{,}44 \xleftarrow{\div 5} 2{,}2 \xleftarrow{-8} 10{,}2$$

Il a donc choisi 2,44. Vérifions :

$$2{,}44 \xrightarrow{-2} 0{,}44 \xrightarrow{\times 5} 2{,}2 \xrightarrow{+8} 10{,}2$$

On aurait pu également présenter le calcul sous la forme $(2{,}44-2)\times 5+8$.

Exercice 103

Mélanie doit effectuer le programme de calcul suivant :
- Triple
- Retire 5
- Double
- Ajoute 3

1/ Elle prend 5. Combien obtient-elle ?

2/ Elle prend -5. Elle pense obtenir l'opposé du résultat de la question précédente. A-t-elle raison ?

3/ Elle prend $\frac{4}{3}$. Combien obtient-elle ?

4/ Elle a obtenu 15. Quel nombre avait-elle choisi ?

Avec leur programme respectif, Marie et Maxence choisissent le même nombre de départ. Et surprise, ils obtiennent le même résultat ! Comment est-ce possible ?

Lorsque deux quantités sont égales, cela se traduit mathématiquement par *une égalité.*

$$\underbrace{\text{expression A}}_{1^{\text{er}}\text{ membre}} = \underbrace{\text{expression B}}_{2^{\text{e}}\text{ membre}}$$

ou

$$\text{expression A} - \text{expression B} = 0$$

Ici, les résultats obtenus par Marie et Maxence sont égaux. Mais quel nombre ont-ils bien pu prendre au départ ?
Essayons d'effectuer plusieurs tests afin de voir si on ne peut pas trouver ce nombre rapidement :

	Marie	Maxence
1	$1 \xrightarrow{\times 2} 2 \xrightarrow{+3} 5$	$1 \xrightarrow{-2} -1 \xrightarrow{\times 5} -5 \xrightarrow{+8} 3$
2	$2 \xrightarrow{\times 2} 4 \xrightarrow{+3} 7$	$2 \xrightarrow{-2} 0 \xrightarrow{\times 5} 0 \xrightarrow{+8} 8$
1,5	$1{,}5 \xrightarrow{\times 2} 3 \xrightarrow{+3} 6$	$1{,}5 \xrightarrow{-2} -0{,}5 \xrightarrow{\times 5} -2{,}5 \xrightarrow{+8} 5{,}5$
1,7	$1{,}7 \xrightarrow{\times 2} 3{,}4 \xrightarrow{+3} 6{,}4$	$1{,}7 \xrightarrow{-2} -0{,}3 \xrightarrow{\times 5} -1{,}5 \xrightarrow{+8} 6{,}5$
1,65	$1{,}65 \xrightarrow{\times 2} 3{,}3 \xrightarrow{+3} 6{,}3$	$1{,}65 \xrightarrow{-2} -0{,}35 \xrightarrow{\times 5} -1{,}75 \xrightarrow{+8} 6{,}25$
1,67	$1{,}67 \xrightarrow{\times 2} 3{,}34 \xrightarrow{+3} 6{,}34$	$1{,}67 \xrightarrow{-2} -0{,}33 \xrightarrow{\times 5} -1{,}65 \xrightarrow{+8} 6{,}35$
1,66	$1{,}66 \xrightarrow{\times 2} 3{,}32 \xrightarrow{+3} 6{,}32$	$1{,}66 \xrightarrow{-2} -0{,}34 \xrightarrow{\times 5} -1{,}7 \xrightarrow{+8} 6{,}3$
1,665	$1{,}665 \xrightarrow{\times 2} 3{,}33 \xrightarrow{+3} 6{,}33$	$1{,}665 \xrightarrow{-2} -0{,}335 \xrightarrow{\times 5} -1{,}675 \xrightarrow{+8} 6{,}325$

On a utilisé une méthode d'encadrements successifs, appelée également *dichotomie.*

Visiblement, on pourrait poursuivre longtemps ! Comment réussir, malgré tout, à trouver ce nombre choisi par Marie et Maxence ?

Le calcul littéral va venir nous aider. Si nous appelons n le nombre choisi au départ, alors Marie obtient :

$$n \xrightarrow{\times 2} 2n \xrightarrow{+3} 2n+3$$

tandis que Maxence obtient :

$$n \xrightarrow{-2} n-2 \xrightarrow{\times 5} 5 \times (n-2) \xrightarrow{+8} 5(n-2)+8.$$

Et comme tous les deux obtiennent le même résultat alors nous devons trouver le nombre n qu'ils ont choisi au départ pour obtenir

$$2n+3 = 5(n-2)+8.$$

C'est ce qu'on appelle une *équation.*

> *Une équation* est une égalité dans laquelle intervient un nombre inconnu, le plus souvent représenté par une lettre.

Cours

Marie et Maxence ont donc obtenu une équation du 1er degré d'inconnue n ; 1er degré car dans cette équation n'intervient qu'une puissance 1 de l'inconnue ($n = n^1$).
Reste à trouver ce nombre inconnu n : c'est ce qu'on appelle *résoudre une équation.*

> *Résoudre une équation*, c'est trouver toutes les valeurs possibles du nombre inconnu qui vérifient l'égalité. Chacune de ces valeurs est appelée *une solution* de l'équation.

Pour l'équation de Marie et Maxence, aucun des nombres testés précédemment n'est solution de l'équation.

Si l'on prend une autre équation, par exemple l'équation $2x+5=3x+2$ d'inconnue x et que l'on teste la valeur $x=3$ alors

$$\left.\begin{array}{l} 2x+5=2\times 3+5=6+5=11 \\ \\ 3x+2=3\times 3+2=9+2=11 \end{array}\right\} 11=11$$

Pour $x=3$; $2x+5=3x+2$ donc 3 est solution de l'équation $2x+5=3x+2$.

Exercice 104

Déterminer pour chacune des valeurs proposées si elle est solution de l'équation indiquée.

1/ $10+4a=24+2a$ Valeurs : $a=7$; $a=8$.

2/ $15-3t=48-8t$ Valeurs : $t=6{,}5$; $t=6{,}6$.

3/ $145-15z=3z-17$ Valeurs : $z=6$; $z=12$.

Cependant, nous avons bien vu que de nombreux tests peuvent *ne pas* nous mener à résoudre une équation. Travaillons un peu sur l'équation de Marie et Maxence :

$$2n+3=5(n-2)+8$$
$$2n+3=5\times n-5\times 2+8$$
$$2n+3=5n-10+8$$
$$2n+3=5n-2$$

Pour poursuivre la résolution de cette équation, on utilise la règle de calculs sur les égalités.

Propriété

On ne change pas une égalité si on ajoute (ou on soustrait) le même nombre aux deux membres de l'égalité.

Si $a = b$ alors $a + c = b + c$.
Si $a = b$ alors $a - d = b - d$.

Ce qui peut s'écrire, à partir d'un exemple *courant* :

−1 cahier	2 cahiers + 2 livres = 1 cahier + 15 €	−1 cahier
	1 cahier + 2 livres = 15 €	

On peut maintenant écrire :

$$2n + 3 = 5n - 2$$
On soustrait $2n$ à chaque membre.
$$2n + 3 - 2n = 5n - 2 - 2n$$
$$3 = 3n - 2$$
Comme $3 = \square - 2$ alors $5 = \square$.
$$5 = 3n$$
Combien de fois 3 dans 5 ?
$$\frac{5}{3} = n$$

Dans la résolution, on a soustrait $2n$. Pourquoi $2n$? Pour *regrouper les inconnues* d'un même côté du signe =. On aurait également pu soustraire $5n$. Le résultat obtenu aurait été le même.

Est-ce bien le nombre que Marie et Maxence ont choisi ?

$$\text{Marie : } \frac{5}{3} \xrightarrow{\times 2} \frac{10}{3} \xrightarrow{+3} \frac{10}{3} + 3 = \frac{10}{3} + \frac{9}{3} = \frac{19}{3}$$
$$\text{Maxence : } \frac{5}{3} \xrightarrow{-2} \frac{5}{3} - 2 = \frac{5}{3} - \frac{6}{3} = \frac{-1}{3} \xrightarrow{\times 5} \frac{-5}{3} \xrightarrow{+8} \frac{-5}{3} + 8 = \frac{-5}{3} + \frac{24}{3} = \frac{19}{3}$$

Il ne faut pas remplacer $\frac{5}{3}$ par une valeur approchée aussi « précise » soit elle. Les programmes de calculs ne donneraient pas les mêmes résultats !

Oui, Marie et Maxence ont bien choisi $\frac{5}{3}$ comme nombre de départ pour obtenir la même réponse $\frac{19}{3}$.

Dans la résolution précédente, on aurait pu s'apercevoir que $2n+3 = 5n-2$ peut aussi s'écrire $2n + 3 = 2n + 3n - 2$ pour ensuite obtenir $3 = 3n - 2$. Cela correspond bien à « soustraire » $2n$.

Exercice 105

Résoudre les équations suivantes :

$$-3p+2=8 \qquad 2t+4=7t-11$$

Cours

Il faut penser à vérifier les résultats obtenus.

▷ Mise en équation d'un problème

> Mettre en équation un problème, c'est traduire mathématiquement l'énoncé du problème par une équation.

On a déjà effectué la démarche avec le problème des programmes de calculs. Observons cet autre problème :

> On a diminué le côté d'un carré $ABCD$ de 3 m, et on a augmenté un autre côté de 6 m.
> Le rectangle $BEFG$ obtenu a une aire supérieure de 27 m^2 à celle du carré $ABCD$.
> Quelle était la longueur du côté du carré $ABCD$?

On peut évidemment tester différentes valeurs...

Faisons une figure à main levée pour bien comprendre le problème.

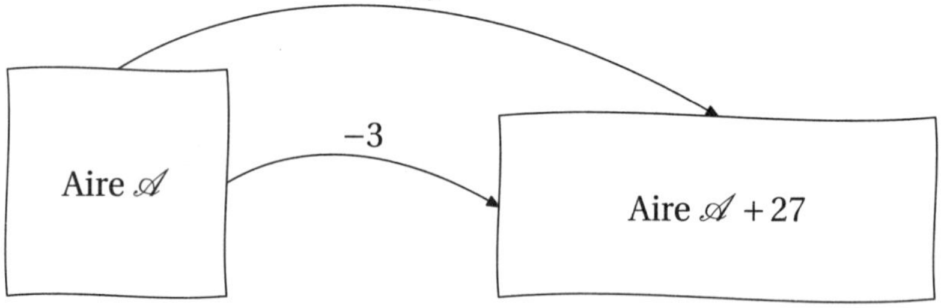

Comment trouver le côté du carré ? La résolution d'un tel problème avec une équation se fait en 4 étapes :

Choix de l'inconnue Soit c la longueur du côté du carré.

Mise en équation du problème La longueur du rectangle est $c+6$. La largeur du rectangle est $c-3$.

Le rectangle a donc une aire de $(c+6)(c-3)$ m^2. Mais on sait que cette aire est supérieure de 27 m^2 à celle du carré, qui est égale à c^2 m^2.
On obtient donc l'équation suivante :

$$(c+6)(c-3) = c^2+27.$$

Résolution de l'équation

$$\begin{aligned}
(c+6)(c-3) &= c^2+27\\
c\times c + c\times(-3) + 6\times c + 6\times(-3) &= c^2+27\\
c^2 + (-3c) + 6c + (-18) &= c^2+27\\
c^2 + 3c - 18 &= c^2+27\\
3c - 18 &= 27\\
3c &= 45\\
c &= \frac{45}{3}\\
c &= 15
\end{aligned}$$

$\square + 3n - 18 = \square + 27$

Conclusion Le côté du carré mesure 15 mètres.

Pensez à vérifier !
Pour un côté de 15 mètres, le carré a une aire de $15\times 15 = 225$ m^2.
Le rectangle construit aura une longueur de $15+6 = 21$ m et une largeur de $15-3 = 12$ m. Son aire sera donc $21\times 12 = 252$ m^2.
Ce qui donne bien une différence de $252-225 = 27$ m^2.

Exercice 106

On choisit deux nombres entiers consécutifs.
Si on ajoute 5 à chacun de ces deux nombres, leur produit augmente de 160.
Quels sont ces deux nombres ?

SC

À l'issue de cette leçon, les compétences du socle commun sont :
– Savoir résoudre des problèmes se ramenant à une équation du premier degré sans que la méthode experte soit exigible.

SC

▷ Exercices complémentaires

107 ▶ Pour chaque équation, la valeur donnée est-elle solution ?

(a) $2 + x = -5$ avec $x = -7$;

(b) $3z = -9$ avec $z = -3$;

(c) $7 - t = -2 + 2t$ avec $t = -3$;

(d) $-5n = 2n + 3$ avec $n = 2$.

108 ▶ Le nombre (-3) est-il solution de l'équation $x^2 + 3x - 1 = 0$? Justifier.

109 ▶ Une solution de l'équation $3p^2 - 5p + 2 = 0$ est

☐ -1 ☐ $\frac{2}{3}$ ☐ $\frac{7}{3}$?

Justifier.

110 ▶ Résoudre les équations d'inconnue x suivantes :

$$2x + 5 = 12 \qquad -3x - 6 = 15 \qquad 5x + 6 = 0$$

111 ▶ Résoudre les équations d'inconnue n suivantes :

$$3n + 5 = 12 + 2n \qquad -3n + 4 = n + 5 \qquad 2n + 3 = -5n + 7$$

112 ▶ *On détaillera le raisonnement.*

Thomas vient de finir son exercice de mathématiques. Fier de lui, il s'apprête à ranger mais il renverse son verre de jus de fruit. Il se dépêche d'éponger mais il est trop tard : sa feuille est trouée !

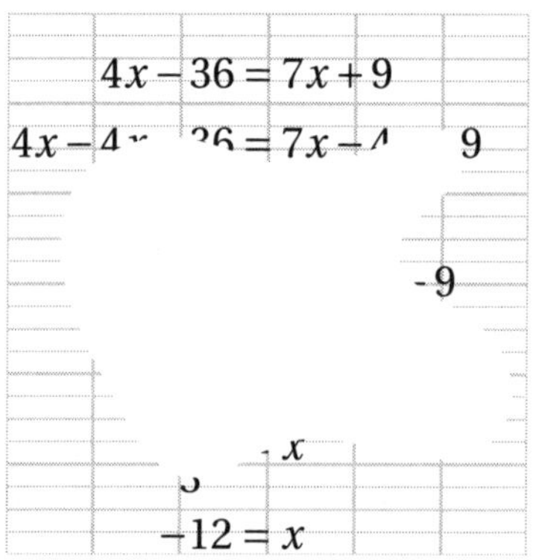

L'entendant râler, son père arrive, le calme et regarde son travail. « De toutes façons, tu aurais du recommencer. »

Expliquer la remarque du père.

113 ▶ Voici les tarifs pratiqués dans deux magasins :

- Magasin A : 17,30 € la cartouche d'encre, livraison gratuite.
- Magasin B : 14,80 € la cartouche d'encre, frais de livraison de 15 € quel que soit le nombre de cartouches achetées.

Déterminer le nombre de cartouches d'encre pour lequel les deux tarifs sont identiques.

114 ▶ Les Anglo-Saxons utilisent le degré *Fahrenheit* comme unité de mesure de température, alors que nous utilisons le degré *Celsius.*
La température T_F en degrés Fahrenheit s'écrit en fonction de la température T_C en degrés Celsius de la manière suivante :

$$T_F = 1{,}8 \times T_C + 32.$$

(a) Lorsque $T_C = 0$, que vaut T_F ?

(b) Calculer T_C lorsque $T_F = 50$.

(c) Pour quelle température, a-t-on $T_F = T_C$?

115 ▶ *La figure ci-dessous est donnée à titre indicatif.*
$ABCD$ est un rectangle tel que $AB = 8$ cm et $BC = 6$ cm. Soit N le point du segment $[AB]$ tel que $AN = 2$ cm.

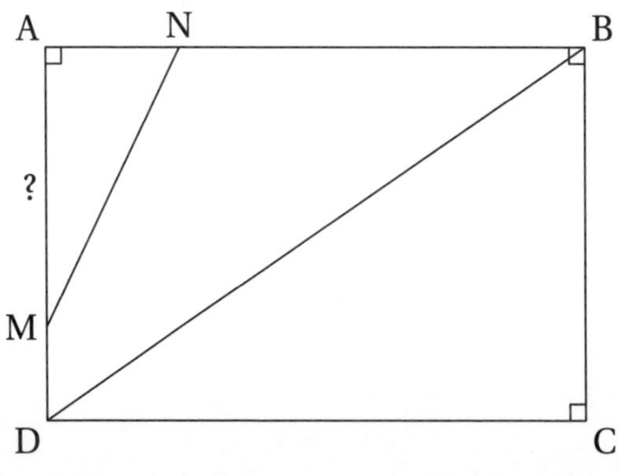

Où placer un point M sur le segment $[AD]$ pour que l'aire du triangle AMN soit égale à celle du quadrilatère $MNBD$? Justifier la réponse.

116 ▶ [d'après Brevet]
Pour financer une partie de leur voyage de fin d'année, des élèves de troisième vendent des gâteaux qu'ils ont confectionnés eux-mêmes.

Un même jour, ils ont vendu 15 tartes, les unes aux myrtilles et les autres aux pommes.

Une tarte aux myrtilles est vendue 4 € et une tarte aux pommes 2 €.

La somme encaissée ce jour-là est 42 €.

Après avoir mis le problème en équation, déterminer combien ils ont vendu de tartes de chaque sorte.

117 ▶ Sur un parking, on peut observer 50 véhicules en stationnement. Ces véhicules sont tous des motos ou des automobiles.
Si le nombre total de roues est 180, quel est le nombre d'automobiles sur ce parking ?

118 ▶ Le nouveau gérant d'un restaurant s'aperçoit qu'il possède des petites et des grandes carafes dont les contenances ne sont pas indiquées.
« Bof, ce n'est pas grave, je vais attendre ce soir lors du 1er service. »
En effet, lors de ce service, il s'aperçoit que les 1 000 cL de vin qu'il avait préparé ont été vendus à l'aide de 5 petites carafes et 10 grandes.
Fier, le restaurateur en conclue qu'une petite carafe contient 50 cL et une grande 75 cL.
Mais, son fils, bon en calcul mental, lui fait remarquer que si la petite contient 30 cL et la grande 85 cL alors l'expérience serait vraie aussi.
Le gérant, perplexe, fait alors une nouvelle expérience et il s'aperçoit que deux petites carafes remplissent une grande.
« Alors, là, j'ai trouvé ! ». Peux-tu expliquer pourquoi ?

Leçon 9

Ordre

Prérequis

- Savoir utiliser la formule $k \times a + k \times b = k \times (a+b)$ (page 60).
- Savoir multiplier deux nombres relatifs (page 35).

La publicité nous envahit constamment : télévision, radio, papier... Elle est partout, elle nous oblige à comparer. Mais comment savoir qui est le plus intéressant, le moins cher ?

▷ Vocabulaire

Comparer deux nombres, c'est dire si l'un est plus grand ou plus petit que l'autre ou si les deux nombres sont égaux.

Pour cela, on utilise les signes >, <, $\leqslant$ (inférieur ou égal) [1] et $\geqslant$ (supérieur ou égal) [2].

Exercice 119

Compléter avec les signes <, > ou =.

$1,7\ldots8,4$	$5,38\ldots5,71$	$1,50\ldots1,5$	$7,005\ldots7,05$
$12,54\ldots12,7$	$0,10\ldots0,9$	$26,3\ldots26{,}633\,3$	$74,01\ldots74$
$\dfrac{311}{100}\ldots\dfrac{301}{100}$	$0,47\ldots\dfrac{47}{100}$	$0,91\ldots\dfrac{901}{1\,000}$	$99,1\ldots\dfrac{9\,801}{10}$

1. Cela peut se traduire aussi par *plus petit ou égal.*
2. Cela peut se traduire aussi par *plus grand ou égal.*

Cours

Comparer deux nombres relatifs a et b, c'est aussi regarder s'il existe une différence entre ces deux nombres :

- si a est plus grand que b alors il faut ajouter à b un nombre *positif* pour obtenir a : la différence $a - b$ est donc positive ;
- si a est plus petit que b alors il faut soustraire un nombre positif à b pour obtenir a. Or, soustraire un nombre positif revient à ajouter un nombre *négatif*. La différence $a - b$ est donc négative.

Propriété

Soit deux nombres relatifs a et b. Dire que :

- $a > b$ signifie que $a - b > 0$;
- $a < b$ signifie que $a - b < 0$.

Exercice 120

On sait que a et b sont deux nombres relatifs tels que $a > b$.
Comparer les nombres suivants en étudiant leur différence :

1/ $a + 2$ et $b + 2$;

2/ $5a + 2b$ et $4a + 3b$;

3/ $b - 1$ et $a - 1$;

4/ $2(a - 2)$ et $2(b - 2)$.

Lorsque deux quantités sont inégales, cela se traduit mathématiquement par *une inégalité*.

$$\underbrace{\text{expression A}}_{1^{\text{er}}\text{ membre}} < \underbrace{\text{expression B}}_{2^{\text{e}}\text{ membre}}$$

▷ Ordre et opérations

Pour construire un escalier confortable, il faut respecter certaines conditions.

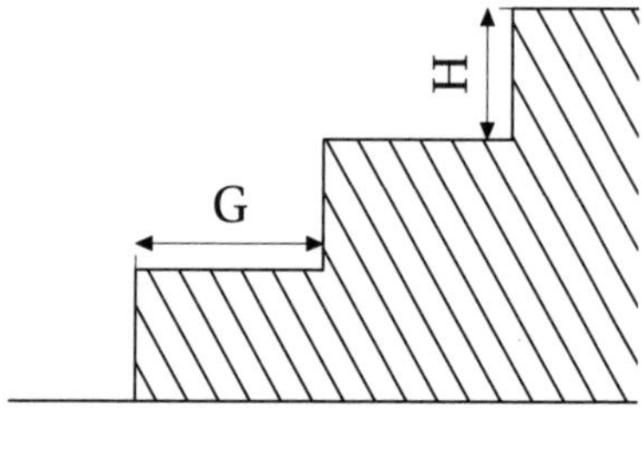

Il est nécessaire que la hauteur de la contremarche soit comprise entre 15 cm et 19 cm. Ce que l'on note :

$$15 \leqslant H \leqslant 19.$$

La largeur G d'un giron[3] doit au moins être égale à 25 cm. Ce que l'on écrit :

$$G \geqslant 25.$$

La formule de Blondel permet, selon les professionnels, d'obtenir un escalier des plus confortables. Il faut que $2H + G$ soit compris entre 60 cm et 65 cm. Ce que l'on note :

$$60 \leqslant 2H + G \leqslant 65.$$

Comment arriver à définir les longueurs H et G les plus confortables possibles ? On sait que $H \geqslant 15$. Que dire de $2H$?
On a $H - 15$ qui est un nombre positif et en le multipliant par 2, on obtient aussi un nombre positif. Donc

$$2(H-15) \geqslant 0$$
$$2H - 30 \geqslant 0$$

Donc $2H \geqslant 30$. À multiplier chacun des membres de l'inégalité $H \geqslant 15$ par 2, le sens de l'inégalité n'a pas changé !

Ce que l'on a fait avec le nombre *positif* 2 peut être recommencé avec n'importe quel nombre positif, donc :

Propriété

Si on multiplie (ou on divise) par un nombre *strictement positif* les deux membres d'une inégalité, alors on garde le sens de l'inégalité.

Si $a < b$ et $c > 0$ alors $a \times c < b \times c$

$\pi < 4$	$\pi > 3$
$2 \times \pi < 2 \times 4$	$2 \times \pi > 2 \times 3$
$2\pi < 8$	$2\pi > 6$

3. Dessus d'une marche d'un escalier, partie sur laquelle on pose le pied.

Cours

Exercice 121

On sait que s et t sont deux nombres relatifs tels que $s > t$. Compléter par < ou >.

$$4s \ldots 4t \qquad 0{,}5t \ldots 0{,}5s \qquad 3t \ldots 3s \qquad \frac{s}{3} \ldots \frac{t}{3}$$

Regardons maintenant le cas où l'on multiplie les deux membres d'une inégalité par un nombre *négatif*.
Considérons l'inégalité $t \leqslant 3$. Alors $t - 3$ est un nombre négatif ou nul. Multiplions le par -4 et nous obtenons un nombre positif ou nul. Donc

$$-4 \times (t-3) \geqslant 0$$
$$-4 \times t + (-4) \times (-3) \geqslant 0$$
$$-4t + 12 \geqslant 0$$
$$-4t - (-12) \geqslant 0$$

Par conséquent $-4t \geqslant -12$. À multiplier chacun des membres de l'inégalité $t \leqslant 3$ par -4, le sens de l'inégalité a changé !

Propriété

Si on multiplie (ou on divise) les deux membres d'une inégalité par un nombre *strictement négatif* alors on change le sens de l'inégalité.

$$\text{Si } a < b \text{ et } c < 0 \text{ alors } a \times c > b \times c$$

Exercice 122

On sait que m et n sont deux nombres relatifs tels que $m > n$. Compléter par < ou >.

$$-2m \ldots -2n \qquad -0{,}25m \ldots -0{,}25n \qquad -n \ldots -m \qquad \frac{n}{-5} \ldots \frac{m}{-5}$$

On peut maintenant dire que si H est compris entre 15 cm et 19 cm, alors $2H$ est compris entre 30 cm et 38 cm. Mais, comment choisir G ?
Que dire de $2H + G$? Est-il plus grand ou égal à $30 + G$? Comparons alors $2H + G$ avec $30 + G$ en regardant la différence qu'il peut exister entre les deux :

$$(2H + G) - (30 + G)$$
$$2H + G - 30 - G$$
$$2H - 30$$

Comme $2H \geqslant 30$, alors $2H+G$ est bien plus grand ou égal à $30+G$. Ajouter G à l'inégalité $2H \geqslant 30$ n'a pas changé le sens de l'inégalité !

Propriété

Si on ajoute (ou on soustrait) le même nombre aux deux membres de l'inégalité alors on garde le sens de l'inégalité.

Si $a < b$ alors $a+c < b+c$ Si $a \geqslant b$ alors $a-d \geqslant b-d$

Cours

Soustraire un nombre, c'est ajouter son opposé...

$$\begin{aligned} &2 \text{ cahiers } + 2 \text{ livres } \leqslant 1 \text{ cahier } + 15 \text{ €} \\ &1 \text{ cahier } + 2 \text{ livres } \leqslant 15 \text{ €} \end{aligned}$$

(−1 cahier de chaque côté)

Exercice 123

On sait que $m < p$. Compléter, si possible, par < ou >.

1/ $m+5 \ldots p+5$

2/ $m+12 \ldots p+12$

3/ $m-10 \ldots p-15$

4/ $p-7 \ldots m-7$

5/ $m+15 \ldots p+17$

6/ $m+6 \ldots p+5$

Maintenant que l'on sait que $30 \leqslant 2H \leqslant 38$, la formule de Blondel permet de déterminer des valeurs pour G en fonction de celle de H. Par exemple, si $H = 16$ alors $2H = 32$ et

$$60 \leqslant G+32 \qquad G+32 \leqslant 65$$
$$28 \leqslant G \qquad G \leqslant 33$$

Pour $H = 16$, on pourra choisir G entre 28 cm et 33 cm.

SC

À l'issue de cette leçon, les compétences du socle commun sont :

- Comparer deux nombres relatifs en écriture décimale ou fractionnaire.
- Savoir utiliser le fait que des nombres relatifs de l'une des deux formes suivantes sont rangés dans le même ordre que a et b : $a+c$ et $b+c$; $a-c$ et $b-c$.

SC

▷ Exercices complémentaires

124 ▸ Parmi les inégalités suivantes, lesquelles sont vraies pour $x = -5$?

$x < 7$ $\quad$ $x \leqslant 17$ $\quad$ $x < -5$

$x > -7$ $\quad$ $x \geqslant -4$

125 ▸ On donne les inégalités suivantes :

$4a < 9$ $\quad$ $5a < -27$ $\quad$ $-a > 8$ $\quad$ $a + 7 > 6$

Parmi ces inégalités, lesquelles sont vraies pour $a = -3$?

126 ▸ On donne les inégalités suivantes :

$4a + 5 < 9$ $\quad$ $5a - 2 < 2$ $\quad$ $4 - 2a > 0$ $\quad$ $3a - 7 \geqslant a - 5$

Parmi ces inégalités, lesquelles sont vraies pour $a = 1$?

127 ▸ Recopier et compléter :
- Si $x - 4 < 5$ alors $x < \ldots$
- Si $x + 4 < 5$ alors $x < \ldots$
- Si $x - 4 < -5$ alors $x < \ldots$
- Si $x + 4 < -5$ alors $x < \ldots$

128 ▸ On sait que $x < y$. Compléter par < ou >.

1/ $3x \ldots 3y$

2/ $x - 5 \ldots y - 5$

3/ $-3x + 7 \ldots -3y + 7$

4/ $4y + 15 \ldots 4x + 15$

5/ $2x + 10 \ldots 2y + 10$

6/ $-5y - 2 \ldots -5x - 2$

129 ▸ Soit a un nombre relatif tel que $a < 2$. Trouver une inégalité vérifiée par $3a - 7$ et $-4a + 3$.

130 ▸ On donne $1{,}1 < x < 1{,}2$ et $3{,}5 < y < 3{,}6$.
Trouver un encadrement de $x + y$ et xy.

131 ▸ Fabrice et Claire se demandent quelle est la longueur L de leur salle de classe, mais pour la mesurer ils ne disposent que de leurs pieds comme « instrument ».
Fabrice, dont le pied mesure 27 cm, a réussi à le reporter 28 fois, mais pas 29.
Claire, dont le pied mesure 25 cm, a réussi à le reporter 30 fois, mais pas 31.
Quel encadrement de L ont-ils trouvé ?

Leçon 10

L'égalité de Pythagore

Prérequis

- Savoir calculer l'aire d'un carré (page 17).
- Connaître la notation $n^2 = n \times n$.

De tout temps, les puzzles ont fasciné les mathématiciens. Prenons par exemple le puzzle suivant :

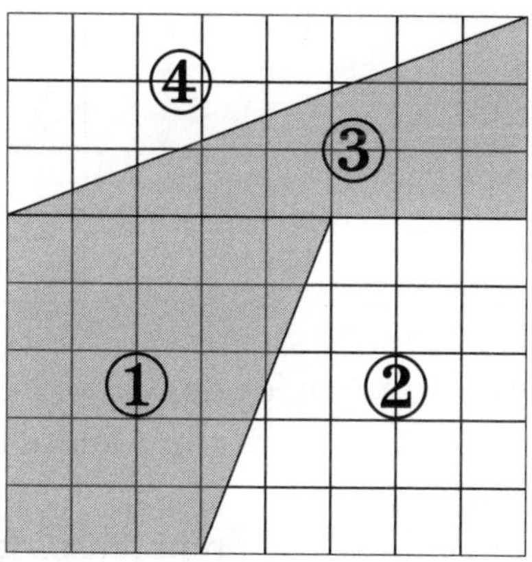

À l'aide des pièces ①, ②, ③ et ④ ; il *semble* que l'on puisse reconstituer la pièce ⑤ :

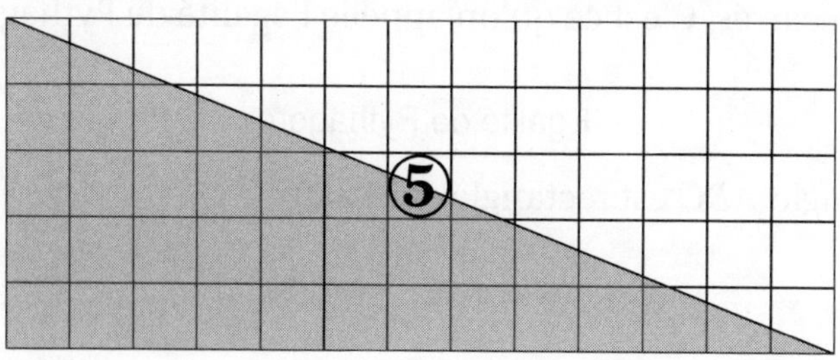

Mais la pièce ⑤ a une aire de $13 \times 5 = 65$ unités d'aire alors que la somme des aires des pièces ①, ②, ③ et ④ vaut $8 \times 8 = 64$ unités d'aire.
La pièce ⑤ n'est pas recouverte par les pièces ①, ②, ③ et ④ !

▷ Égalité de Pythagore

Cours

Prenons maintenant un autre puzzle qui lui, s'applique à la famille des triangles rectangles :

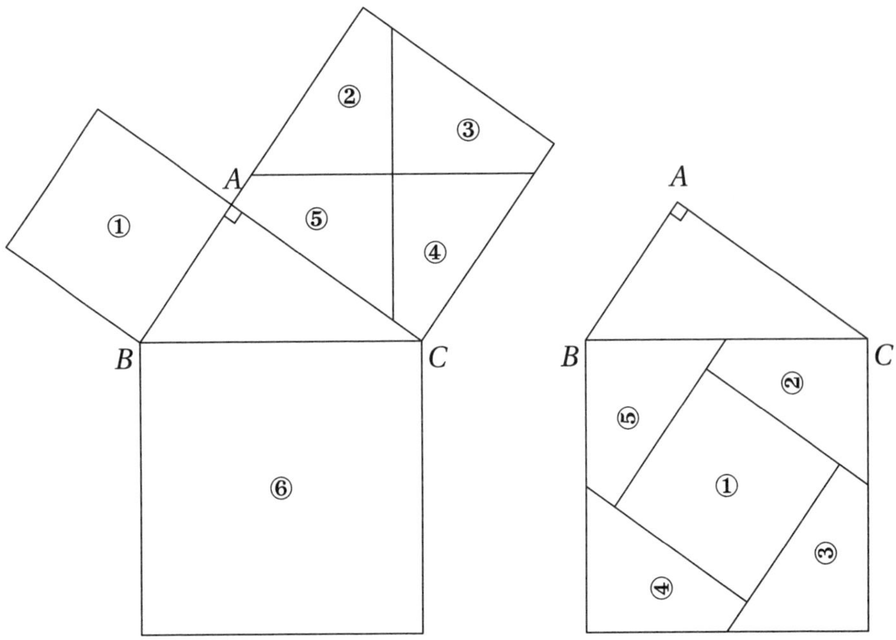

Il semble que les pièces numérotées de ① à ⑤ permettent de remplir complètement la pièce ⑥. Mais le cas du « faux » puzzle nous oblige à nous poser des questions...
Les mathématiciens ont prouvé, de nombreuses façons d'ailleurs, que ce puzzle est vrai : la pièce ⑥ est bien recouverte entièrement par les pièces ① à ⑤.
Donc l'aire du « grand » carré est égale à la somme des aires des « petit » et « moyen » carrés. C'est ce qu'on appelle l'égalité de Pythagore :

Égalité de Pythagore

Si un triangle ABC est rectangle en A alors

$$BC^2 = AC^2 + AB^2.$$

Si un triangle est rectangle, alors l'aire du carré construit sur l'hypoténuse est égale à la somme des aires des carrés construits sur les deux côtés de l'angle droit.

Cette propriété permet de calculer des longueurs dans un triangle rectangle lorsqu'on connaît les longueurs de deux des côtés.
Par exemple, le triangle EFG rectangle en G est tracé ci-dessous en vraie grandeur. Comment calculer la longueur EG ?

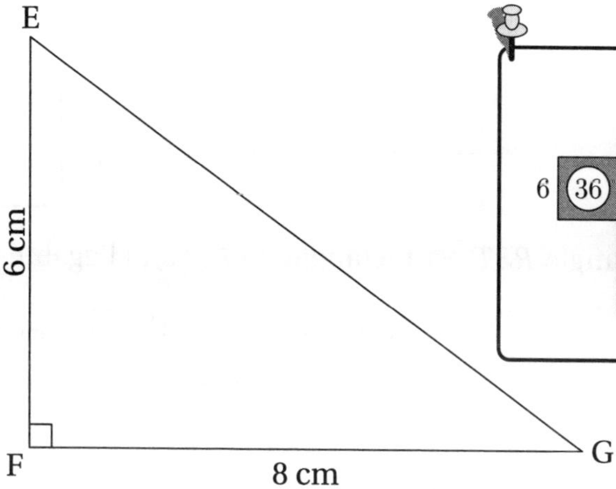

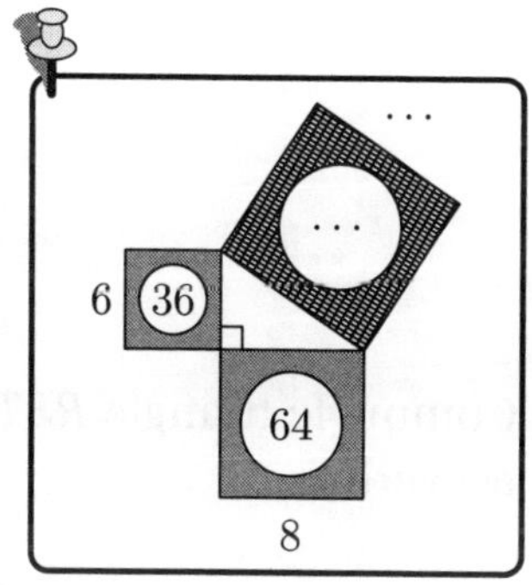

Comme le triangle EFG est rectangle en F, alors l'égalité de Pythagore est vérifiée :

$$EG^2 = EF^2 + FG^2$$

Le grand carré égale le petit carré plus le moyen carré

$$EG^2 = 6^2 + 8^2$$

$$EG^2 = 36 + 64$$

$$EG^2 = 100$$

$$EG = 10$$

Quel est le nombre qui, multiplié par lui-même, donne 100 ?

La longueur EG mesure 10 cm.

Bien souvent, dans les exercices, la figure est faite (ou à faire) en vraie grandeur. Il faut alors penser à vérifier la réponse trouvée en mesurant *simplement* sur la figure.

Exercice 132

1/ ABC est un triangle rectangle en A tel que $AB = 12$ cm et $AC = 16$ cm.
Calculer la longueur BC.

2/ Soit DEF un triangle rectangle en E tel que $DE = 6{,}4$ cm et $EF = 4{,}8$ cm.
Calculer la longueur DF.

Cours

Dans l'exemple précédent, on a calculé la longueur de l'hypoténuse. On peut également calculer la longueur d'un des côtés de l'angle droit.

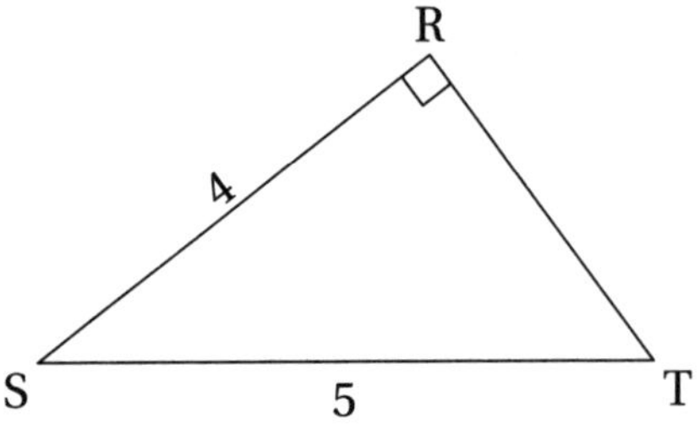

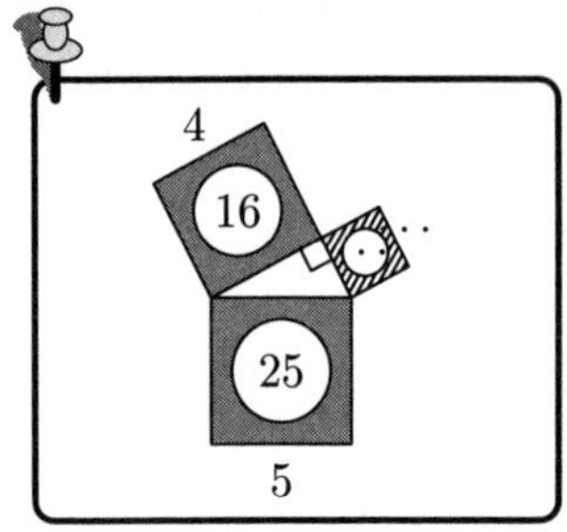

Comme le triangle RST est rectangle en R, alors l'égalité de Pythagore est vérifiée :

$$ST^2 = SR^2 + RT^2$$

Le grand carré égale le petit carré plus le moyen carré

$$5^2 = 4^2 + RT^2$$

$$25 = 16 + RT^2$$

$$25 - 16 = RT^2$$

$$9 = RT^2$$

$$3 = RT$$

Quel est le nombre qui multiplié par lui-même, donne 9 ?

La longueur RT mesure 3 cm.

Exercice 133

1/ Soit ABC un triangle rectangle en A tel que $AB = 12$ cm et $BC = 13$ cm.
Calculer la longueur AC.

2/ Soit DEF un triangle rectangle en D tel que $DE = 8{,}4$ cm et $EF = 11{,}6$ cm.
Calculer la longueur DF.

Cependant, les calculs sont parfois plus délicats. En effet, dans le triangle RST rectangle en T ci-dessous, appliquons l'égalité de Pythagore :

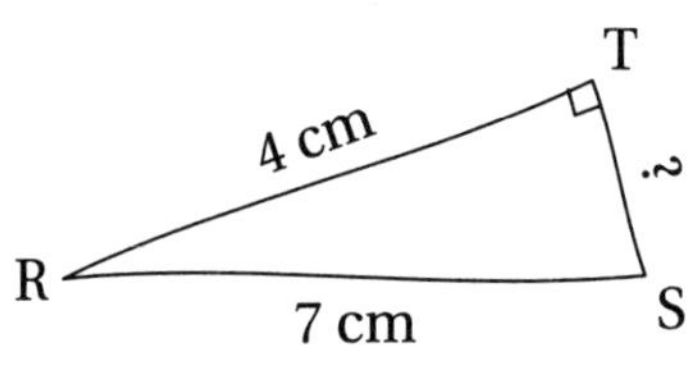

$$RS^2 = RT^2 + TS^2$$

$$7^2 = 4^2 + TS^2$$

$$49 = 16 + TS^2$$

$$49 - 16 = TS^2$$

$$33 = TS^2$$

Quel est le côté d'un carré dont l'aire est 33 cm^2 ? Quel est le nombre qui multiplié par lui-même, donne 33 ?
5 est trop petit ($5 \times 5 = 25$) ; 6 est trop grand ($6 \times 6 = 36$) ; 5,5 trop petit ($5,5 \times 5,5 = 30,25$)... C'est pourquoi on a la définition suivante :

Cours

> On appelle *racine carrée* d'un nombre positif n, le nombre positif, noté $\sqrt{n}$, tel que son carré soit égal à n.
>
> $$\left(\sqrt{n}\right)^2 = n$$

Donc la longueur TS mesure *en valeur exacte* $\sqrt{33}$ cm et avec la calculatrice :

√	33	=

5.744562647

On donne ici, la valeur approchée au dixième par défaut.

$TS \approx 5,7$ cm.

Certaines calculatrices affichent √(. Il faudra fermer la parenthèse.

Exercice 134

Compléter le tableau suivant avec la calculatrice. *On donnera, si nécessaire, la valeur approchée au dixième près par défaut.*

n	10	20	98	125	196
$\sqrt{n}$					

Exercice 135

On donnera les réponses arrondies au millimètre près.

1/ Le triangle AZE est rectangle en E avec $ZE = 5$ cm et $AE = 6$ cm. Calculer la longueur AZ.

2/ Le triangle RTY est rectangle en R avec $RT = 12$ dm et $TY = 14$ dm. Calculer la longueur RY.

L'égalité de Pythagore et les racines carrées sont très liées. On peut alors avoir l'idée de construire la racine carrée d'un nombre positif de manière exacte en utilisant des triangles rectangles bien choisis. La figure ci-dessous montre *clairement* la méthode ; méthode justifiée par l'égalité de Pythagore :

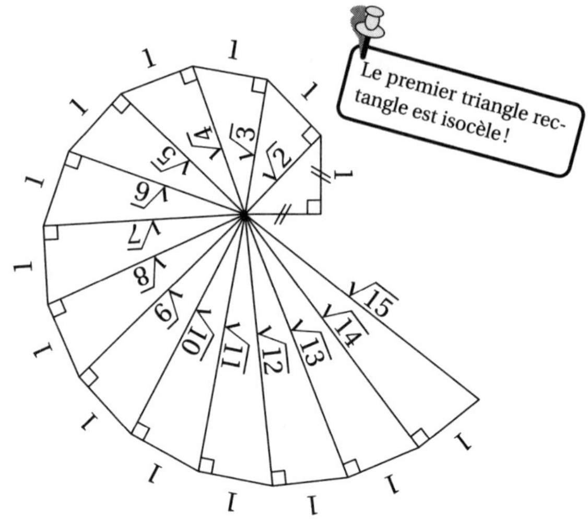

On construit ainsi *successivement* des segments de longueur $\sqrt{2}$; $\sqrt{3}$; $\sqrt{4}$; $\sqrt{5}$...

Il y a souvent plus rapide. Par exemple, 13=9+4. Donc pour construire $\sqrt{13}$, un triangle rectangle dont les côtés de l'angle droit mesurent 3 cm et 2 cm suffit.

Exercice 136

Construire un segment de longueur $\sqrt{26}$ puis un segment de longueur $\sqrt{48}$.

▷ Un triangle est-il rectangle ?

Lorsqu'on connaît les longueurs des trois côtés d'un triangle, on peut savoir s'il est constructible ou pas (grâce à l'inégalité triangulaire (page 12)).

De plus, déterminer la nature du triangle peut être facile :

– un triangle dont deux côtés ont la même longueur est isocèle ;

– un triangle dont les trois côtés ont la même longueur est équilatéral.

Mais parfois, il est difficile de se prononcer. En effet, considérons deux triangles dont les côtés mesurent :

– 11 ; 8 et 7 pour le premier ;

139 ▶ *L'unité de longueur est le centimètre.* On considère ABC, un triangle rectangle en A tel que $AB = 12$ et $BC = 13$.

(a) Quel est le nom de l'hypoténuse de ce triangle ?

(b) Calculer la longueur AC en détaillant la démarche.

(c) Tracer le triangle ABC.

140 ▶ On considère un triangle ABC tel que $AB = 9$ cm ; $AC = 12$ cm et $BC = 15$ cm.

(a) Expliquer (sans calcul) pourquoi on est certain que ce triangle n'est pas rectangle en B ou C.

(b) Prouver que ce triangle est rectangle en A.

141 ▶ La figure ci-dessous représente un cube $ABCDEFGH$ d'arêtes de longueur 10 cm.

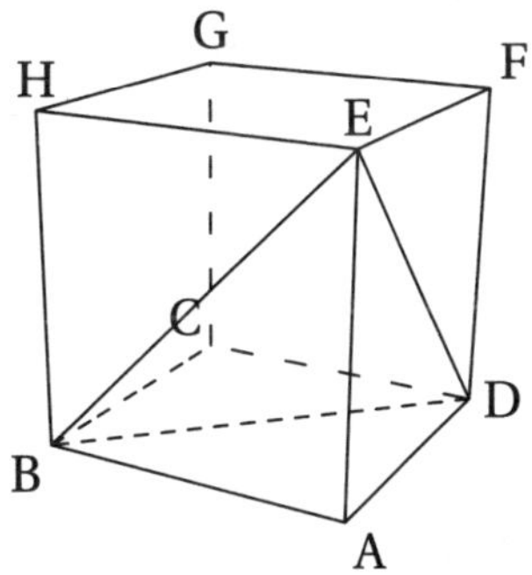

(a) Calculer à 0,1 mm près, la longueur de la diagonale d'une face.

(b) Donner l'arrondi à 0,1 mm près du périmètre du triangle BED.

142 ▶ *La figure ci-dessous n'est pas en vraie grandeur.*

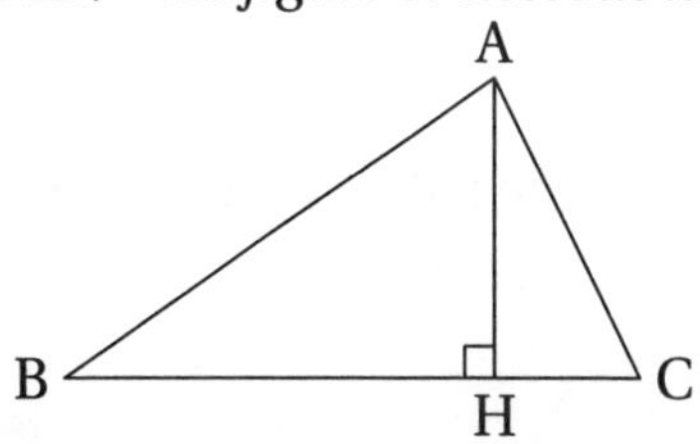

Soit ABC un triangle et H le pied de la hauteur issue de A. On sait que $AB = 3{,}9$ cm ; $AC = 6$ cm et $CH = 4{,}8$ cm.
Calculer les longueurs AH, BH puis l'aire du triangle ABC.

143 ▶ *La figure ci-dessous est donnée à titre indicatif.*

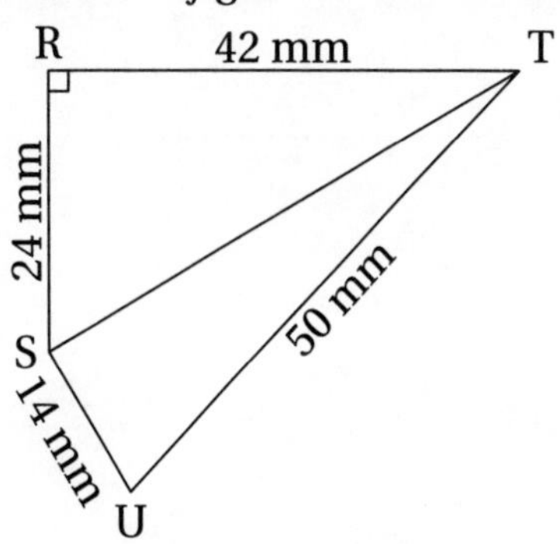

(a) Construire en vraie grandeur la figure ci-contre.

(b) Le triangle STU semble rectangle. L'est-il vraiment ? Justifier la réponse.

144 ▶ Le parallélépipède rectangle ci-dessous est tel que $HC = 2$ cm, $BC = 6$ cm et $AB = 9$ cm.
Calculer la longueur AH.

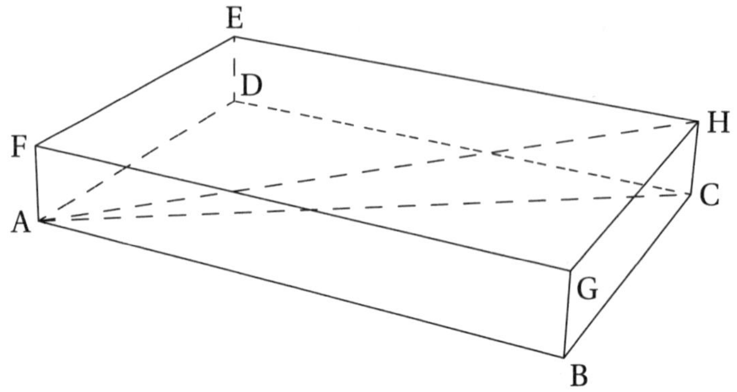

145 ▶ *L'unité de longueur est le mètre. La figure est à main levée.* Calculer l'aire de la surface hachurée ci-dessous.

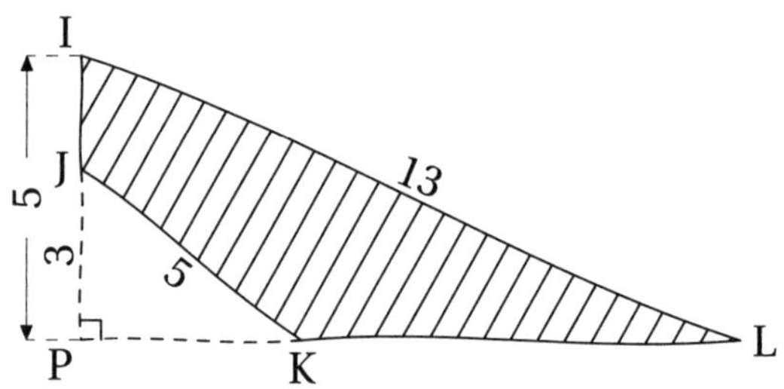

146 ▶ Un triangle RST, rectangle en S, a une aire de 8,64 cm^2 et on sait que $RS = 3,6$ cm. La hauteur issue de S coupe le segment $[RT]$ en H.

(a) Faire une figure à main levée.

(b) Calculer la longueur ST.

(c) Calculer la longueur RT.

(d) Calculer la hauteur SH.

(e) Calculer les longueurs HR et HT.

Leçon 11

Triangle, milieux et parallèles

Prérequis

- Connaître les propriétés des quadrilatères particuliers (page 14).
- Savoir prouver qu'un quadrilatère est un parallélogramme (un losange, un rectangle, un carré) (page 14).
- Savoir calculer l'aire d'un triangle (page 17).
- Connaître la définition et les propriétés d'une médiane d'un triangle (page 13).

En classe, François avait marqué trois points A, B et C, puis il avait tracé les segments $[AB]$ et $[AC]$. Ensuite, il avait placé le milieu I du segment $[AB]$ ainsi que le milieu J du segment $[AC]$.

Il lui restait à tracer le segment $[BC]$ et à placer le milieu K de ce segment $[BC]$ pendant ses devoirs mais son petit frère a déchiré son cahier !

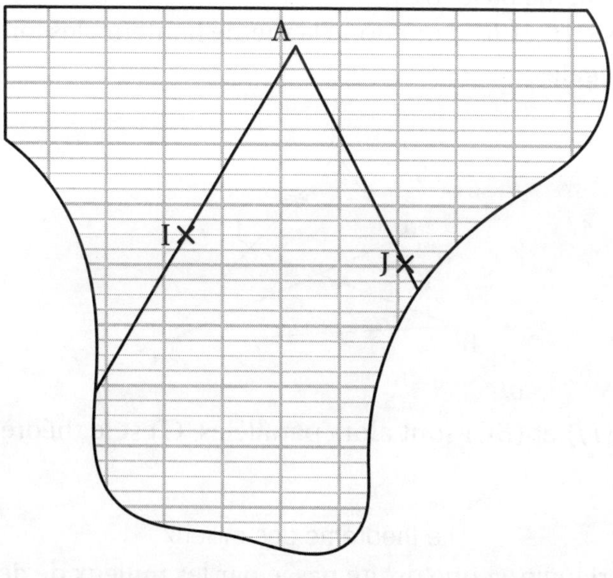

Peut-il faire ce qui lui a été demandé ? À savoir, placer le point K et tracer le segment $[BC]$ sur le bout de feuille qui lui reste...

▷ Le théorème des milieux

On dispose donc d'un triangle et des milieux de deux des côtés.
Effectuons une figure et complétons-la en traçant les deux médianes (CI) et (BJ).

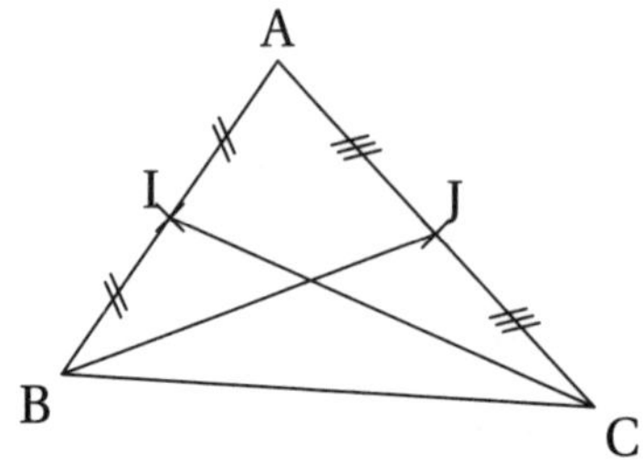

Les triangles BIC et BCJ ont une aire égale à la moitié de l'aire du triangle ABC. Par conséquent, ces deux triangles ont la même aire.

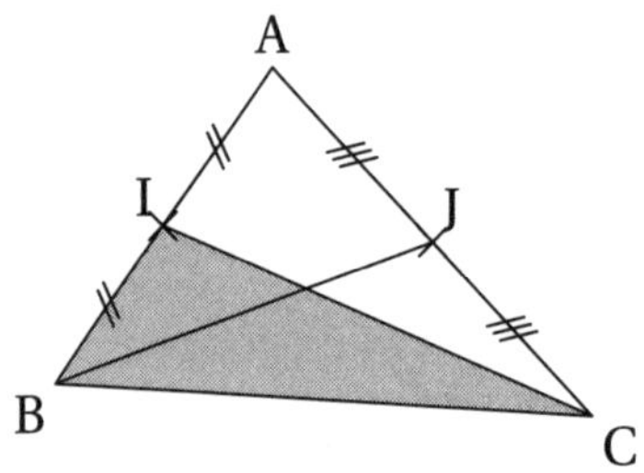

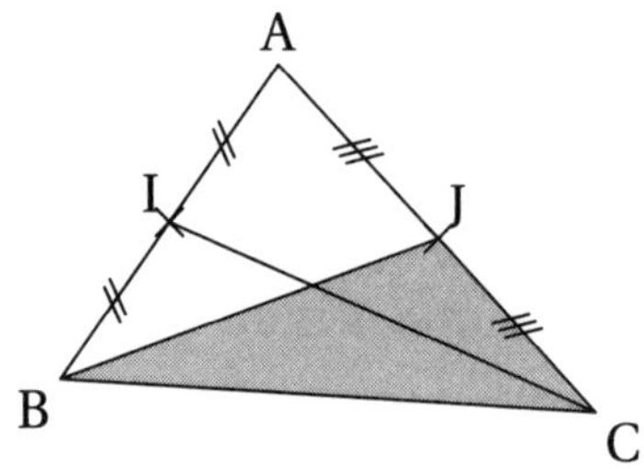

Or, ils ont la même base $[BC]$.
Les triangles BIC et BCJ ont donc la même hauteur : les longueurs $[IK]$ et $[JL]$ sont égales.

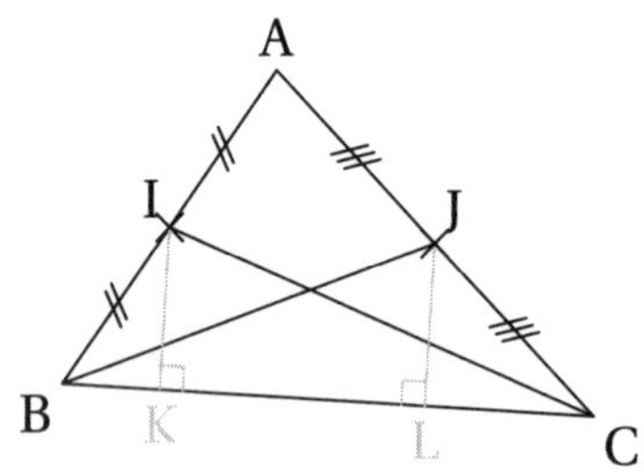

Les droites (IJ) et (BC) sont alors parallèles. C'est le théorème des milieux.

> **Le théorème des milieux**
>
> Dans un triangle, si une droite passe par les milieux de deux côtés, alors cette droite est parallèle au 3e côté.

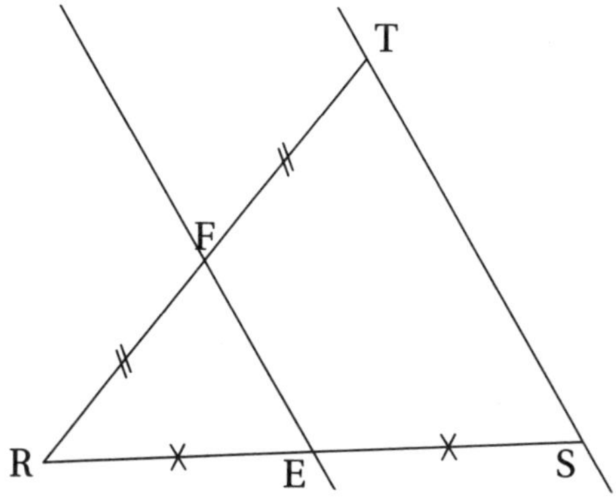

Dans le triangle RST, E est le milieu du segment $[RS]$ et F est le milieu du segment $[RT]$. Donc les droites (EF) et (ST) sont parallèles d'après le théorème des milieux.

Exercice 147

Les points I, J, K, L et M sont les milieux des côtés des triangles ABC et ACD.

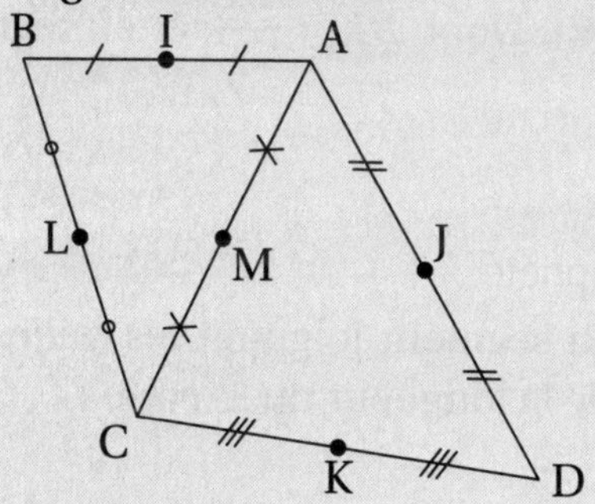

1/ Quelle est la droite parallèle à la droite (LM) ?

2/ Quelle est la droite parallèle à la droite (MK) ?

3/ Quelle est la droite parallèle à la droite (IJ) ?

François va donc pouvoir finir ! Le point K est sur la parallèle à la droite (AJ) passant par I et également sur la parallèle à la droite (AI) passant par J. Il n'a plus qu'à tracer la parallèle à la droite (IJ) passant par K.

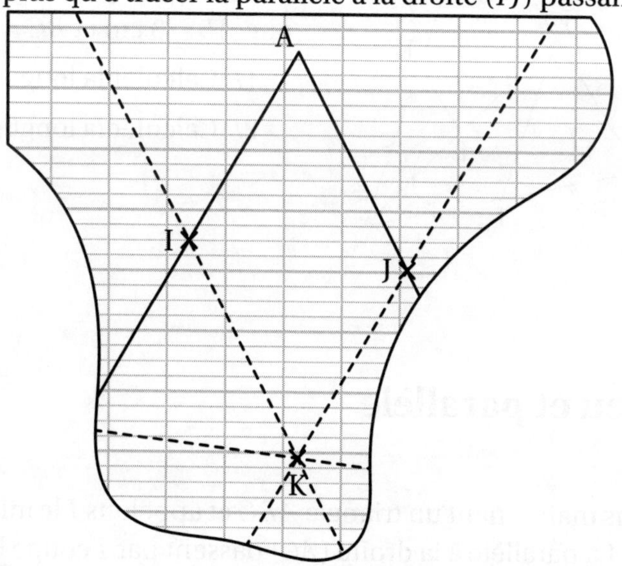

Appliquons maintenant le théorème des milieux en faisant apparaître les milieux de chacun des côtés d'un triangle.

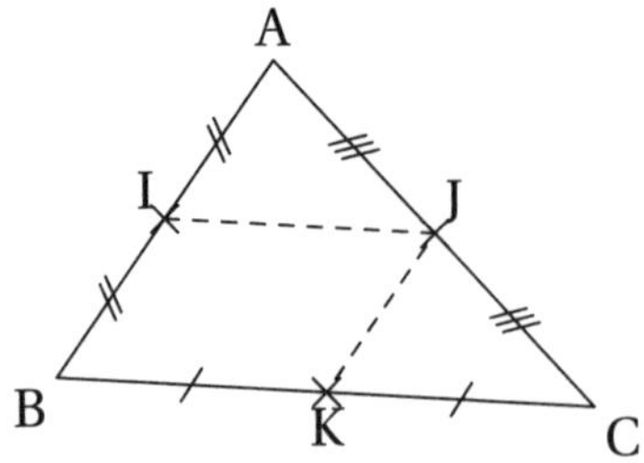

On prouve alors que les droites (IJ) et (BC) sont parallèles ainsi que les droites (JK) et (AB). Donc, le quadrilatère $BIJK$ a ses côtés opposés parallèles deux à deux : c'est un parallélogramme et $BK = IJ$.
Or, K est le milieu du segment $[BC]$. Donc $BK = \dfrac{BC}{2}$ et en regroupant les deux informations : $IJ = \dfrac{BC}{2}$.

Propriété

Dans un triangle, la longueur du segment joignant les milieux de deux côtés est égale à la moitié de la longueur du 3e côté.

Exercice 148

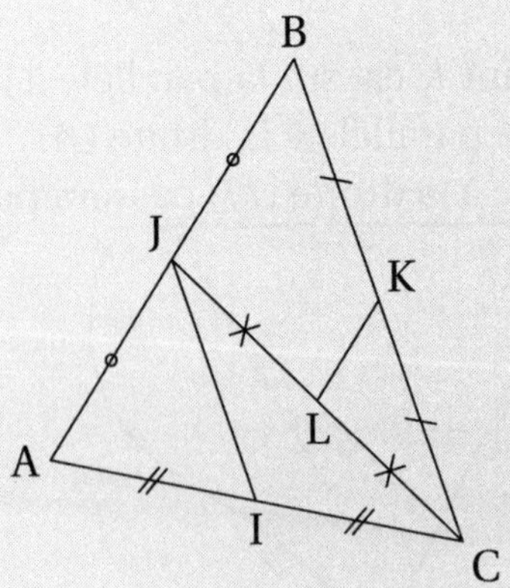

Sur la figure ci-contre, on sait que $AB = 8$ cm et $BC = 6$ cm.

1/ Calculer la longueur IJ.

2/ Calculer la longueur LK.

▷ Milieu et parallèle

Considérons maintenant un triangle ABC et appelons I le milieu du segment $[AB]$. La parallèle à la droite (AC) passant par I coupe le côté $[BC]$

en J comme le montre la figure à main levée ci-dessous. Que dire du point J ? Il *semble* être le milieu du segment $[BC]$. Comment en être sûr ?

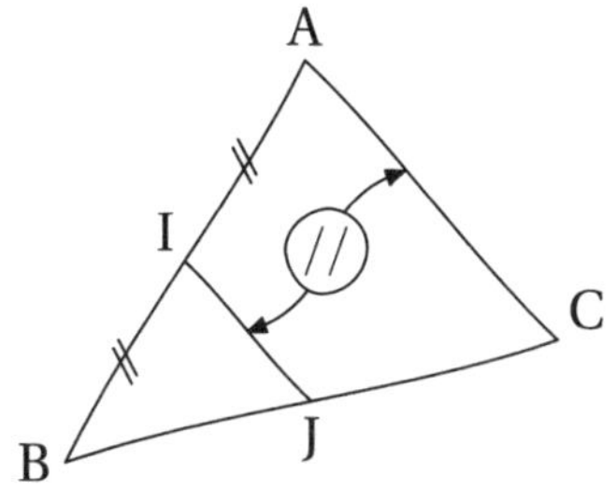

Effectuons une figure aux instruments puis complétons-la pour faire apparaître la médiane (CI).

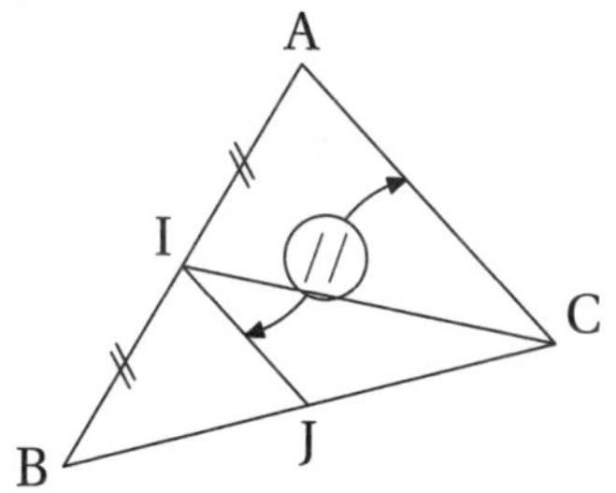

Les triangles AIC et BIC ont la même aire, qui vaut la moitié de celle du triangle ABC. Or, le triangle ACJ a la même base que le triangle ACI et leurs troisièmes sommets I et J sont sur une parallèle à cette base.
Donc les triangles AIC et ACJ ont la même aire et l'aire du triangle ACJ vaut donc la moitié de celle du triangle ABC.

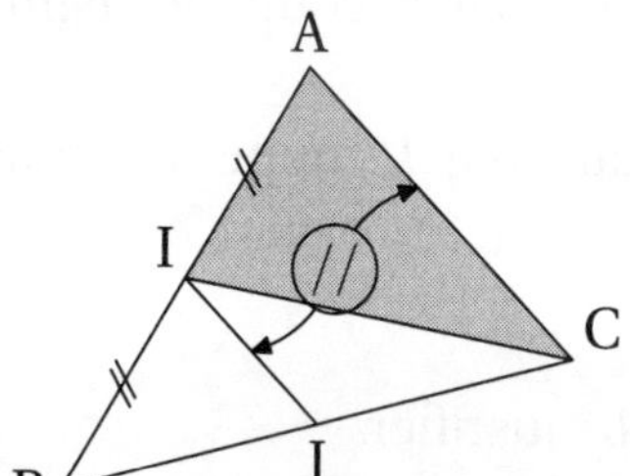

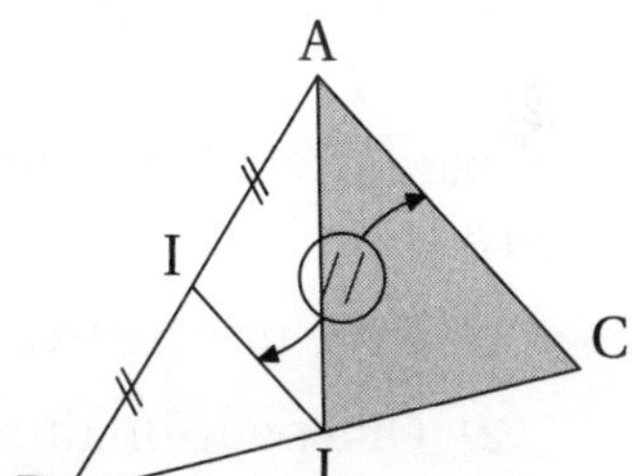

L'aire du triangle ABJ vaut donc la moitié de celle du triangle ABC. Les triangles ABJ et AJC ont alors la même aire. Or, ils ont la même hauteur.

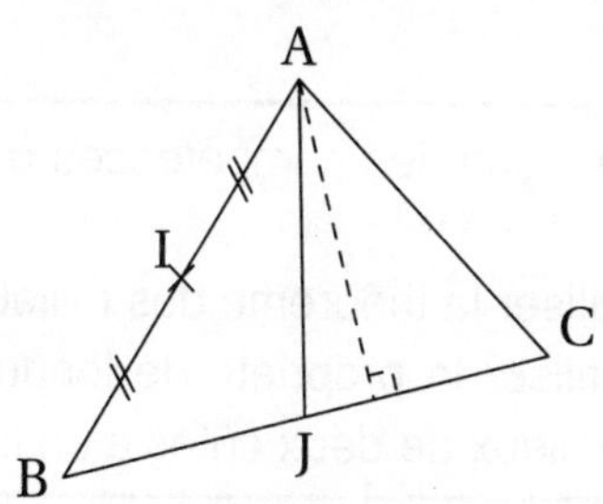

Donc les triangles ABJ et ACJ ont la même base : $BJ = JC$ et J est bien le milieu du segment $[BC]$.

Propriété

Dans un triangle, si une droite passe par le milieu d'un côté en étant parallèle à un second côté, alors cette droite coupe le troisième côté en son milieu.

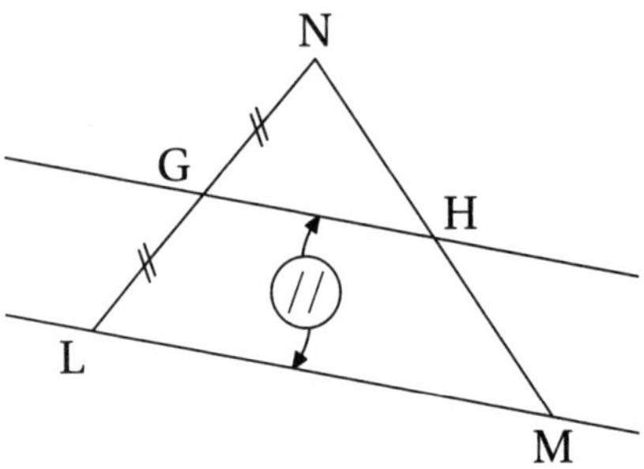

Dans le triangle LMN, la parallèle à la droite (LM) passant par G, milieu du segment $[LN]$, coupe le segment $[MN]$ en H.
Donc le point H est le milieu du segment $[MN]$.

Exercice 149

On considère un triangle EFG tel que $EF = 9$ cm ; $EG = 8$ cm et $GF = 6$ cm.
On appelle K le milieu du segment $[EF]$.
La parallèle à la droite (FG) passant par K coupe le segment $[EG]$ en L.
La parallèle à la droite (EF) passant par L coupe le segment $[FG]$ en M.

1/ Faire une figure.

2/ Que peut-on dire du point L ? Justifier.

3/ Que peut-on dire du point M ? Justifier.

SC

À l'issue de cette leçon, les compétences du socle commun sont :
- Connaître et utiliser le théorème des milieux.
- Connaître et utiliser la propriété de longueur du segment formé par les milieux de deux côtés d'un triangle.

SC

▷ Exercices complémentaires

150 ▶ RST est un triangle tel que $RT = 7$ cm ; $RT = 9$ cm et $TS = 4$ cm. On appelle I et J les milieux respectifs des segments $[RT]$ et $[RS]$. Démontrer que les droites (IJ) et (TS) sont parallèles.

151 ▶ Construire un triangle RUE sachant que $ER = 7$ cm ; $UR = 5$ cm et $UE = 6$ cm. Placer les points M, A et T, milieux respectifs des côtés $[UR]$, $[UE]$ et $[ER]$.
Calculer le périmètre du triangle MAT.

152 ▶ EFG est un triangle tel que $FG = 7$ cm ; $FE = 5$ cm ; $GE = 6$ cm.

(a) Tracer la figure en vraie grandeur.

(b) Placer le point A symétrique de E par rapport à F. Placer le point S symétrique de E par rapport à G.

(c) Que peut-on dire des droites (FG) et (AS) ? Justifier.

(d) Quelle est la longueur du segment $[AS]$? Justifier.

153 ▶ ABC est un triangle. On sait que $AB = 60$ mm ; $AC = 42$ mm et $BC = 70$ mm. E est un point du segment $[BC]$ tel que $BE = 40$ mm. F est le milieu du segment $[BE]$ et G est le milieu du segment $[EC]$.

La parallèle à la droite (AE) passant par F coupe la droite (AB) en K.
La parallèle à la droite (AE) passant par G coupe la droite (AC) en H.

(a) Démontrer que K est le milieu de $[AB]$.

(b) Démontrer que H est le milieu de $[AC]$.

(c) Quelle est la nature du quadrilatère $FGHK$? Justifier.

154 ▶ La figure ci-dessous représente un cube $ABCDEFGH$.

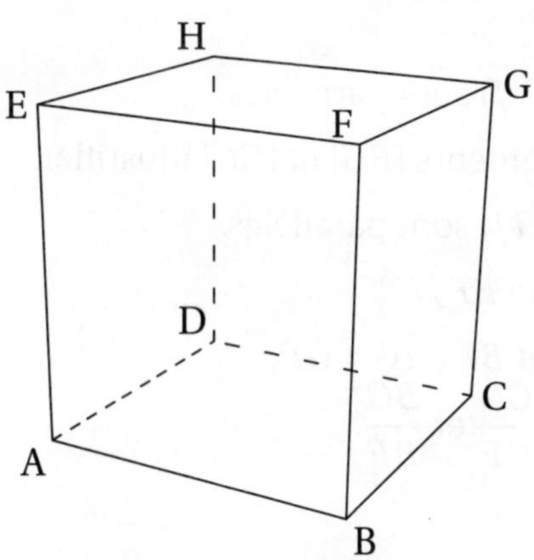

(a) I et J sont les milieux respectifs des segments $[EH]$ et $[HG]$. Les droites (IJ) et (EG) sont-elles parallèles ?

(b) K et L sont les milieux respectifs des segments $[FA]$ et $[FC]$. Déterminer une droite qui est parallèle à la droite (KL).

(c) P est le milieu du segment $[AD]$. Déterminer une droite qui est parallèle à la droite (KP).

155 ▶ EFG est un triangle tel que $EF = 7$ cm ; $\widehat{EFG} = 60°$; $\widehat{FEG} = 50°$.
Soit K le milieu du segment $[EF]$. La parallèle à la droite (EG) passant par K coupe le segment $[FG]$ en L.

(a) Faire une figure aux instruments.

(b) Calculer la mesure de l'angle $\widehat{FGE}$.

(c) Prouver que L est le milieu du segment $[FG]$.

156 ▶ On considère un parallélogramme $ABCD$ de centre I, et un second parallélogramme, $CDEF$ de centre J.

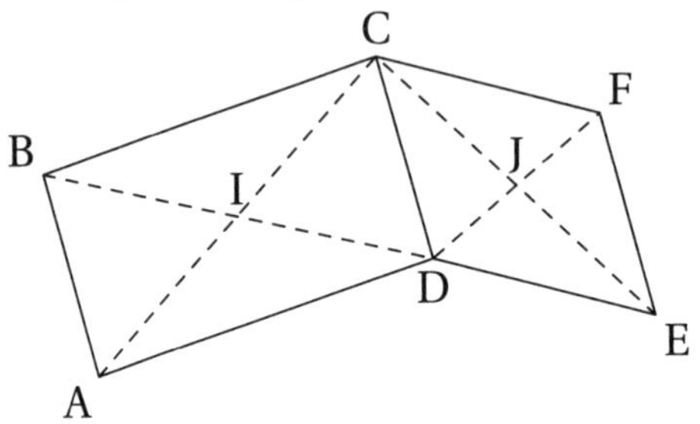

(a) Démontrer que les droites (IJ) et (BF) sont parallèles en utilisant le triangle BDF.

(b) Démontrer que les droites (IJ) et (EA) sont parallèles en utilisant un triangle bien choisi.

(c) Que peut-on alors dire des droites (BF) et (EA) ? Justifier.

157 ▶ Soit $ABCD$ un quadrilatère quelconque. On appelle I, J, K et L les milieux respectifs des segments $[AB]$, $[BC]$, $[CD]$ et $[DA]$.

(a) Faire plusieurs figures en modifiant le quadrilatère $ABCD$. *On peut également utiliser un logiciel de géométrie dynamique.*

(b) Quelle conjecture peut-on faire ? Démontrer cette conjecture.

Cette propriété, maintenant démontrée, s'appelle *le théorème de Varignon.*

158 ▶ Dans un triangle ABC, on appelle E et F les milieux respectifs des segments $[AB]$ et $[AC]$. Les segments $[CE]$ et $[BF]$ se coupent en G.
La parallèle à la droite (AG) passant par E coupe la droite (BG) en I.
La parallèle à la droite (AG) passant par F coupe la droite (CG) en J.

(a) Faire une figure.

(b) Démontrer que les droites (EI) et (FJ) sont parallèles.

(c) Que représentent I et J pour les segments $[BG]$ et $[CG]$? Justifier.

(d) Démontrer que les droites (EF) et (IJ) sont parallèles.

(e) En déduire la nature du quadrilatère $EFJI$.

(f) Prouver les égalités $EG = GJ = JC$ et $BI = IG = GF$.
En déduire la valeur des quotients $\dfrac{CG}{CE}$ et $\dfrac{BG}{BF}$.

Leçon 12

Distances, droites et cercles

Cours

Prérequis

- Connaître la définition de la bissectrice d'un angle.

> La *bissectrice* d'un angle est la demi-droite qui partage cet angle en deux angles de même mesure.

On considère la figure ci-dessous. Tracer le plus court chemin entre les points A et B revient à tracer le segment $[AB]$. Comment tracer le plus court chemin entre le point A et la droite (d) ?

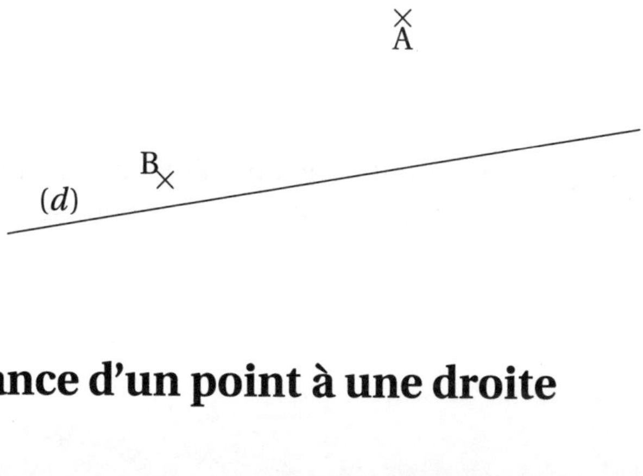

▷ Distance d'un point à une droite

Soit (d) une droite et A un point. La perpendiculaire à la droite (d) passant par A coupe la droite (d) en H.

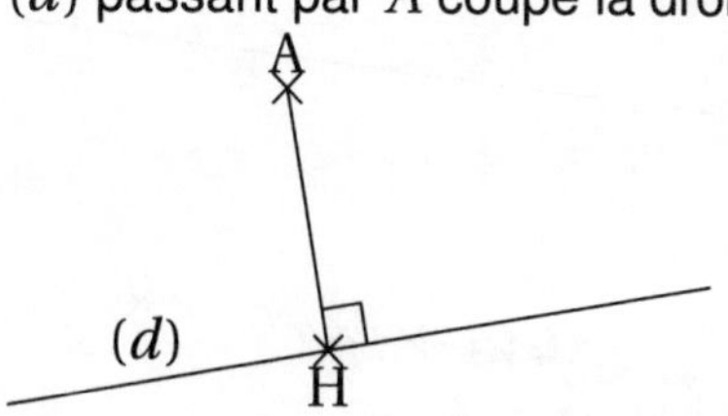

Le *plus court* chemin pour aller du point A à la droite (d) est le segment $[AH]$.
La longueur AH s'appelle *la distance du point A à la droite (d)*.

Cours

Exercice 159

Soit (d) une droite et A un point n'appartenant pas à la droite (d).

1.▶ Construire la distance du point A à la droite (d).

2.▶ Placer un point B à 3 cm du point A. Construire la distance du point B à la droite (d).

3.▶ Placer un point C à 3 cm de la droite (d). Construire la distance du point C au point A.

Il faut faire attention dans certaines situations :
- Si M appartient à la droite (d) en étant distinct de H, alors $AM > AH$.
- Si B appartient à la droite (d), alors la distance de B à la droite (d) est nulle.

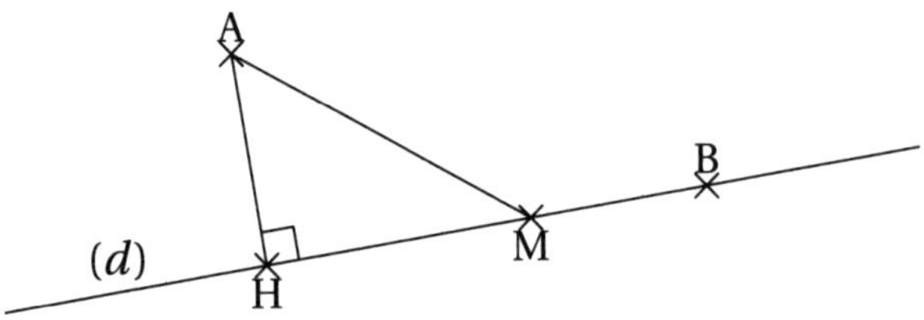

Avec cette définition, on obtient donc un point à une certaine distance ℓ d'une droite (d). Y en aurait-il d'autres qui seraient situés à la même distance ℓ de la droite (d) ?

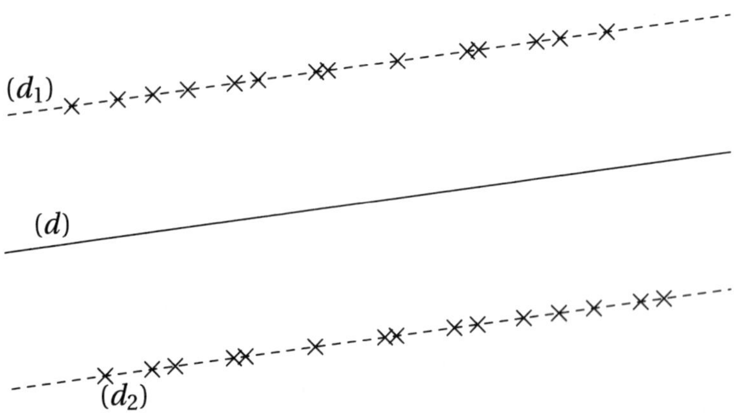

Ces points forment deux droites (d_1) et (d_2) parallèles à la droite (d). Les droites (d_1) et (d_2) sont à une même distance ℓ de la droite (d).
Il est alors facile, lorsqu'on a deux droites parallèles (d_1) et (d_2), de tracer une droite (d) qui soit à égale distance des droites (d_1) et (d_2).
Mais, que se passe-t-il si les droites (d_1) et (d_2) sont sécantes ? Où placer les points, s'il en existe, qui sont à la même distance des droites (d_1) et (d_2) ?
Raisonnons sur une figure à main levée : les droites (OR) et (OS) sont sécantes en O et I est à égale distance des droites (OR) et (OS).

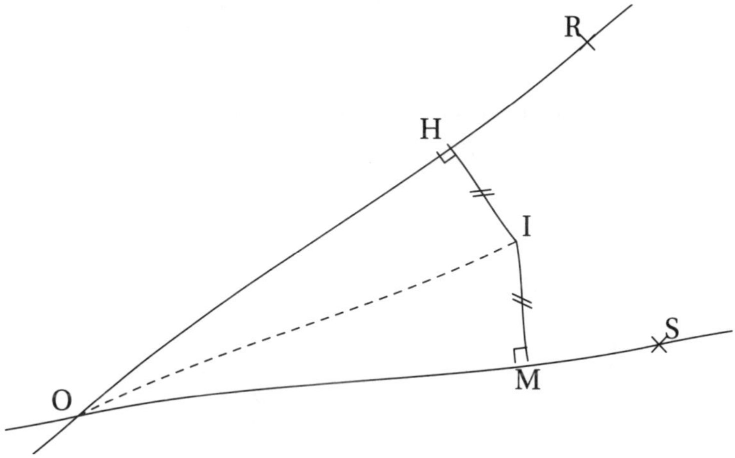

Les triangles OIH et OIM sont des triangles rectangles qui ont la même hypoténuse $[OI]$ et un même côté de l'angle droit. Ces deux triangles ont donc les mêmes angles : $\widehat{OIH} = \widehat{OIM}$ et *surtout* $\widehat{IOR} = \widehat{IOS}$, prouvant ainsi que I est sur *la bissectrice* de l'angle $\widehat{ROS}$.
Mais est-ce que *tous* les points de la bissectrice de l'angle $\widehat{ROS}$ sont à égale distance des droites (OR) et (OS) ?
Prenons un point K sur la bissectrice de l'angle $\widehat{ROS}$.

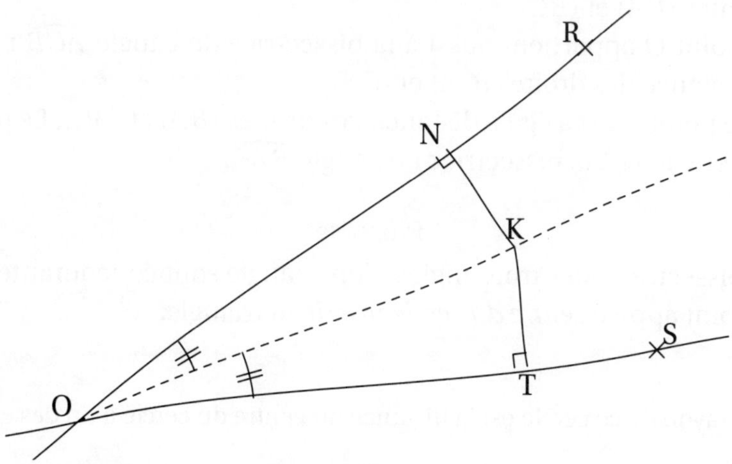

Les triangles rectangles OKN et OKT ont les mêmes angles. De plus, ils ont la même hypoténuse. Donc leurs côtés ont la même longueur : $KN = KT$. La distance du point K à la droite (OR) est égale à la distance du point K à la droite (OS) !

Propriété

Si un point appartient à la bissectrice d'un angle, alors il est à égale distance des droites formées par les côtés de cet angle.
Si un point est à égale distance des droites formées par les côtés d'un angle, alors il appartient à la bissectrice de cet angle.

Appliquons ces propriétés aux bissectrices des angles d'un triangle. Traçons deux des bissectrices des angles d'un triangle ABC :

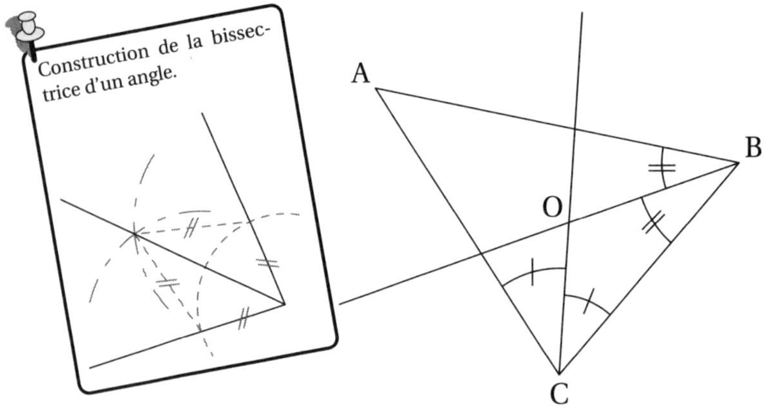

Les deux bissectrices sont sécantes en un point O. Mais, comme le point O appartient à la bissectrice de l'angle $\widehat{ABC}$ alors il est à égale distance des droites (BA) et (BC).
Or, le point O appartient aussi à la bissectrice de l'angle $\widehat{ACB}$: il est à égale distance des droites (CA) et (CB).
Donc le point O est à égale distance des droites (BA) et (AC). Le point O appartient alors à la bissectrice de l'angle $\widehat{BAC}$.

Propriété

Les bissectrices des trois angles d'un triangle sont concourantes en un point appelé *centre du cercle inscrit* au triangle.

! Le rayon de ce cercle est la distance du centre du cercle à un des côtés du triangle.

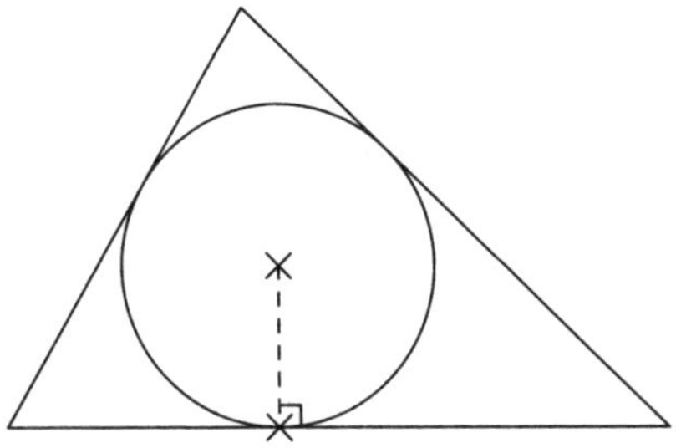

Il semble que ce cercle soit particulier pour les côtés du triangle…

Exercice 160

> Construire un triangle ABC tel que $AB = 7$ cm ; $AC = 9$ cm et $BC = 10$ cm. Construire ensuite le cercle inscrit à ce triangle.

▷ Tangente à un cercle

Observons maintenant la façon dont peuvent se positionner un cercle et une droite l'un par rapport à l'autre. Ils peuvent très bien :
- ne pas se couper (figure (a)) ; il n'y a pas de point d'intersection ;
- ou se couper (figure (b)) ; il y a deux points d'intersection.

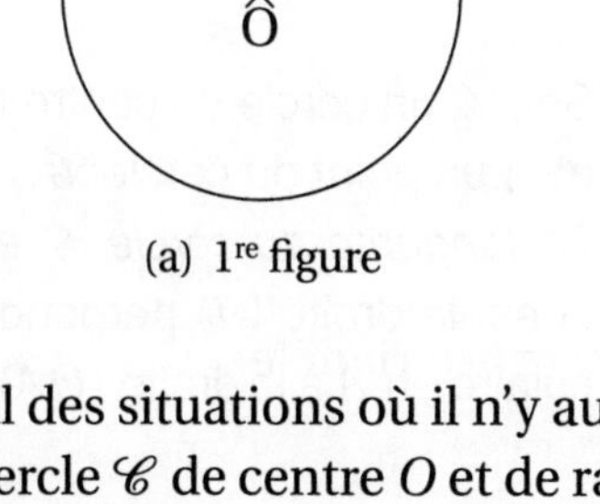

(a) 1re figure

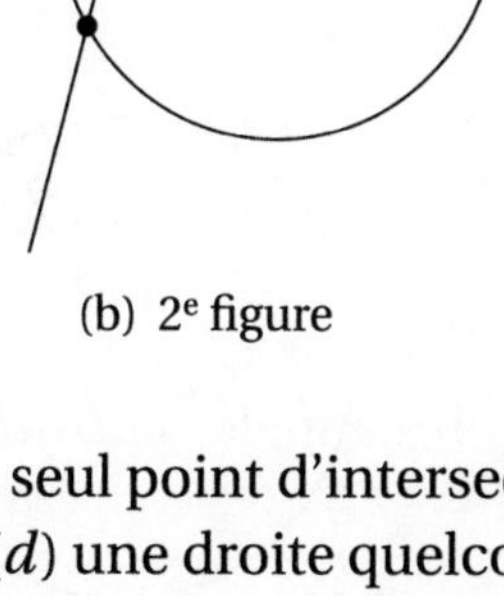

(b) 2e figure

Existe-t-il des situations où il n'y aurait qu'un seul point d'intersection ? Soit un cercle $\mathscr{C}$ de centre O et de rayon r, et (d) une droite quelconque. Appelons h la distance du point O à la droite (d). Alors trois cas sont à distinguer :

1er cas $h < r$.

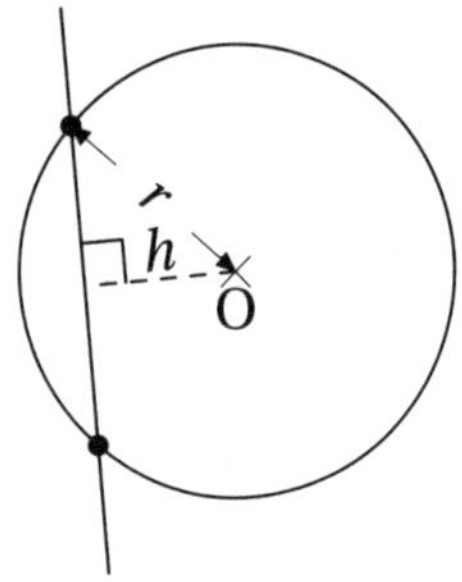

Dans cette situation, on va pouvoir trouver deux points de la droite (d) tels que leur distance au point O, centre du cercle, soit égale à r : la droite (d) coupe le cercle $\mathscr{C}$ en deux points.

2e cas $h > r$

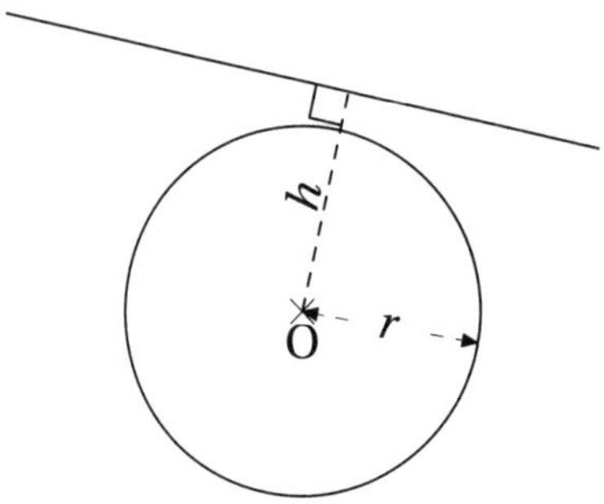

Lorsque $h > r$, la droite (d) ne coupe pas le cercle $\mathscr{C}$. En effet, aucun point de la droite (d) ne peut être à une distance r du point O, centre du cercle.

3e cas Et si $h = r$?

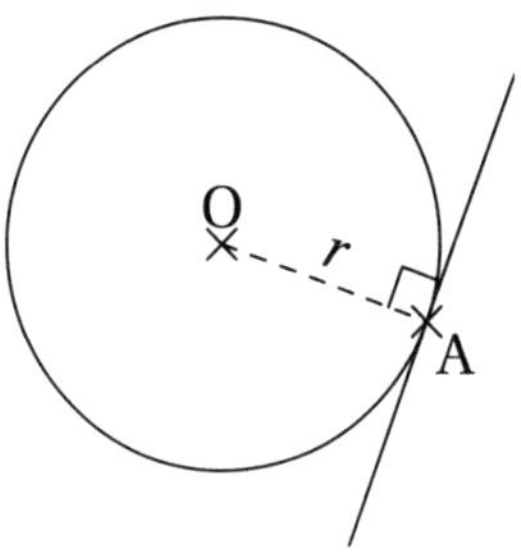

Il n'y a pas *d'autres* points appartenant à la droite (d) tels que leur distance au point O, centre du cercle, soit égale à r.
Si $h = r$, alors la droite (d) et le cercle $\mathscr{C}$ ont un *unique* point commun A. La droite (d) porte alors le nom de *tangente au cercle* $\mathscr{C}$ en A.

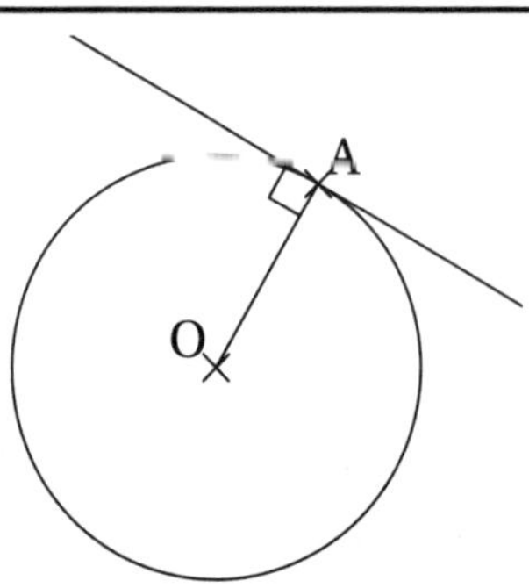

Soit $\mathscr{C}$ un cercle de centre O et A un point du cercle $\mathscr{C}$.
La tangente au cercle $\mathscr{C}$ *en* A est la droite (d) perpendiculaire en A à la droite (OA).

Exercice 161

Dans chacun des cas, tracer la tangente au cercle $\mathscr{C}$ en M.

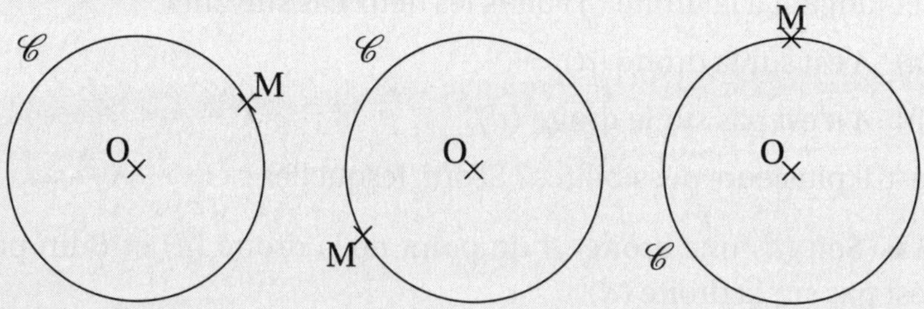

Les côtés d'un triangle sont donc *tangents* à leur cercle inscrit.

SC À l'issue de cette leçon, les compétences du socle commun sont :
- Savoir reconnaître qu'une droite est tangente à un cercle.
- Connaître et utiliser la définition de la bissectrice d'un angle.

▷ Exercices complémentaires

162 ▶ Tracer deux droites (d) et (d_1) sécantes. Placer un point M sur la droite (d) et un point P qui n'appartient pas aux droites (d) et (d_1).

(a) Quel est le plus court chemin pour aller de M jusqu'à la droite (d_1) ?

(b) Quel est le plus court chemin pour se rendre de M jusqu'à la droite (d_1) *en passant par le point* P ?

163 ▶ Le segment $[AB]$ est un diamètre d'un cercle $\mathscr{C}$. Que peut-on dire des tangentes à $\mathscr{C}$ en A et en B ?

164 ▶ On considère un point A sur une droite (d) et un point B extérieur à la droite (d). On note (d_1) la médiatrice du segment $[AB]$ et (d_2) la perpendiculaire à la droite (d) passant par A.

(a) Faire une figure.

(b) Les droites (d_1) et (d_2) se coupent en I et soit $\mathscr{C}$ le cercle de centre I et de rayon IB. Pourquoi le point A appartient-il au cercle $\mathscr{C}$?

(c) En déduire que la droite (d) est la tangente au cercle $\mathscr{C}$ en A.

165 ▶ Soit (d) une droite et A un point. Construire un cercle passant par A et tangent à la droite (d) dans les deux cas suivants :

(a) A est sur la droite (d).

(b) A n'est pas sur la droite (d).

Y a-t-il plusieurs possibilités ? Si oui, lesquelles ?

166 ▶ Soit (d) une droite, A un point de la droite (d) et B un point qui n'est pas sur la droite (d).
Construire un cercle passant par A et B et tangent à la droite (d) en A.
Expliquer la méthode.

167 ▶ Construire un triangle isocèle ABC dont la base $[BC]$ mesure 8 cm et tel que la distance du point A à la droite (BC) soit égale à 3 cm.

Calcule ensuite la longueur AB.

168 ▶ Construire un triangle ABC sachant que $AC = 6$ cm ; $\widehat{BAC} = 52°$; $\widehat{ACB} = 38°$.

(a) Quelle est la mesure de l'angle $\widehat{ABC}$?

(b) Tracer le cercle de centre A et de rayon AB.

(c) Expliquer pourquoi la droite (BC) est tangente à ce cercle en B.

169 ▶ Construire un cercle $\mathscr{C}$ de centre O, puis tracer deux rayons perpendiculaires et un troisième rayon quelconque.
Construire les tangentes au cercle $\mathscr{C}$ à ces trois rayons. Elles se coupent en A, B et C.

Quelle est la nature du triangle ABC ? *Expliquer clairement la réponse.*

170 ▶ ANE est un triangle isocèle en A. Sur la parallèle à la droite (NE) passant par A, on place un point P. Démontrer que P est équidistant des droites (AN) et (AE).

171 ▶ ABC est un triangle rectangle en A. M est un point de l'hypoténuse $[BC]$.
On trace par M les perpendiculaires aux côtés $[AB]$ et $[AC]$ qui coupent ces côtés respectivement aux points P et Q.

Où placer le point M pour que la distance PQ soit minimale ?

Il peut être utile et intéressant de faire la construction avec un logiciel de géométrie dynamique.

Leçon 13

Triangle rectangle et cercle

Prérequis

- Connaître la définition et la méthode de construction du cercle circonscrit à un triangle (page 12).
- Connaître la définition d'une médiane dans un triangle (page 13).
- Connaître les propriétés des rectangles.

Lorsqu'on donne un triangle, la construction de son cercle circonscrit nécessite le tracé de deux des trois médiatrices des côtés du triangle.
Peut-on améliorer cette méthode de construction ?
Sur des triangles quelconques, non. Regardons alors des triangles plus particuliers :

Triangle		
...isocèle	...équilatéral	...rectangle
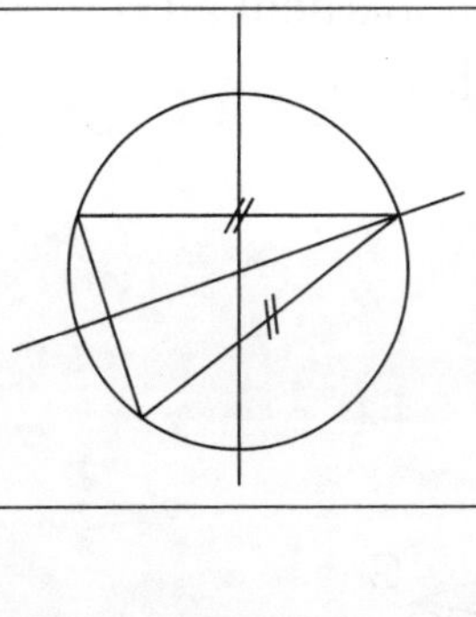	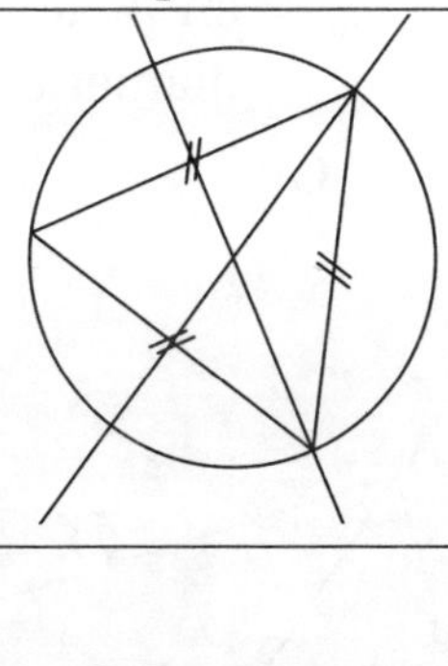	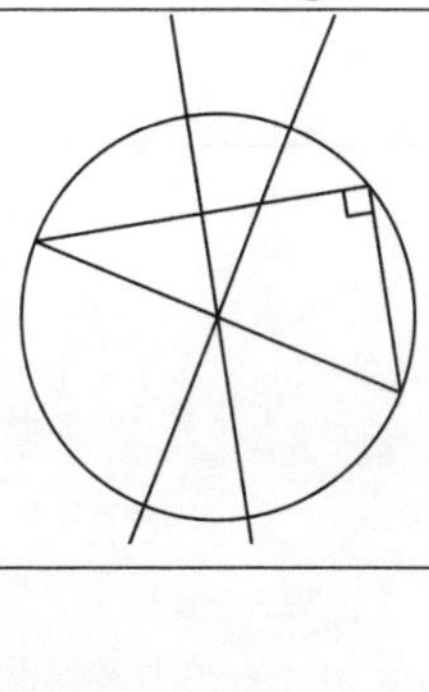

Pour le triangle rectangle, il *semble* que le centre de son cercle circonscrit soit le milieu de l'hypoténuse du triangle rectangle.

Mais un schéma (qui plus est, un *unique* schéma) ne peut constituer une preuve mathématique.
Considérons alors un rectangle $ABCD$. Avant d'être un rectangle, $ABCD$ est un parallélogramme. Par conséquent, les diagonales $[AC]$ et $[BD]$ ont le même milieu. Ce milieu s'appelle O.

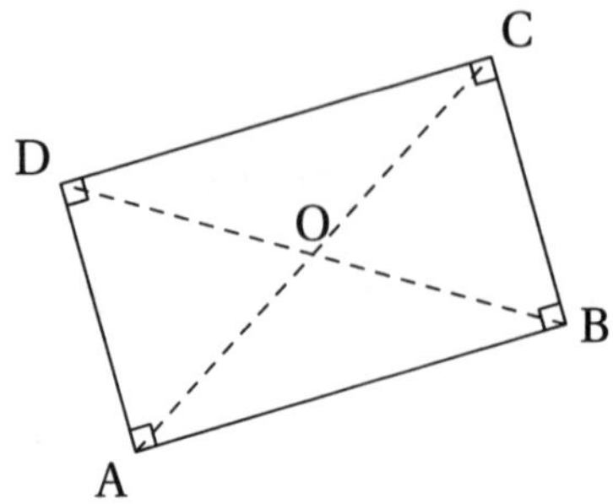

De plus $ABCD$ est un rectangle, donc ses diagonales $[AC]$ et $[BD]$ ont la même longueur. Le cercle de diamètre $[AC]$ est donc le même que le cercle de diamètre $[BD]$.
Par conséquent, le cercle de diamètre $[AC]$ passe aussi par D : c'est le cercle circonscrit au triangle ACD, rectangle en D ; et le centre de ce cercle est O, milieu du segment $[AC]$.

Propriété

Le cercle circonscrit à un triangle rectangle a pour centre le milieu de l'hypoténuse et a pour diamètre l'hypoténuse de ce triangle rectangle.

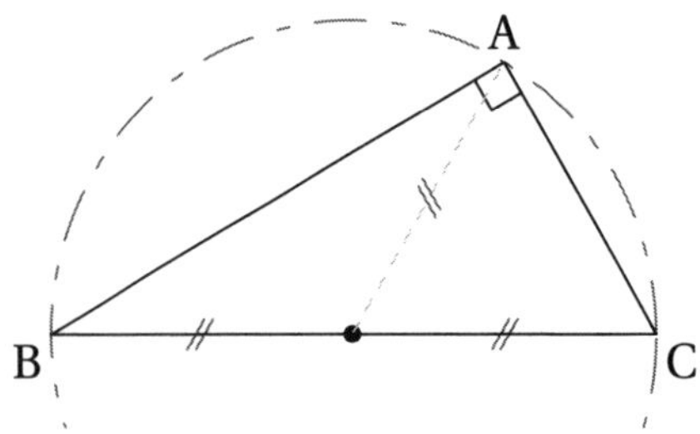

Comme le triangle ABC est rectangle en A, alors A appartient au cercle de diamètre $[BC]$.

Exercice 172

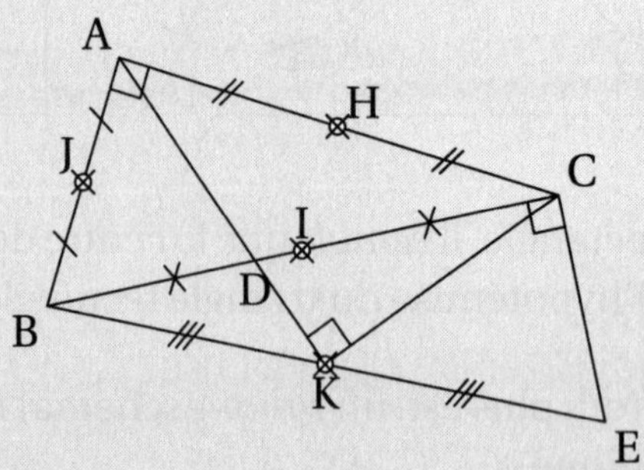

On considère la figure ci-dessus. Déterminer le centre des cercles circonscrits aux triangles ABC, BCE et AKC.

À partir de cette propriété, on obtient alors clairement l'application suivante :

Propriété

Si un triangle est rectangle, alors la médiane issue du sommet de l'angle droit mesure la moitié de la longueur de l'hypoténuse.

Cette médiane est un rayon du cercle circonscrit au triangle rectangle.

Exercice 173

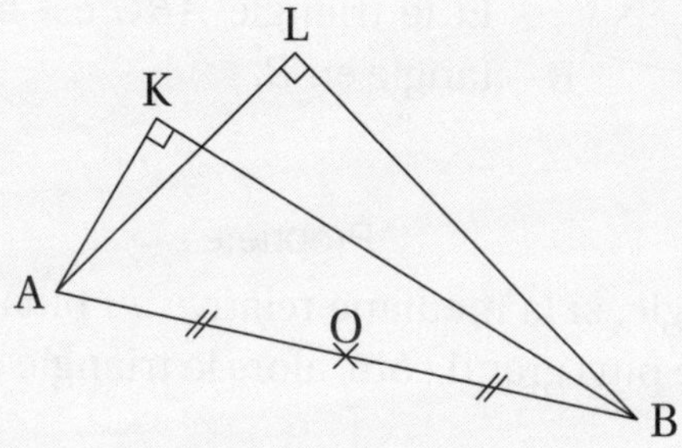

Grâce aux informations données par la figure ci-dessus, prouver que le triangle OKL est isocèle.

Étudions maintenant le problème dans l'autre sens : peut-on, à partir d'un cercle, obtenir un triangle rectangle dont les trois sommets sont sur le cercle ? Peut-on, à partir de la longueur d'une médiane, savoir si un triangle est rectangle ?

On dit qu'on étudie le problème *réciproque.*

Considérons alors la figure *à main levée* ci-dessous. Les données de cette figure font apparaître qu'une des médianes mesure la moitié de la longueur du plus grand côté. Le triangle ABC serait-il rectangle ?

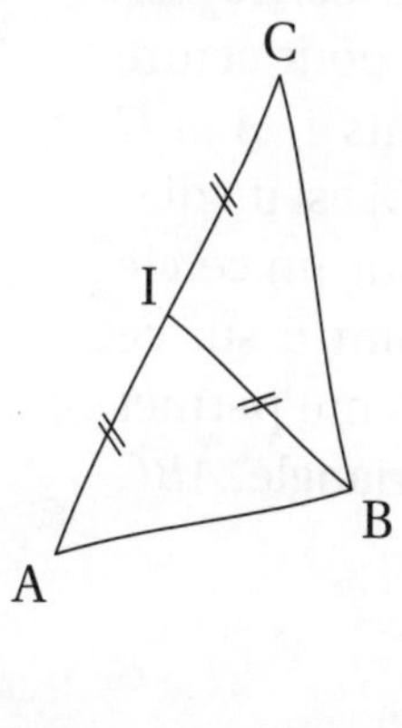

Complétons la figure en faisant apparaître le symétrique du point B par rapport au point I. Ce nouveau point s'appelle D.

Cours

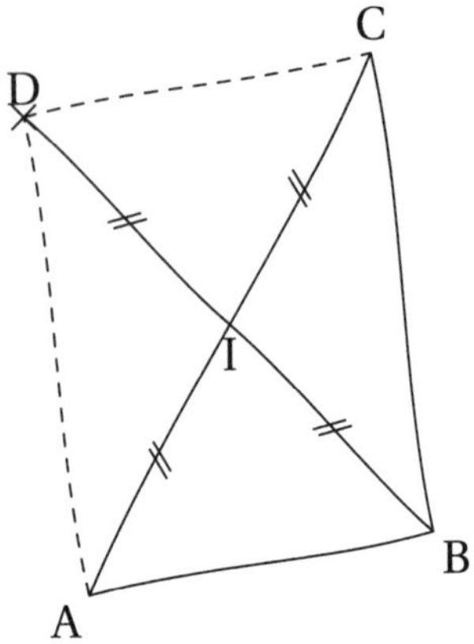

On peut alors dire que le point I est le milieu des diagonales du quadrilatère $ABCD$: on a donc affaire au parallélogramme $ABCD$.
Nous savons également que les longueurs IA, IB, IC et ID sont égales. Par conséquent, le parallélogramme $ABCD$ a ses diagonales de même longueur : il devient un rectangle ! Et le triangle ABC est bien un triangle rectangle en B.

Propriété

Dans un triangle, si la médiane relative au plus grand côté mesure la moitié de ce plus grand côté, alors le triangle est rectangle.

Exercice 174

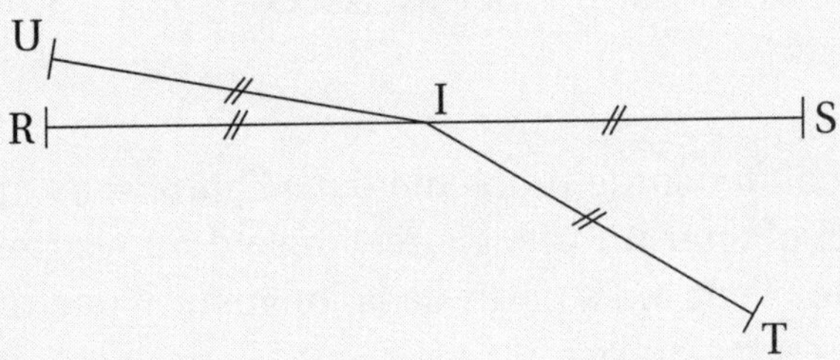

Sur la figure ci-dessus, les points R, I et S sont alignés. Déterminer la nature des triangles RST, RSU et UIT.

Avec la figure ci-contre, le cercle circonscrit au triangle ABC a pour centre I. De plus, comme les points I, A et C sont alignés, le segment $[AC]$ est un diamètre de ce cercle. On a donc un cercle de diamètre $[AC]$ et un point B sur ce cercle. La propriété précédente permet alors de conclure que le triangle ABC est rectangle en B.

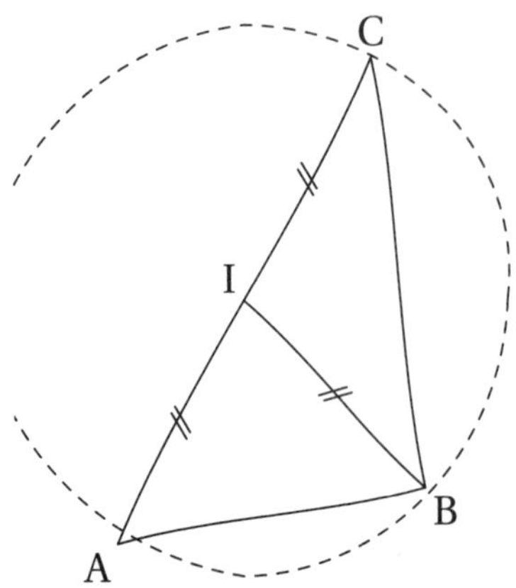

Propriété

Si l'on rejoint un point d'un cercle aux extrémités d'un diamètre de ce cercle, alors on obtient un triangle rectangle.

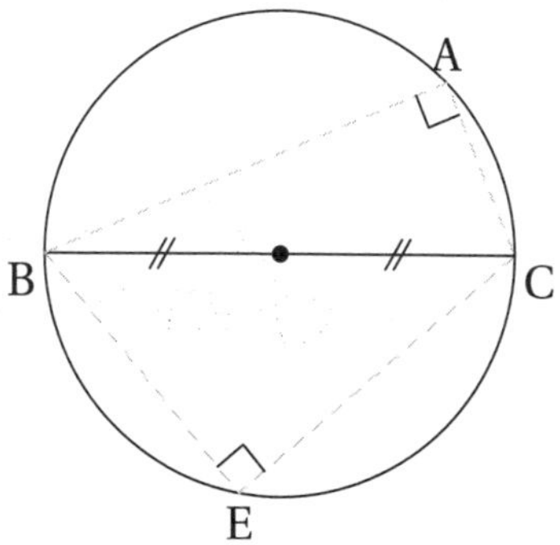

Comme le point A appartient au cercle de diamètre $[BC]$, alors le triangle ABC est rectangle en A.

Comme le point E appartient au cercle de diamètre $[BC]$, alors le triangle EBC est rectangle en E.

Cours

Exercice 175

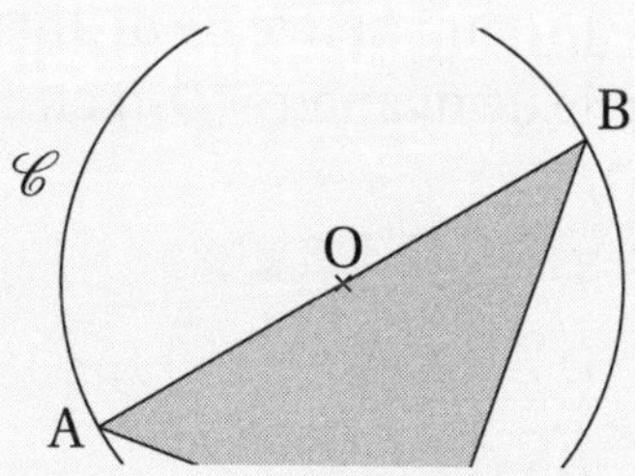

Dans la figure ci-contre, on sait que les points A, B et C appartiennent au cercle $\mathscr{C}$ de centre O. Le triangle ABC est dessiné en grisé. Par manque de place, le point C n'est pas sur la figure. Quelle est la mesure de l'angle $\widehat{BCA}$? Justifier la réponse.

▷ Exercices complémentaires

176 ▶ On considère la figure à main levée ci-dessous :

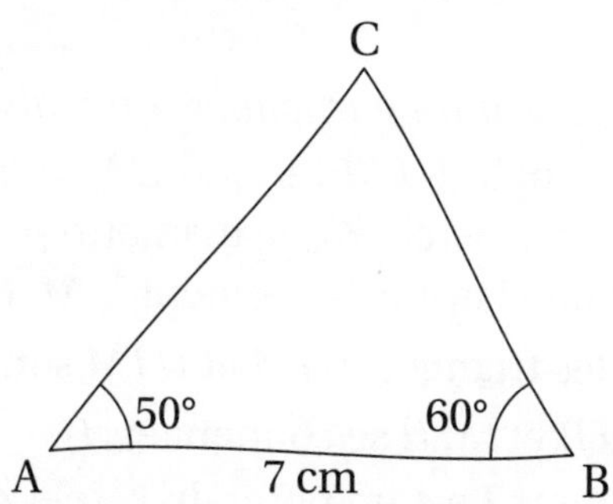

(a) Reproduire en vraie grandeur la figure.

(b) Tracer la hauteur issue de A : elle coupe la droite (BC) en E.
Tracer la hauteur issue de B : elle coupe la droite (AC) en F.

(c) Démontrer que les points A, B, E et F sont sur un même cercle dont on précisera le diamètre.

177 ▶ Construire un cercle $\mathscr{C}$ de diamètre $[AA']$. Placer ensuite un point M' sur le cercle $\mathscr{C}$ et un point B sur segment $[AA']$. La perpendiculaire à la droite (AM') passant par B coupe la droite (AM') en M.
Démontrer que les droites (MB) et$(A'M')$ sont parallèles.

178 ▶ Soit $\mathscr{C}$ un demi-cercle de diamètre $[AB]$ et M un point de $\mathscr{C}$. Soit E et F les symétriques respectifs de A et B par rapport au point M.

(a) Faire une figure.

(b) Quelle est la nature du triangle ABM ? Justifier.

(c) Prouver que le quadrilatère $ABEF$ est un losange.

179 ▶ On considère la figure ci-dessous : B est un point du demi-cercle de diamètre $[AD]$, la droite (AB) coupe le demi-cercle de diamètre $[AE]$ en C. La droite (CE) coupe le demi-cercle de diamètre $[DE]$ en F.
Quelle est la nature du quadrilatère $BDFC$?

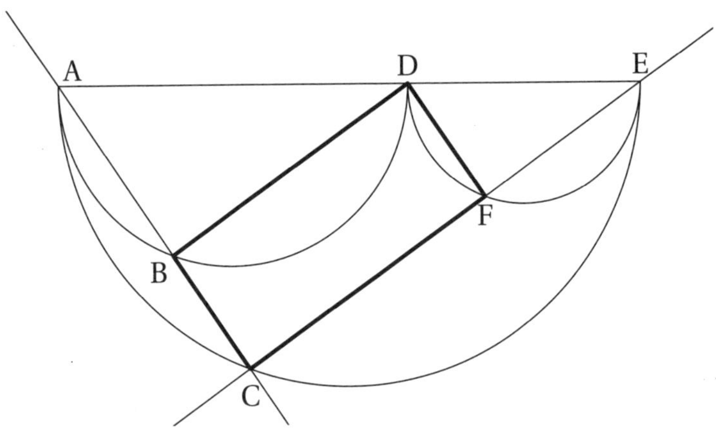

180 ▶ *On portera une attention particulière aux raisonnements.*

(a) Construire un triangle ULM tel que $UM = 8$ cm; $UL = 7$ cm et $LM = 6$ cm. Tracer le cercle $\mathscr{C}_1$ de diamètre $[UM]$. Ce cercle coupe le segment $[UL]$ en U et I et le segment $[LM]$ en M et J.

(b) Démontrer que les triangles UIM et UJM sont rectangles.

(c) Les segments $[UJ]$ et $[MI]$ se coupent en H.
Prouver que le point I est un point du cercle $\mathscr{C}_2$ de diamètre $[UH]$ et que le point J est un point du cercle $\mathscr{C}_3$ de diamètre $[MH]$.

Leçon 14

L'égalité des trois rapports

Prérequis

- Savoir calculer l'aire d'un triangle (page 17).
- Connaître la définition de grandeurs proportionnelles (page 19).
- Savoir utiliser « l'égalité des produits en croix » (page 49).

Pour estimer la hauteur d'un arbre, on peut utiliser une « croix de bûcheron » : elle est constituée de deux baguettes perpendiculaires qui permettent de viser l'arbre pour le « cacher » derrière la baguette verticale.

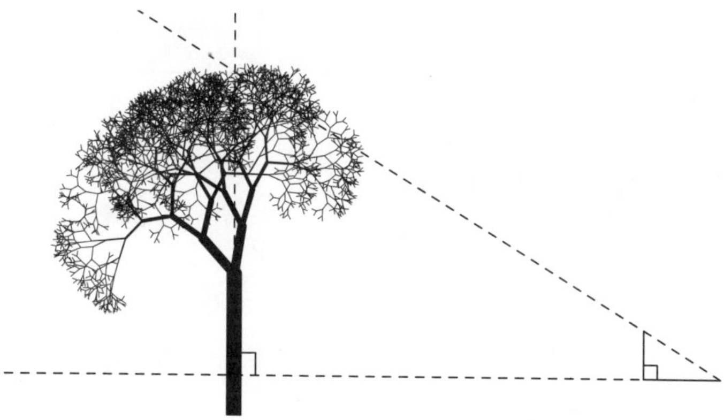

Comment un bûcheron utilise-t-il cet outil pour effectuer cette estimation ? Il aligne son œil avec le « haut » de la croix de bûcheron et le point culminant de l'arbre. Que doit-il faire ensuite ?

▷ Propriété préliminaire

Traduisons cette situation sous une forme un peu plus mathématique.
Il y a deux triangles rectangles :
– le triangle AMO rectangle en M, représentant « la croix de bûcheron » ;
– le triangle ANP rectangle en N, représentant la « visée » obtenue.

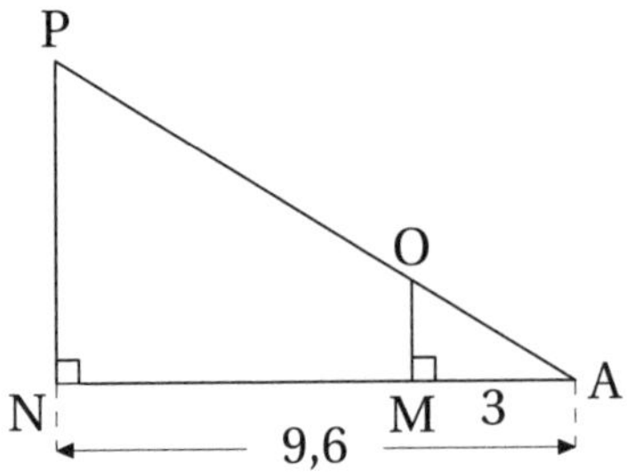

Nous observons immédiatement que les droites (OM) et (NP) sont parallèles et que, dans la situation décrite ci-dessus, la longueur AN vaut 3,2 fois la longueur AM. Est-ce également le cas entre les longueurs OM et PN ainsi qu'entre les longueurs AO et AP ?

Les triangles NOP et PMN ont la même base $[PN]$, la même hauteur relative $[NM]$: ils ont donc la même aire ;

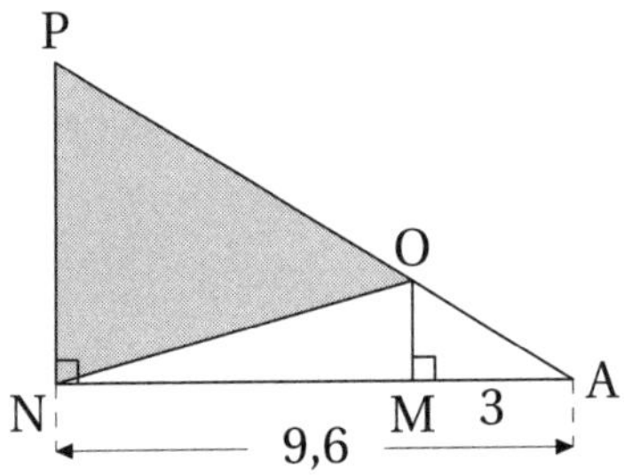

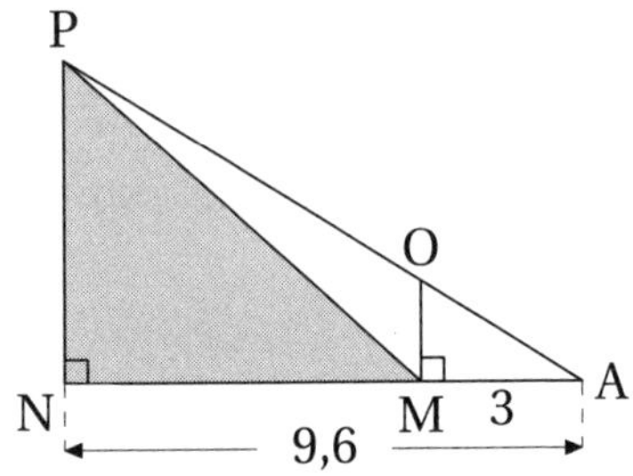

et les triangles AON et AMP aussi.

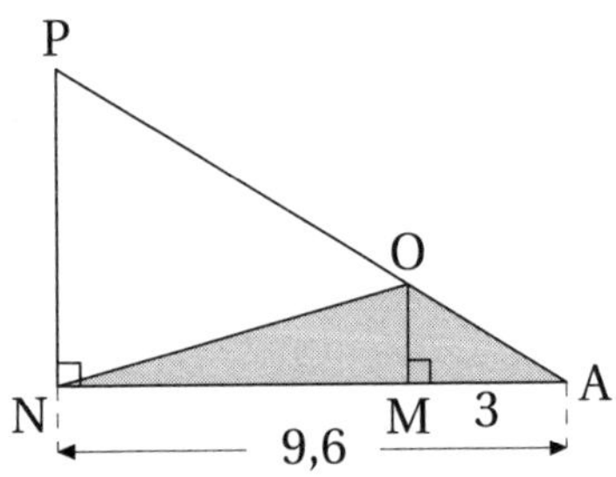

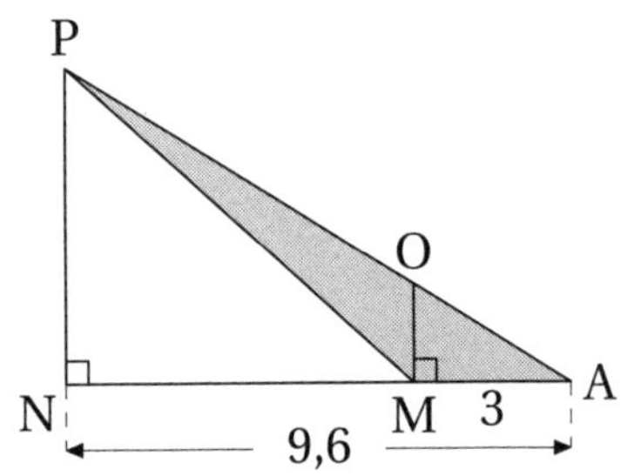

On peut alors écrire que

$$\frac{AN \times OM}{2} = \frac{AM \times NP}{2}.$$

$\text{Aire}_{AON} = \text{Aire}_{AMP}$

Donc $AN \times OM = AM \times NP$. Or, $AN = 3,2 \times AM$. Par conséquent,

$$3,2 \times AM \times OM = AM \times NP$$
$$3,2 \times OM = NP$$

On retrouve le « lien » 3,2 entre les longueurs OM et NP.

Les triangles AON et ANP ayant la même base $[AN]$, mais des hauteurs telles que $NP = 3,2 \times OM$, alors l'aire du triangle ANP est 3,2 fois plus grande que l'aire du triangle AON.

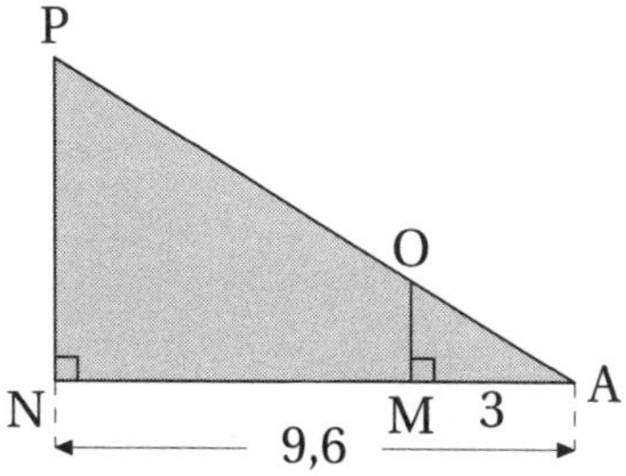

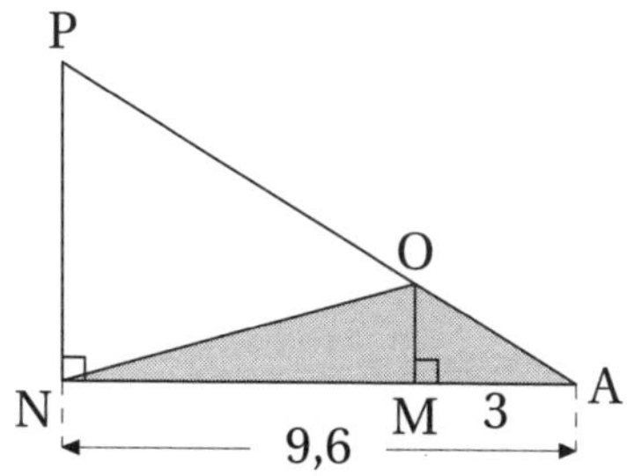

En construisant la hauteur issue de N dans le triangle ANP, on obtient :

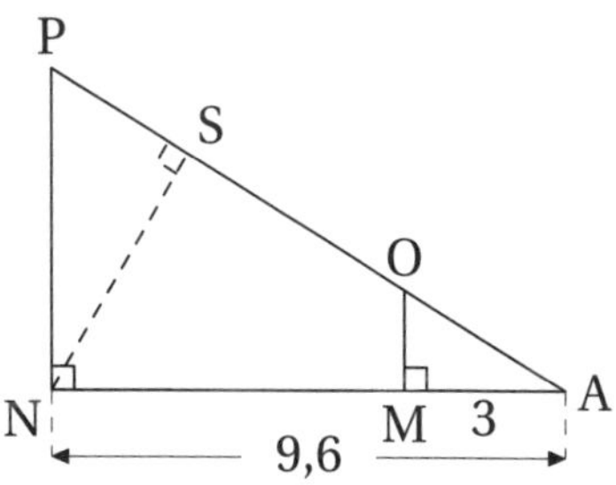

$$\underbrace{\mathscr{A}_{ANP} = \frac{AP \times NS}{2} \qquad \mathscr{A}_{AON} = \frac{AO \times NS}{2}}_{\dfrac{AP \times NS}{2} = 3,2 \times \dfrac{AO \times NS}{2}}$$

D'où $AP = 3,2 \times AO$ et le « lien » 3,2 entre les longueurs AO et AP est encore présent.

Ce qui a été fait avec 3,2 peut se faire avec n'importe quelle valeur non nulle. Donc on peut énoncer la propriété suivante :

Propriété

Dans un triangle ABC rectangle en B où M et N appartiennent respectivement aux côtés $[AB]$ et $[AC]$; si les droites (MN) et (BC) sont parallèles, alors les côtés correspondants des triangles AMN et ABC ont des longueurs proportionnelles.

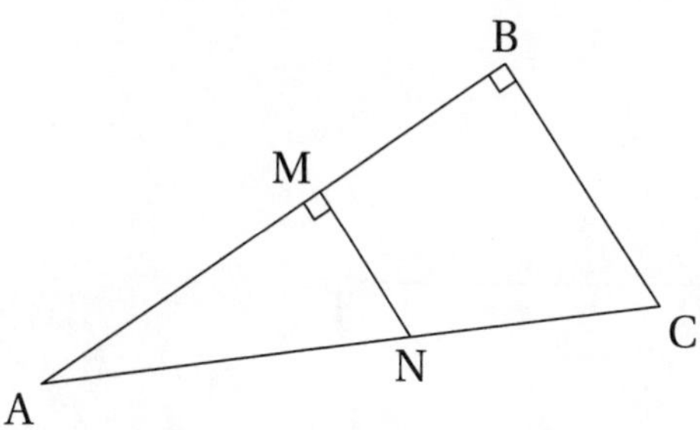

Si on multiplie par un nombre non nul k la longueur AM pour obtenir la longueur AB alors *dans les conditions de cette propriété,* on multiplie les longueurs AN et MN par k pour obtenir respectivement les longueurs AC et BC.

Cours

Dans les mêmes conditions, la proportionnalité des longueurs des côtés peut s'exprimer :

– sous la forme du tableau suivant qui est un tableau de proportionnalité :

Triangle AMN	AM	AN	MN
Triangle ABC	AB	AC	BC

– sous la forme de quotients :

$$\frac{AM}{AB} = \frac{AN}{AC} = \frac{MN}{BC}.$$

Pour déterminer la hauteur de l'arbre, le bûcheron :
- mesure la longueur AM de la partie horizontale de la croix du bûcheron puis la distance AN entre son œil et l'arbre ;
- calcule le coefficient de proportionnalité entre ces deux longueurs ;
- puis utilise ce coefficient avec la longueur OM de la partie verticale de la croix du bûcheron pour estimer la hauteur NP de l'arbre.

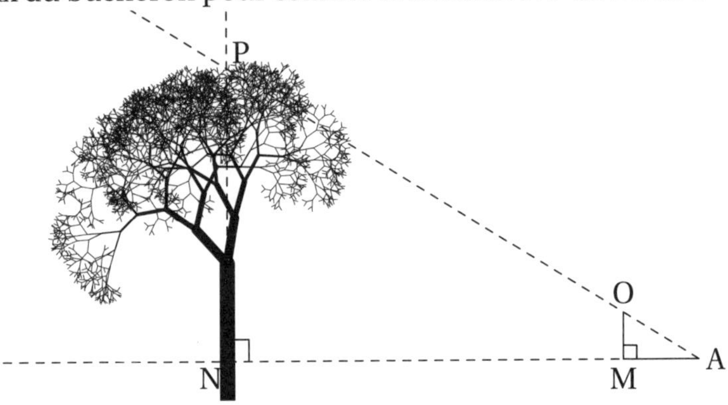

Exercice 181

L'observation d'une éclipse de Soleil est schématisée par le dessin ci-dessous. L'observateur est en T (Terre). Les points S (centre du Soleil), L (centre de la Lune) et T sont alignés.
Le rayon SO du Soleil mesure 695 000 km ; le rayon LU de la Lune mesure 1 736 km ; la distance TS est 150 millions de km. Calculer la distance TL. (On donnera l'arrondi au km près.)

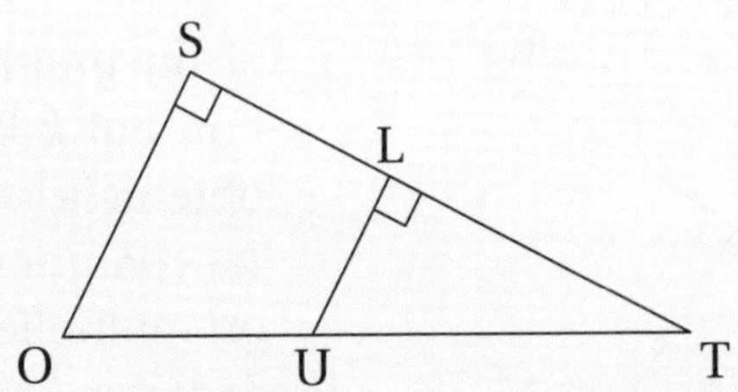

▷ Énoncé du théorème

Est-ce que la propriété « du bûcheron » est encore vraie dans n'importe quel triangle ? Étudions les cas où le triangle ABC n'est plus rectangle mais où les droites (MN) et (BC) sont *encore* parallèles.

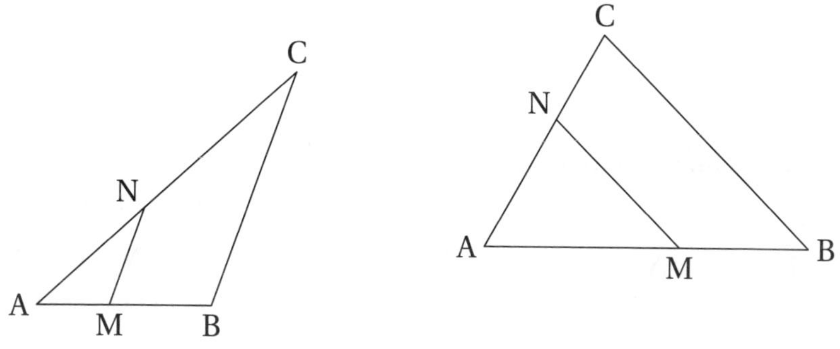

Dans les deux triangles ABC, traçons la hauteur issue de A. Elle coupe la droite (MN) en I et la droite (BC) en H.

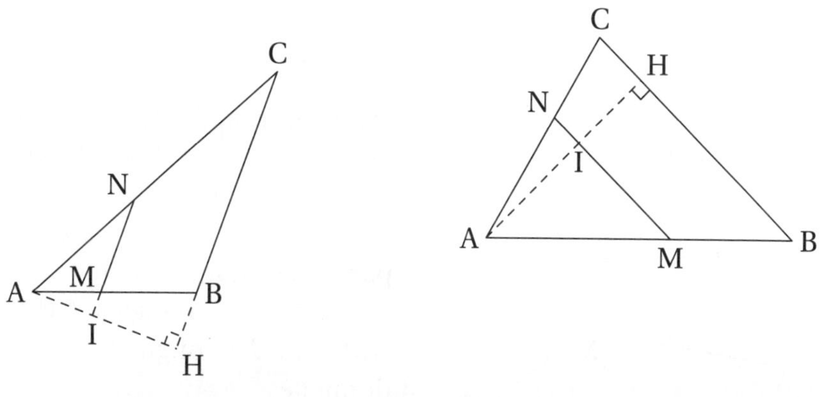

Les droites (AH) et (BC) sont perpendiculaires et les droites (MN) et (BC) sont parallèles donc les droites (AH) et (MN) sont perpendiculaires. La propriété « du bûcheron » s'applique donc au triangle AHC avec les points I et N puis au triangle AHB avec les points I et M.

Dans le triangle AHB, si $AH = k \times AI$ alors $AB = k \times AM$ et $BH = k \times MI$.

Dans le triangle AHC, si $AH = k \times AI$ alors $AC = k \times AN$ et $HC = k \times NI$.

Donc, on a $AB = k \times AM$, $AC = k \times AN$. De plus,

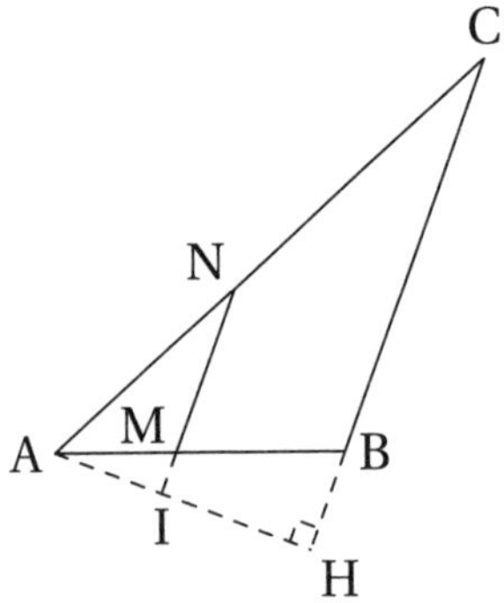

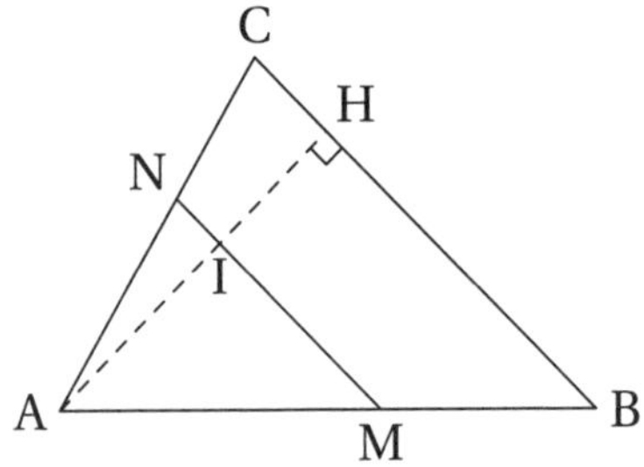

Dans ce cas là, nous avons :

$$BC = HC - HB$$
$$BC = k \times IN - k \times IM$$
$$BC = k \times (IN - IM)$$
$$BC = k \times MN$$

Dans ce cas-ci, nous avons :

$$BC = HC + HB$$
$$BC = k \times IN + k \times IM$$
$$BC = k \times (IN + IM)$$
$$BC = k \times MN$$

Dans les deux cas, les côtés correspondants des triangles AMN et ABC ont donc bien des longueurs proportionnelles.

Égalité des trois rapports

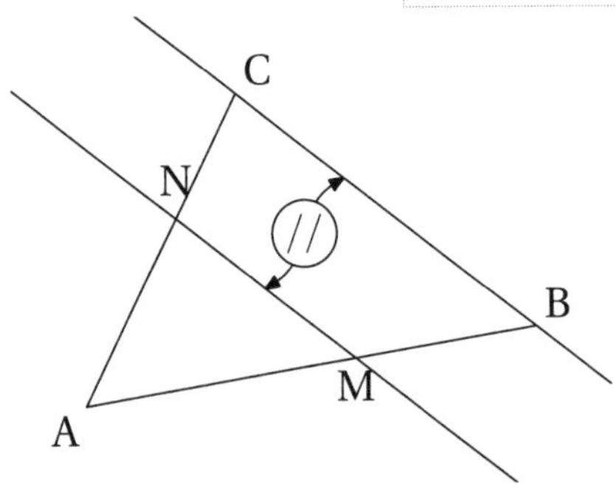

Dans un triangle ABC, on considère un point M du côté $[AB]$ et un point N du côté $[AC]$.
Si les droites (MN) et (BC) sont parallèles, alors les côtés correspondants des triangles AMN et ABC ont des longueurs proportionnelles.

On peut exprimer cette proportionnalité de plusieurs façons :

- soit par la définition de la proportionnalité : « Si AM est multipliée par un nombre k pour obtenir AB alors AC et BC s'obtiennent en multipliant respectivement AN et MN par le même nombre k. » ;
- soit par la construction du tableau suivant qui est un tableau de proportionnalité :

Triangle AMN	AM	AN	MN
Triangle ABC	AB	AC	BC

– soit en utilisant les quotients :

$$\frac{AM}{AB}=\frac{AN}{AC}=\frac{MN}{BC} \qquad \frac{\text{côtés du triangle } AMN}{\text{côtés correspondants du triangle } ABC}$$

Exercice 182

Dans chaque cas, écrire les relations de proportionnalité obtenues par l'application de « l'égalité des trois rapports ».

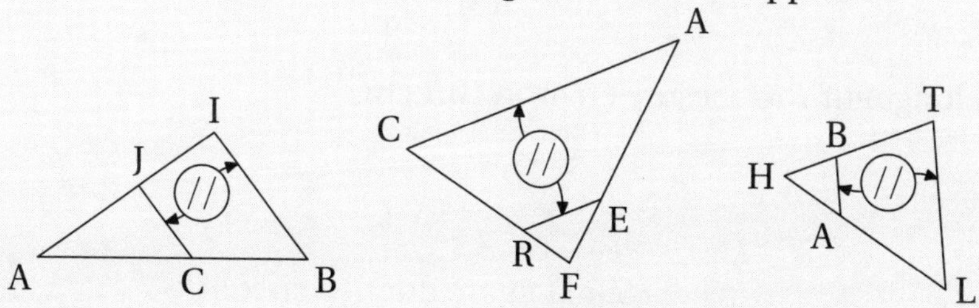

Dans la suite de la leçon, on privilégiera l'écriture avec les quotients. Mais cela ne doit pas faire oublier les autres méthodes liées à la proportionnalité.

▷ Applications

« L'égalité des trois rapports » permet deux applications principales : savoir calculer des longueurs et prouver que des droites ne sont pas parallèles.

Calculer des longueurs

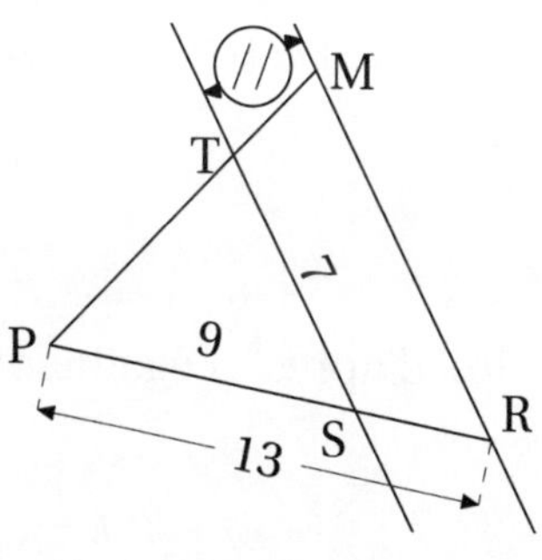

On donne la figure ci-contre. L'unité est le centimètre. Les droites (ST) et (RM) sont parallèles.
Calculer la longueur RM.

Dans le triangle PMR, S est un point du segment $[PR]$ et T est un point du segment $[PM]$. Comme les droites (ST) et (RM) sont parallèles, alors d'après « l'égalité des trois rapports », on a

$$\frac{PS}{PR}=\frac{PT}{PM}=\frac{ST}{RM} \quad \text{c'est-à-dire} \quad \frac{9}{13}=\frac{PT}{PM}=\frac{7}{RM}$$

On utilise

$$\frac{9}{13} = \frac{7}{RM}$$
$$9 \times RM = 7 \times 13$$
$$9 \times RM = 91$$
$$RM = \frac{91}{9}$$

On utilise l'égalité des produits en croix.

La longueur RM mesure environ 10,1 cm.

Exercice 183

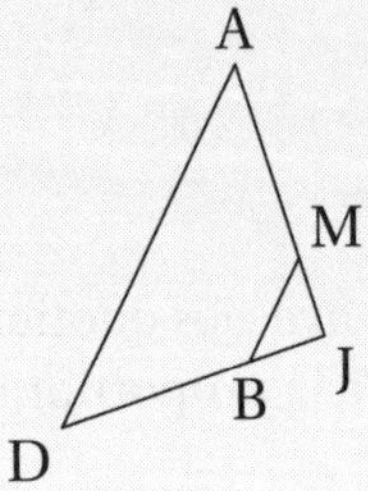

Sur la figure donnée ci-contre :
- les droites (AD) et (MB) sont parallèles ;
- et en centimètre, les mesures réelles sont $JD = 3$; $JB = 1,8$; $MJ = 3,6$; $AD = 4$.

Calculer les longueurs MB et AJ.

Démontrer que des droites ne sont pas parallèles

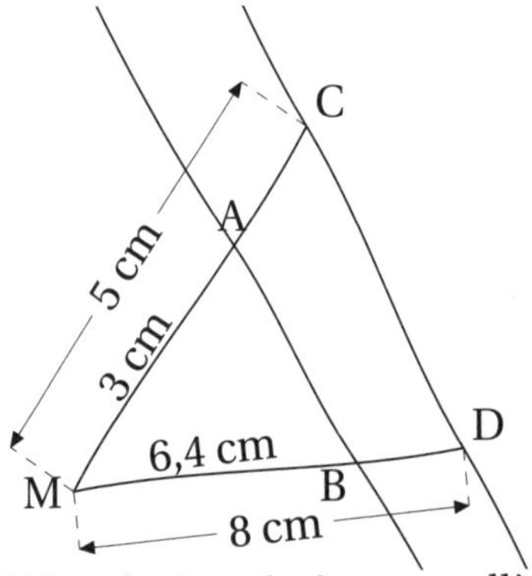

On donne la figure ci-contre. Elle n'est pas en vraie grandeur.
Est-ce que les droites (AB) et (CD) sont parallèles ?

Si les droites étaient parallèles, on pourrait écrire, d'après « l'égalité des trois rapports » :

$$\frac{MA}{MC} = \frac{MB}{MD}$$

Or

$$\frac{MA}{MC} = \frac{3}{5} \qquad \text{et} \qquad \frac{MB}{MD} = \frac{6,4}{8} = \frac{64}{80} = \frac{8}{10} = \frac{4}{5} \neq \frac{MA}{MC}.$$

Par conséquent, les droites (AB) et (CD) ne sont pas parallèles.

Exercice 184

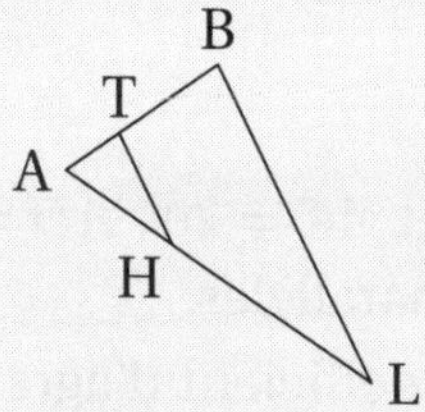

L'unité de longueur est le centimètre.
On sait que les points T et H appartiennent respectivement aux segments $[AB]$ et $[AL]$.
On donne $AT = 1,4$; $AB = 4$; $AH = 3,5$ et $AL = 9,5$.
Les droites (TH) et (BL) sont-elles parallèles ? Justifier.

Cours

▷ Agrandissement - Réduction

Dans les situations d'application de « l'égalité des trois rapports », les longueurs des côtés correspondants des deux triangles sont proportionnelles. Donc *toutes* les longueurs des côtés du « petit » triangle sont multipliées par un même nombre pour obtenir celles des côtés du « grand » triangle.
Par exemple, dans la figure ci-dessous tracée en vraie grandeur,

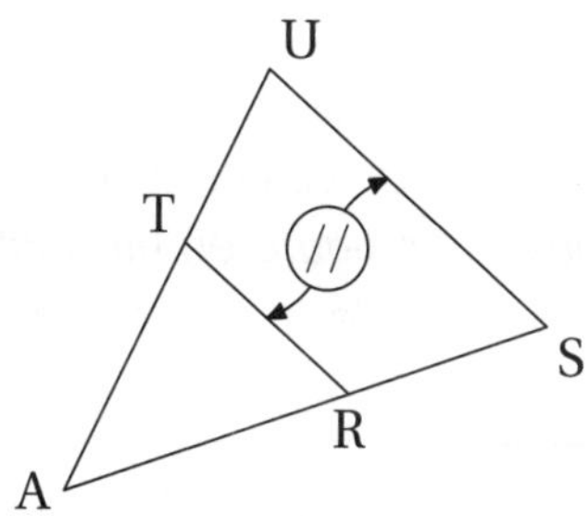

toutes les longueurs du triangle ART ont été multipliées par 1,7 pour obtenir les longueurs du triangle ASU. Le triangle ART a été *agrandi* pour obtenir le triangle ASU.

On généralise cette notion avec la définition suivante :

Propriété

Lorsqu'on multiplie toutes les longueurs d'un objet par un même nombre *positif* k, alors on obtient :
- un *agrandissement* de l'objet lorsque $k > 1$;
- une *réduction* de l'objet lorsque $k < 1$.

Le nombre k s'appelle *le coefficient d'agrandissement (ou de réduction).*

Il s'agit bien d'une multiplication même lorsqu'on a une réduction !

Exercice 185

Sur la figure ci-dessous, on a $AB = 8$ et $AC = 20$; $AD = 6$ et $AE = 15$. Les droites (BD) et (CE) sont parallèles.

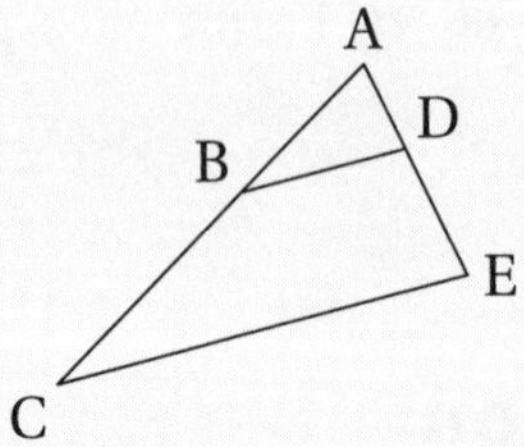

1/ Donner le coefficient d'agrandissement pour passer du triangle ABD au triangle ACE.

2/ Si $CE = 9$ cm, que vaut la longueur BD ?

Pour avoir un agrandissement (ou une réduction), il n'est pas nécessaire que les objets soient « emboîtés ».

SC

À l'issue de cette leçon, les compétences du socle commun sont :

- *Connaître et utiliser l'égalité des trois rapports (proportionnalité des longueurs pour les côtés des deux triangles).*
- *Agrandir ou réduire une figure en utilisant la proportionnalité entre les longueurs de la figure initiale et celles de la figure à obtenir.*

SC

▷ Exercices complémentaires

186 ▶ Dans chacun des cas suivants, justifier la possibilité ou non, d'utiliser « l'égalité des trois rapports »

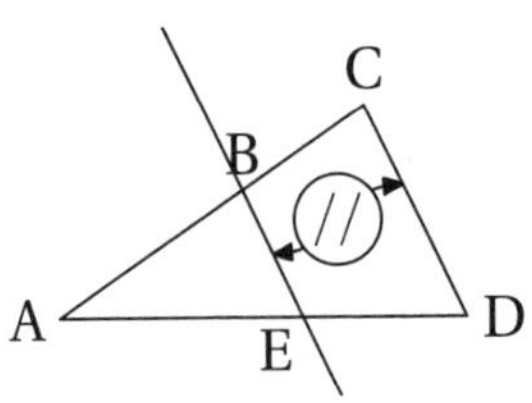

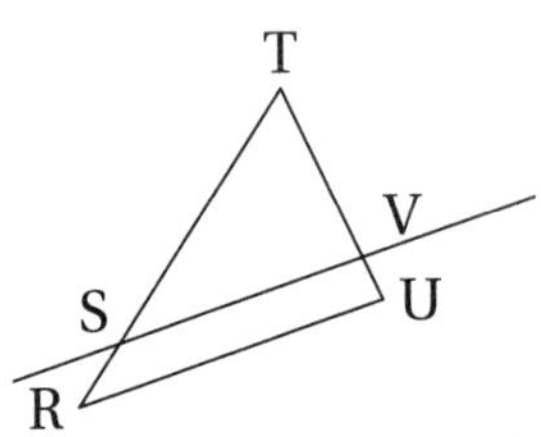

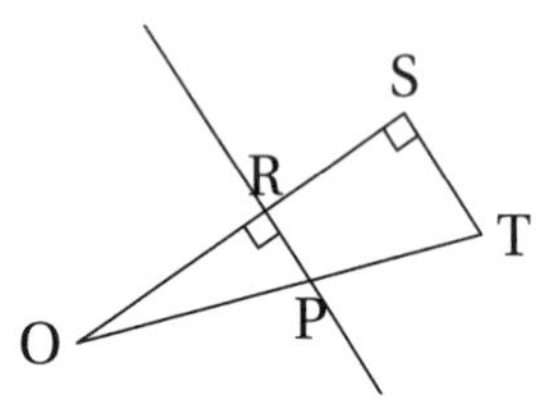

187 ▶ *Il n'est pas demandé de refaire la figure.*

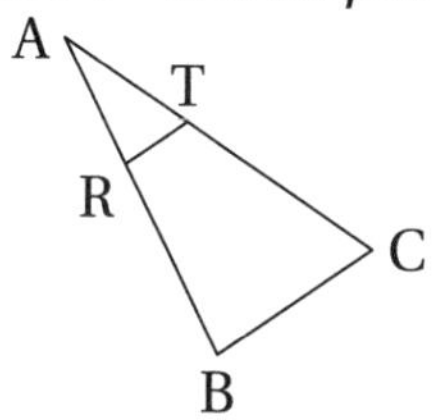

L'unité de longueur est le centimètre.
Les droites (RT) et (BC) sont parallèles.
On donne $AB = 5$; $AC = 7$ et $AR = 2$.
Calculer la longueur AT.

188 ▶ Construire un triangle ABC tel que $AB = 8$ cm ; $AC = 12$ cm et $BC = 10$ cm. On appelle E le point du segment $[AB]$ tel que $AE = 3{,}2$ cm. La parallèle à la droite (BC) passant par E coupe la droite (AC) en D. Calculer la longueur AD.

189 ▶ On considère un triangle RST tel que $RS = 8{,}8$ cm ; $RT = 5{,}6$ cm et $ST = 4{,}8$ cm. Soit M le point du segment $[RS]$ tel que $RM = 6{,}6$ cm. La parallèle à la droite (ST) passant par M coupe le segment $[RT]$ en N.

(a) Construire la figure en vraie grandeur.

(b) Calculer la longueur MN.

(c) Calculer la longueur RN. En déduire la longueur NT.

190 ▶ Sur la figure ci-dessous qui n'est pas en vraie grandeur, on sait que $AB = 7$ m ; $AC = 4{,}9$ m et $IB = 3$ m. Les droites (JC) et (IB) sont parallèles. Démontrer que le triangle JCB est isocèle.

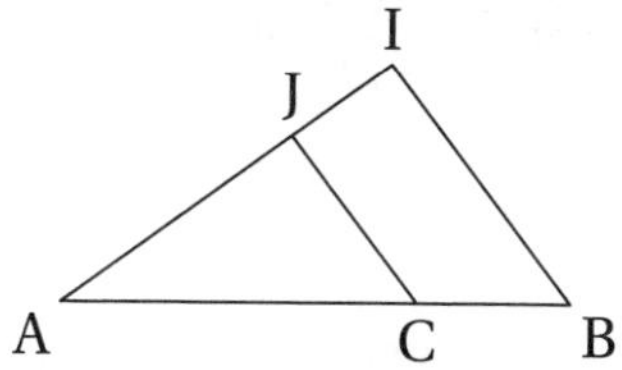

191 ▶ Dans la figure ci-dessous (qui n'est pas en vraie grandeur), on sait que les droites (ER) et (AC) sont parallèles.
On sait aussi que $FE = 3{,}5$ cm ; $FR = 4{,}2$ cm ; $FA = 6$ cm ; $AC = 4{,}8$ cm.

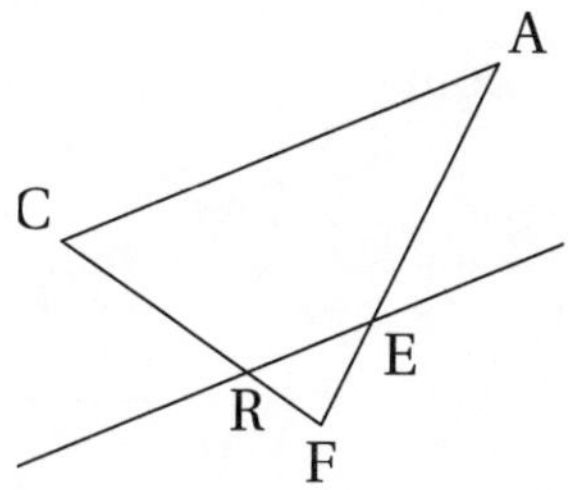

(a) Calculer les longueurs ER et RC.

(b) Construire la figure en vraie grandeur.

192 ▶ En observant la figure ci-dessous, exprimer la longueur ON en fonction de a et b. Que représente cette longueur ON pour a et b ?

$$OI = 1,\ OA = a,\ OM = b$$

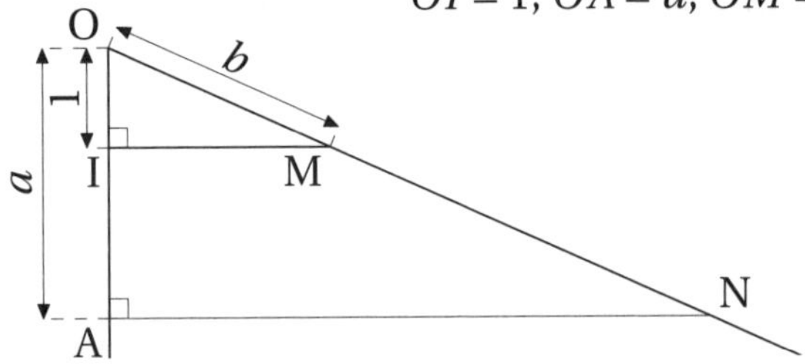

193 ▶ Soit $IJKL$ un parallélogramme et M un point du segment $[IL]$. La droite (JM) coupe la diagonale $[IK]$ en N. La parallèle à la droite (IJ) passant par N coupe la droite (IL) en E.

(a) Faire une figure aux instruments.

(b) 1/ Comparer les rapports $\dfrac{EN}{IJ}$ et $\dfrac{MN}{MJ}$.

2/ Comparer les rapports $\dfrac{IN}{IK}$ et $\dfrac{EN}{IJ}$.

3/ En déduire alors que $\dfrac{IN}{IK} = \dfrac{MN}{MJ}$.

(c) 1/ Comparer les rapports $\dfrac{IN}{IK}$ et $\dfrac{IE}{IL}$.

2/ En utilisant la question b, prouver que $\dfrac{IE}{IL} = \dfrac{ME}{MI}$.

3/ En déduire que

$$MI \times IE = ME \times IL.$$

194 ▶ Sur la figure ci-dessous, $ABCD$ et $DEFG$ sont deux rectangles tels que :

- E appartient à $[CD]$; G appartient à (DA) ;
- les trois droites (CD), (BE) et (AD) sont sécantes en O.

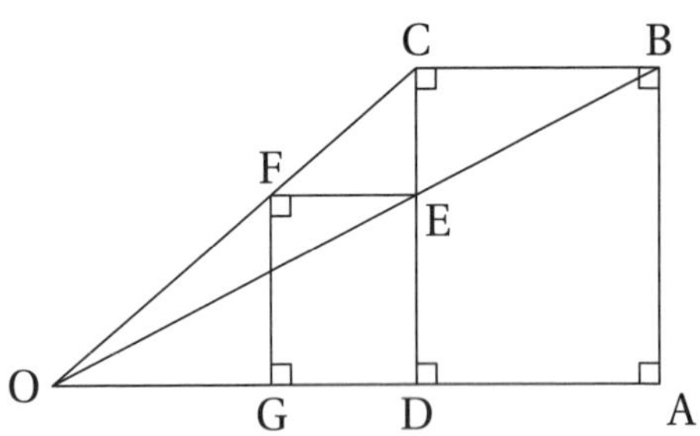

Démontrer que

$$OD \times OD = OG \times OA.$$

Il faut utiliser trois fois l'égalité des trois rapports...

Cours

Leçon 15

Cosinus d'un angle aigu

Prérequis

- Savoir utiliser l'égalité des trois rapports (page 133).
- Savoir utiliser la proportionnalité (pages 19 et 47).

Comme le triangle ABC, sur la figure ci-dessous, est un triangle rectangle en B, on peut calculer la longueur manquante grâce à l'égalité de Pythagore :

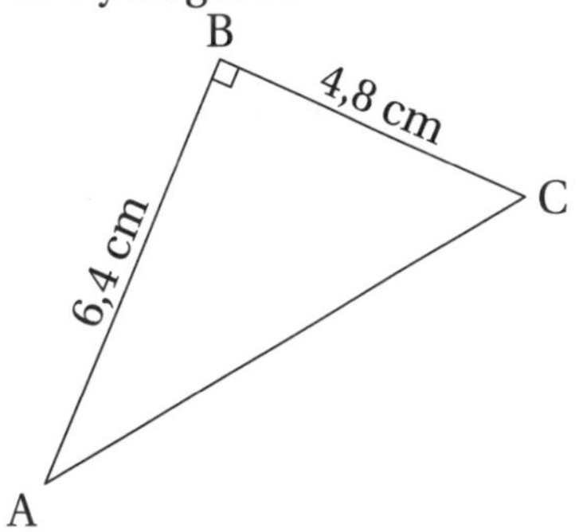

$$AC^2 = AB^2 + BC^2$$
$$AC^2 = 6,4^2 + 4,8^2$$
$$AC^2 = 40,96 + 23,04$$
$$AC^2 = 64$$
$$AC = 8$$

Mais si l'on considère la figure ci-dessous... L'égalité de Pythagore n'est plus utile !

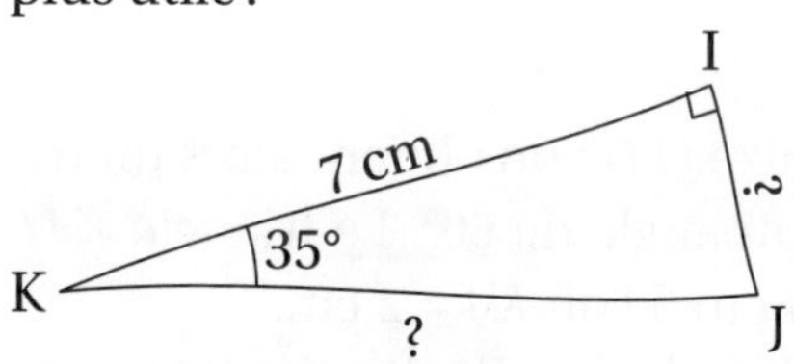

En effet, pour calculer la longueur KJ, il manque la longueur IJ. Et réciproquement. Seule la mesure de l'angle $\widehat{IJK}$ peut être calculée...

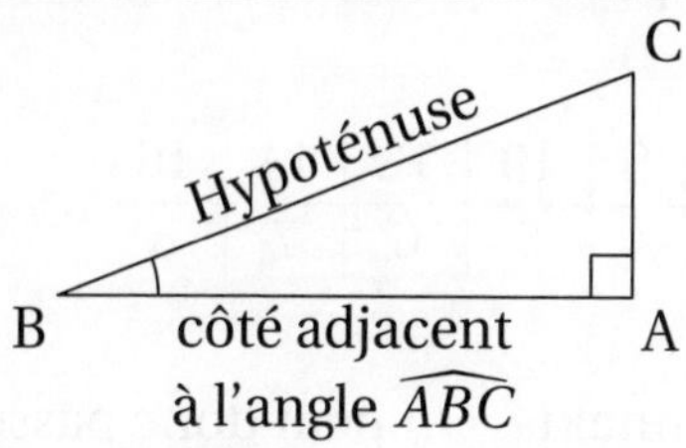

Si ABC est un triangle rectangle en A alors $[BA]$ est le *côté adjacent* à l'angle $\widehat{ABC}$.

Exercice 195

Pour chaque triangle rectangle ci-dessous, repérer l'hypoténuse et le côté adjacent à l'angle coloré.

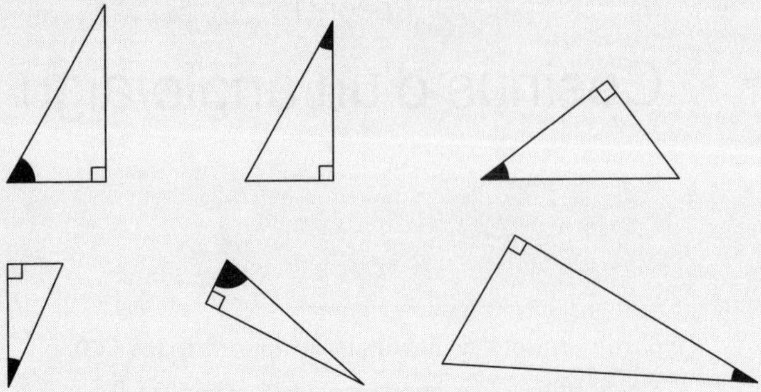

▷ Qu'est-ce que le cosinus d'un angle aigu ?

Voici un triangle IJK, rectangle en J, et ayant un angle aigu de 60°. Comment calculer la longueur KJ ?

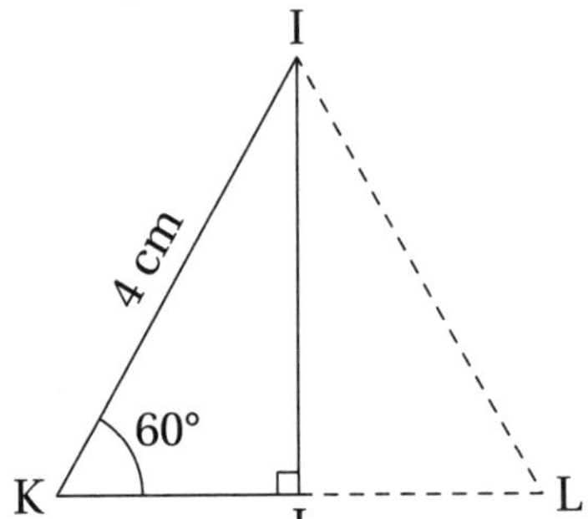

On complète la figure par la symétrie d'axe (IJ) : on obtient alors un triangle KIL isocèle en I et qui possède un angle de 60°. Le triangle KIL est donc équilatéral. Or, $KL = 2 \times KJ = 4$ cm. D'où $KJ = 2$ cm.
En effectuant le même raisonnement dans la famille des triangles rectangles ayant un angle aigu de 60°, on peut alors compléter le tableau

hypoténuse KI	4	6	8	10	12	14	16
côté adjacent KJ	2	3	4	5	6	7	8

pour obtenir un tableau de proportionnalité. On peut donc passer facilement de l'hypoténuse au côté adjacent en multipliant par 0,5.

Que se passe-t-il pour la famille des triangles rectangles ayant un même angle aigu de mesure 35° ? Y a-t-il encore un lien entre l'hypoténuse et le côté adjacent à l'angle considéré ? Si oui, est-ce toujours une multiplication par 0,5 ?

Voici deux exemplaires de tels triangles :

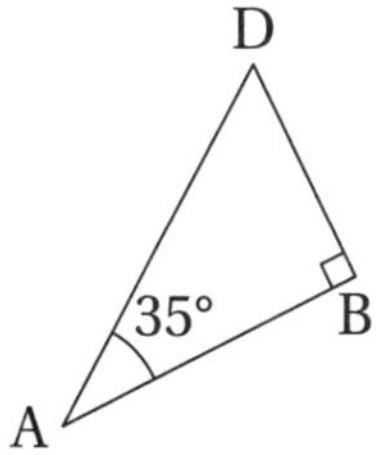

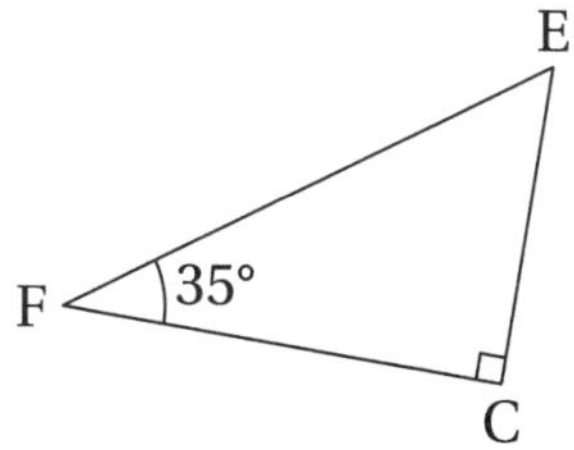

Ils s'assemblent *parfaitement* pour former la figure suivante :

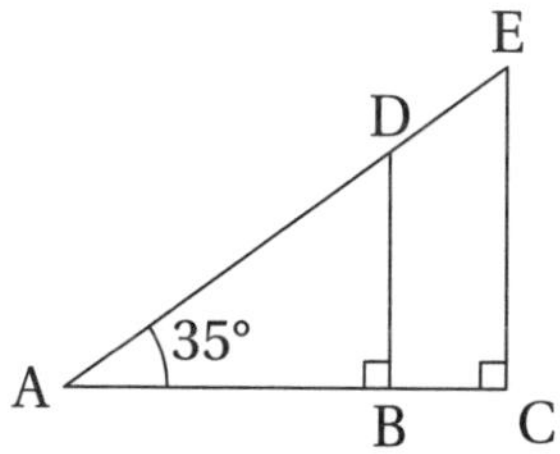

L'utilisation de l'égalité des trois rapports (page 133) est possible ! Les triangles ABD et ACE ont donc des côtés proportionnels : si k est le nombre tel que $AC = k \times AB$, alors $AE = k \times AD$. Le tableau

hypoténuse	AE	AD
côté adjacent	AC	AB

$$\frac{AC}{AE} = \frac{k \times AB}{k \times AD} = \frac{AB}{AD}.$$

est, une nouvelle fois, un tableau de proportionnalité. De plus, ce n'est pas une multiplication par 0,5 comme le montre la figure ci-dessous.

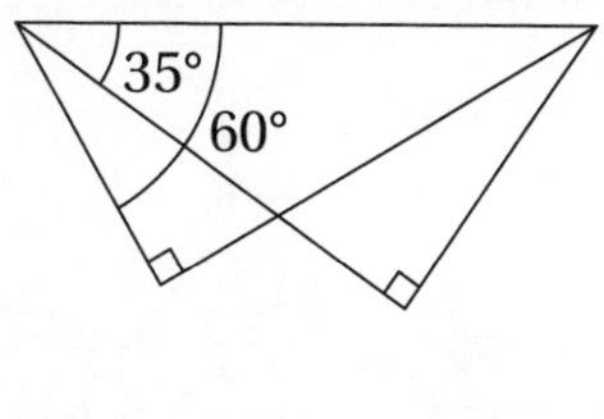

Cette multiplication dépend donc de la mesure de l'angle et pas de la longueur de l'hypoténuse.

Cours

Propriété

Si un triangle appartient à la famille des triangles rectangles ayant un angle aigu de mesure a, alors la longueur du côté adjacent à cet angle s'obtient en multipliant la longueur de l'hypoténuse par un nombre qui ne dépend que de la mesure de l'angle.
Ce nombre s'appelle *le cosinus de l'angle* et se note $\cos(a)$.

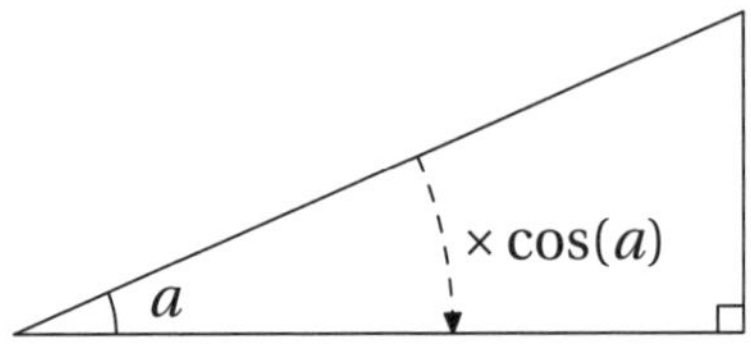

Le cosinus d'un angle aigu est donc un nombre compris entre 0 et 1.

Si ABC est un triangle rectangle en B, alors

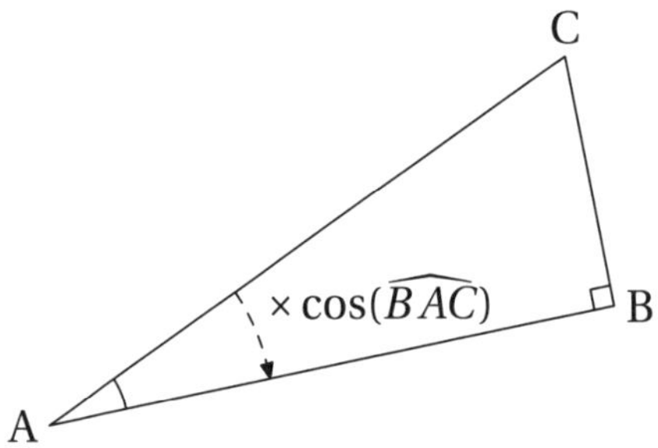

$$AB = AC \times \cos(\widehat{BAC})$$

$$\cos(\widehat{BAC}) = \frac{AB}{AC}$$

$$AC = AB \div \cos(\widehat{BAC})$$

On peut également retenir cela sous la forme d'une formule permettant de trouver le cosinus d'un angle aigu :

$$\cos(\widehat{BAC}) = \frac{\text{Côté adjacent à l'angle } \widehat{BAC}}{\text{Hypoténuse du triangle rectangle } ABC}$$

Exercice 196

Pour chacun des cas ci-dessous, exprimer le lien entre l'hypoténuse et le côté adjacent à l'angle coloré.

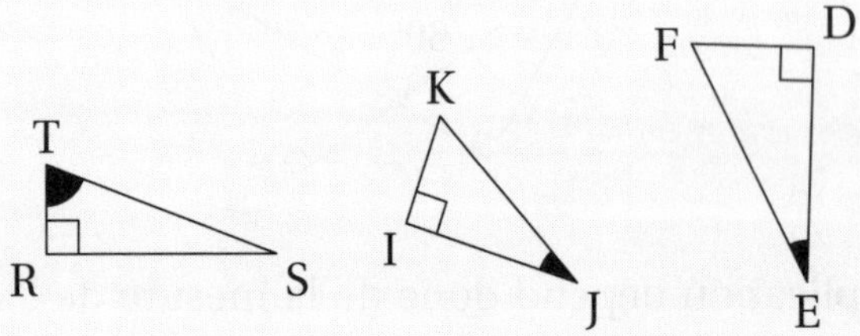

Comme le cosinus d'un angle aigu est un nombre qui ne dépend que de la mesure de l'angle aigu, plusieurs questions se posent. Comment obtenir le cosinus de 35° ? Quel est l'angle aigu dont le cosinus vaut 0,7 ? On peut, pour cela, construire *en vraie grandeur* un triangle rectangle ayant un angle aigu de 35° et faire les mesures nécessaires.

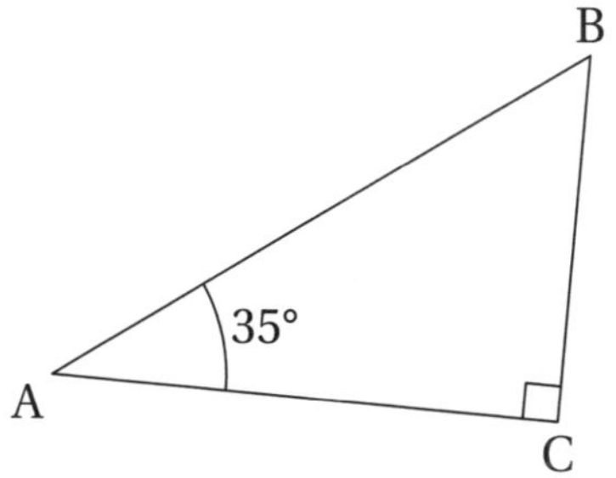

Sur la figure ci-dessus, on mesure $AB = 5$ cm et $AC \approx 4,1$.
Comme $AC = AB \times \cos(35°)$ alors $4,1 \approx 5 \times \cos(35°)$ et on en déduit que

$$\cos(35°) \approx 0,82.$$

En prenant la figure suivante :

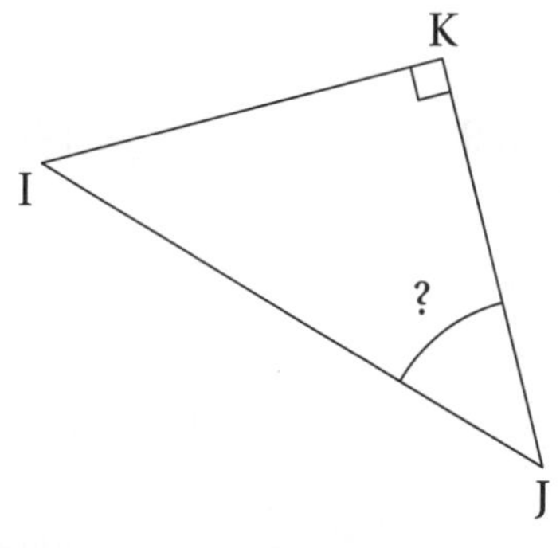

on a $IJ = 5$ cm ; $JK = 3,5$ cm et on obtient bien $\cos(\widehat{IJK}) = 0,7$. En *mesurant* l'angle $\widehat{IJK}$, on trouve une mesure d'environ 46°.

Ces lectures graphiques ne sont que des réponses peu précises aux problèmes posés. On peut améliorer cela grâce à la calculatrice *en mode degré* : la touche cos permet d'obtenir le cosinus d'un angle aigu :

cos	20	=	0.9396926208
cos	40	=	0.7660444431

Il n'y a donc pas proportionnalité entre un angle aigu et son cosinus…

cos	60	=	0.5
cos	80	=	0.1736481777

Plus la mesure de l'angle aigu augmente, plus le cosinus de cet angle aigu diminue !

Exercice 197

Compléter le tableau ci-dessous :

$\widehat{ABC}$	0°	7°	21°	35°	48°	55°	60°	75°	90°
$\cos(\widehat{ABC})$									

Pour déterminer un angle aigu connaissant son cosinus, on peut essayer par tâtonnements, par encadrements successifs… ou utiliser une suite de touches à la calculatrice :

Inv	cos	0.9	=	25.84193276
Inv	cos	0.45	=	63.25631605
Inv	cos	0.2	=	78.46304097

Plus le cosinus diminue, plus l'angle augmente…

Pour certaines calculatrices, il faut remplacer Inv par Seconde.
Pour d'autres, il faut remplacer Inv cos par $\cos^{-1}$ ou Acos.

Exercice 198

Compléter le tableau ci-dessous :

$\widehat{ABC}$								
$\cos(\widehat{ABC})$	0,1	0,8	0,66	0,4	0,29	0,97	0,7	0,33

▷ Applications

⚠ Pour les calculs, ne pas oublier de mettre la calculatrice en mode « *degré* ».

Dans un triangle rectangle, le cosinus d'un angle aigu permet donc deux applications principales : calculer une longueur et déterminer la mesure d'un angle aigu.

Calculer une longueur *Les figures ci-dessous ne sont pas en vraie grandeur.*

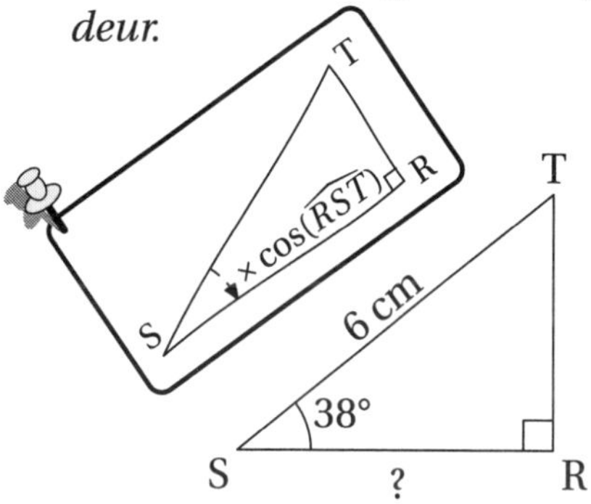

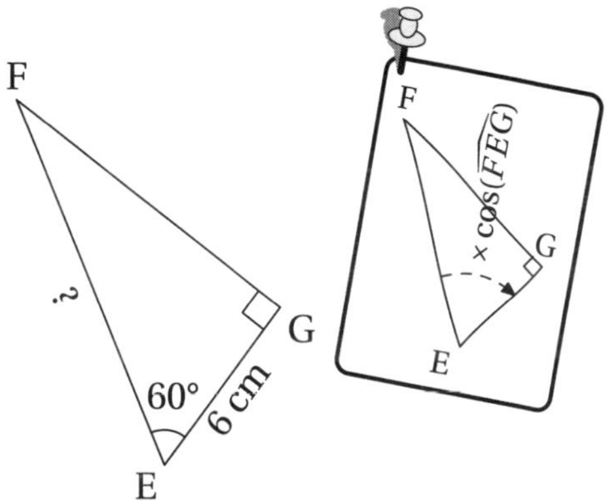

Le triangle RST est rectangle en R donc

$$RS = ST \times \cos(\widehat{RST})$$
$$RS = 6 \times \cos(38°)$$
$$RS \approx 4{,}7 \text{ cm}$$

Le triangle EFG est rectangle en G donc

$$EF = \frac{EG}{\cos(\widehat{GEF})}$$
$$EF = \frac{6}{\cos(60°)}$$
$$EF = 12 \text{ cm}$$

Exercice 199

Dans chacun des cas, on fera la figure correspondante en vraie grandeur.

1/ Soit RST un triangle rectangle en R tel que $RT = 4$ cm et $\widehat{RTS} = 30°$. Calculer la longueur ST.

2/ Soit IJK un triangle rectangle en K tel que $IJ = 9$ cm et $\widehat{IJK} = 45°$. Calculer la longueur KJ.

Calculer un angle On donne la figure ci-dessous.

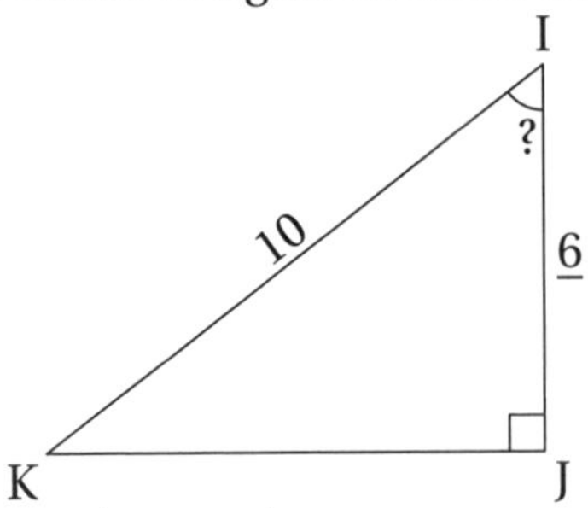

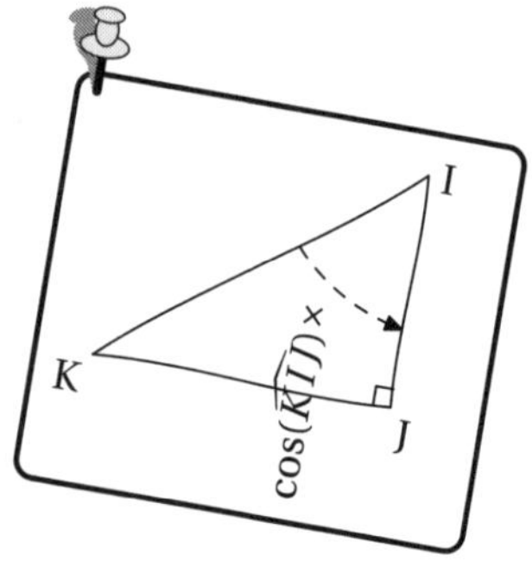

Le triangle IJK est rectangle en J donc

$$IJ = IK \times \cos(\widehat{KIJ})$$
$$6 = 10 \times \cos(\widehat{KIJ})$$
$$\frac{6}{10} = \cos(\widehat{KIJ})$$
$$53° \approx \widehat{KIJ}$$

Exercice 200

Dans chacun des cas suivants, calculer les mesures des angles arrondies au degré près.

- ABC est un triangle rectangle en A tel que $AB = 4$ cm et $BC = 8$ cm.
- DEF est un triangle rectangle en E tel que $DE = 5$ cm et $DF = 6$ cm.
- IJK est un triangle rectangle en K tel que $IJ = 10$ cm et $IK = 3$ cm.

▷ Exercices complémentaires

201 ▶ Soit un triangle ABC rectangle en B. Exprimer les relations entre l'hypoténuse $[AC]$ et les cosinus respectifs des angles $\widehat{BAC}$ et $\widehat{BCA}$.

Application n° 1 : Sachant que $\widehat{BAC} = 35°$ et $AC = 5$ cm, quelle longueur peut-on calculer « immédiatement » avec l'expression du cosinus ?

Application n° 2 : Sachant que $\widehat{BCA} = 62°$ et $BC = 6$ cm, quelle longueur peut-on calculer « immédiatement » avec l'expression du cosinus ?

202 ▶ *La figure ci-dessous n'est pas en vraie grandeur.*

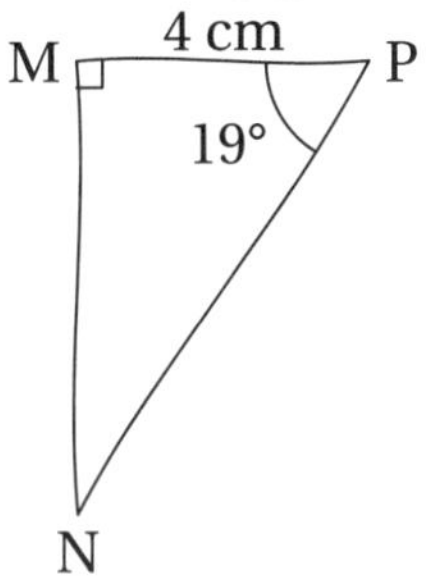

(a) Reproduire la figure en vraie grandeur.

(b) Calculer la longueur PN. Donner la valeur approchée au dixième près par défaut.

203 ▶ *Pour chaque cas, on fera une figure à main levée.*

(a) IJK est un triangle rectangle en I tel que $JK = 10$ cm et $\widehat{IJK} = 55°$. Calculer la longueur IJ.

(b) LMN est un triangle rectangle en N. On sait que $LM = 11$ cm et $\widehat{LMN} = 33°$. Calculer la longueur MN.

(c) PQR est un triangle rectangle en R. On sait que $PR = 45$ cm et $\widehat{QPR} = 53°$. Calculer la longueur PQ.

(d) STU est un triangle rectangle en U. On sait que $US = 13{,}5$ cm et $\widehat{UST} = 25°$. Calculer la longueur ST.

204 ▶ *La figure ci-dessous n'est pas en vraie grandeur.*

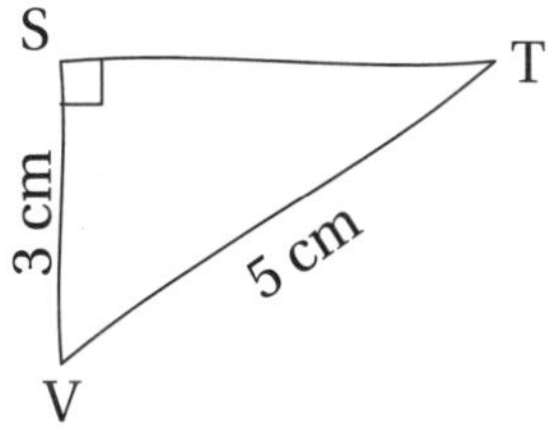

(a) Reproduire la figure en vraie grandeur.

(b) Calculer la mesure arrondie au degré près de l'angle $\widehat{SVT}$.

205 ▶ Dans chacun des cas suivants, calculer les mesures des angles arrondies au degré près.

(a) LMN est un triangle rectangle en L. On sait que $LM = 6$ cm et $MN = 7$ cm.

(b) RST est un triangle rectangle en S tel que $RT = 15$ cm et $RS = 8$ cm.

206 ▶ *La figure ci-dessous n'est pas en vraie grandeur.*

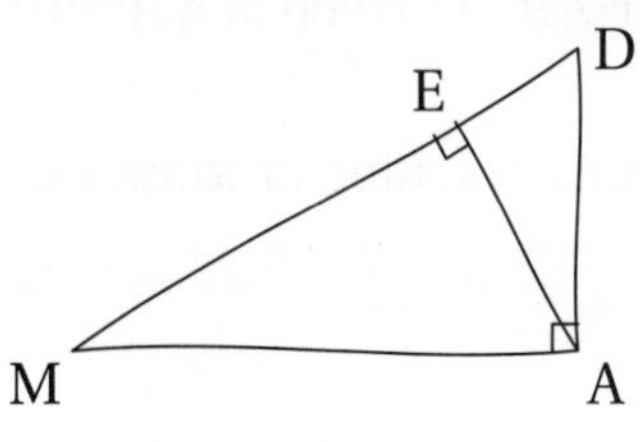

(a) Donner deux écritures différentes pour $\cos(\widehat{MDA})$.

(b) Faire une figure dans le cas où $DA = 8$ cm et $DM = 10$ cm.

1/ Calculer la longueur AM.

2/ En utilisant les résultats de la question (a), calculer la longueur DE.

207 ▶ On considère un carré $ABCD$ de centre O.

(a) Justifier chacune des égalités suivantes :

$$BC = AC \times \cos(45°) \qquad \text{et} \qquad OC = BC \times \cos(45°)$$

(b) En déduire que le carré de $\cos(45°)$ est égal à $\frac{1}{2}$.

208 ▶ On considère un cube d'arête 10 cm comme le montre la figure ci-dessous. Déterminer une mesure au degré près de l'angle $\widehat{CAE}$.

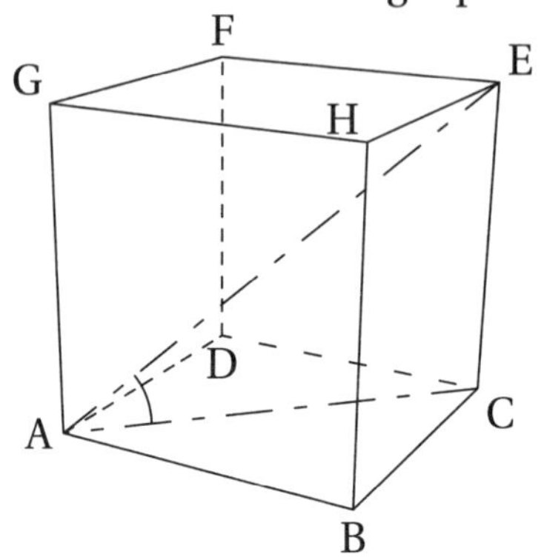

209 ▶ *La figure ci-dessous n'est qu'un dessin à main levée.*

On souhaiterait connaître la largeur d'une rivière, c'est-à-dire la longueur AB, mais on ne dispose d'aucun moyen pour traverser.

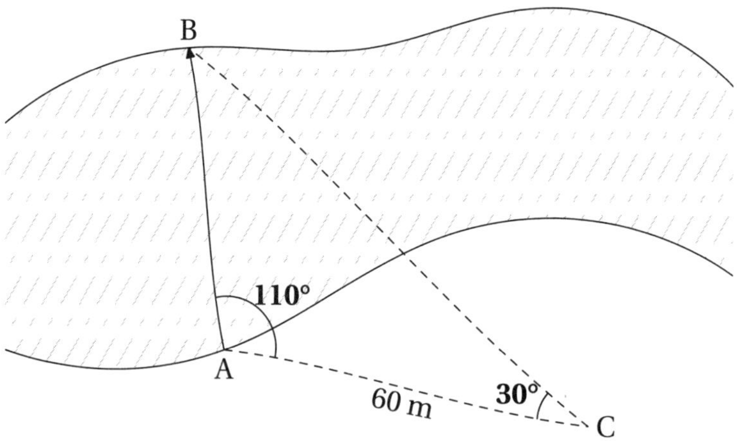

À l'aide d'instruments de mesure, on a obtenu des indications portées sur la figure ci-dessus. Pour obtenir la longueur AB, on trace la hauteur issue de A. Elle coupe le segment $[BC]$ en H.

(a) Déterminer la mesure de l'angle $\widehat{CAH}$ puis calculer la longueur AH.

(b) Déterminer la mesure de l'angle $\widehat{BAH}$.

(c) Calculer alors la longueur AB.

Leçon 16

Nouveaux solides de l'espace

Cours

Prérequis

- Connaître les conventions de représentations des solides.
- Connaître le pavé droit, le cube, le prisme droit et le cylindre de révolution.

Voici différents solides représentés :

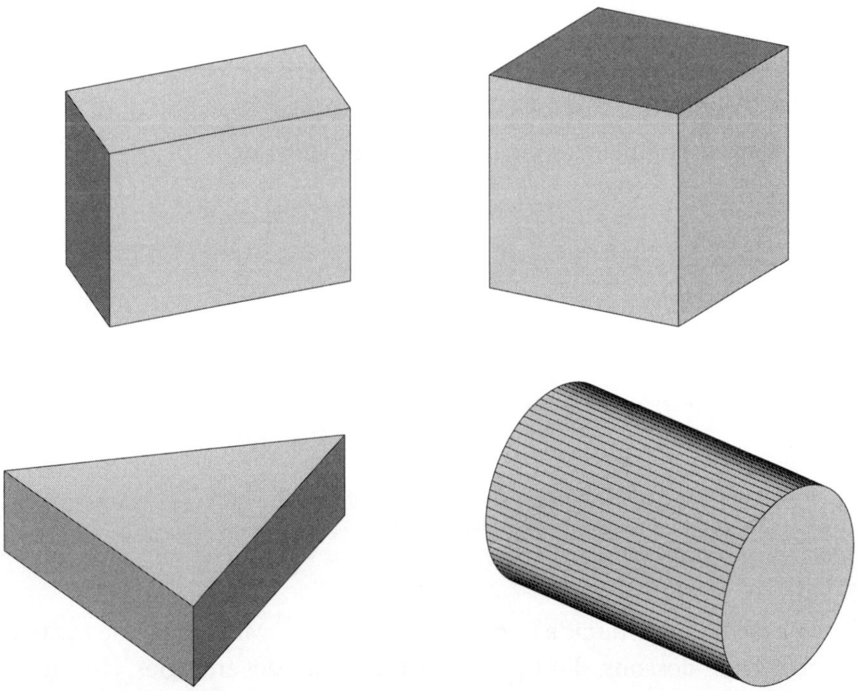

Ces quatre premiers solides sont déjà connus, avec dans l'ordre :

- *un pavé droit* (étudié en 6e) avec 12 arêtes, 8 sommets, 6 faces ;
- *un cube* (étudié en 6e) avec 12 arêtes, 8 sommets, 6 faces ;
- *un prisme droit* (étudié en 5e) avec, pour celui ci-dessus, 9 arêtes, 6 sommets, 5 faces ;
- *un cylindre de révolution* (étudié en 5e).

En voici deux nouveaux. Ils semblent être de nature assez proche. Quels sont ces deux solides ?

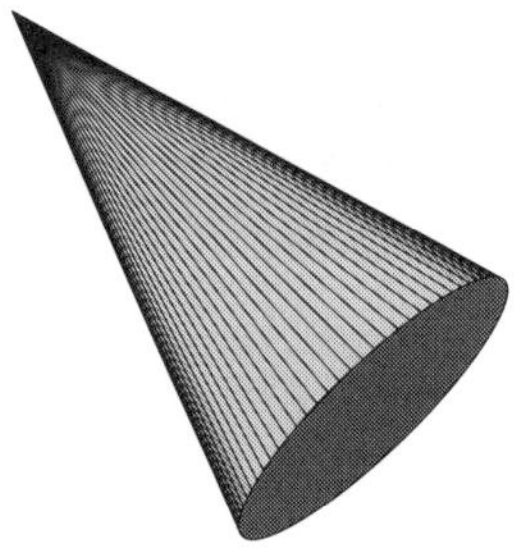

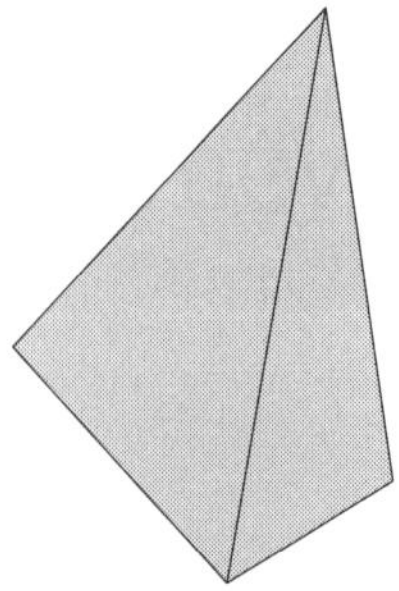

Cours

▷ Pyramide

> Une pyramide est un solide délimité par une face polygonale (*la base*) et des faces *triangulaires* qui ont un sommet commun (*le sommet* de la pyramide).

Les faces triangulaires sont appelées *faces latérales.*

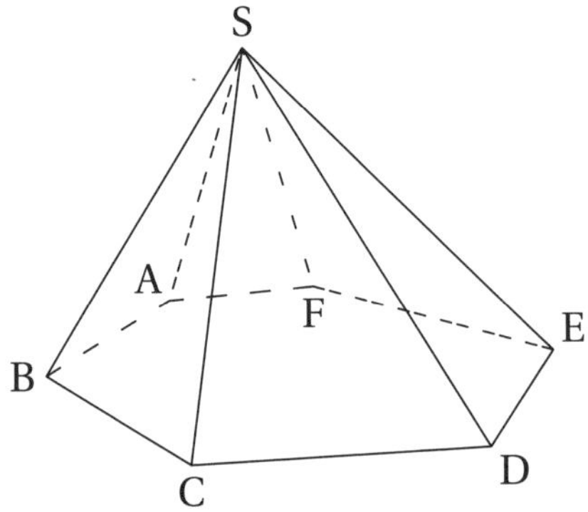

La base d'une pyramide se reconnaît aisément. Mais dans une pyramide, comme celle ci-dessous, dont toutes les faces sont des triangles, chacune des faces peut être considérée comme la base de la pyramide. Une telle pyramide s'appelle un *tétraèdre.*

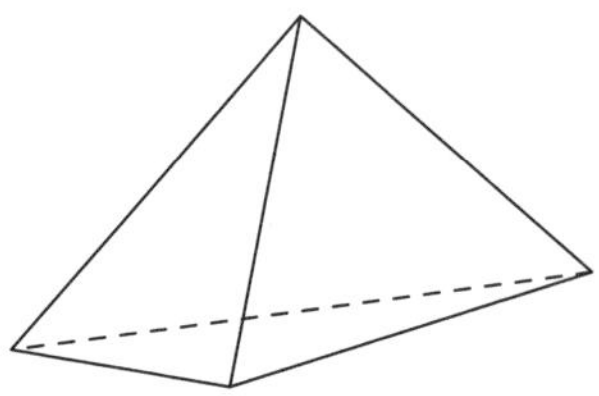

Exercice 210

ABCDEF est un prisme droit dont les bases sont des triangles rectangles.
Préciser les caractéristiques (sommets, arêtes, faces) :

1/ de la pyramide *ABCFE* ;

2/ de la pyramide *FADE*.

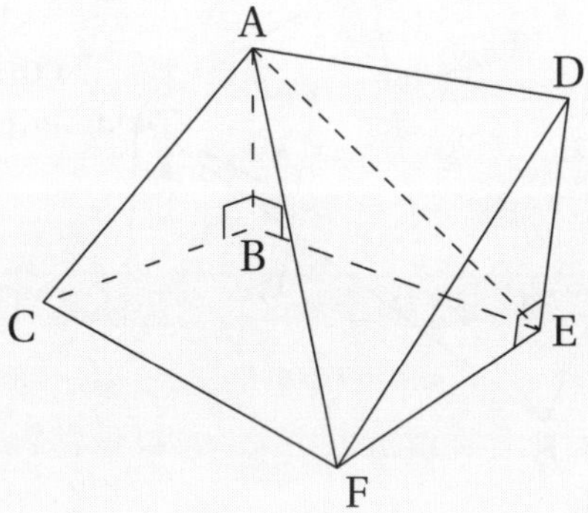

Cours

> La droite qui passe par le sommet de la pyramide et qui est perpendiculaire à la base est appelée *hauteur* de la pyramide. La longueur SH est aussi appelée hauteur de la pyramide.

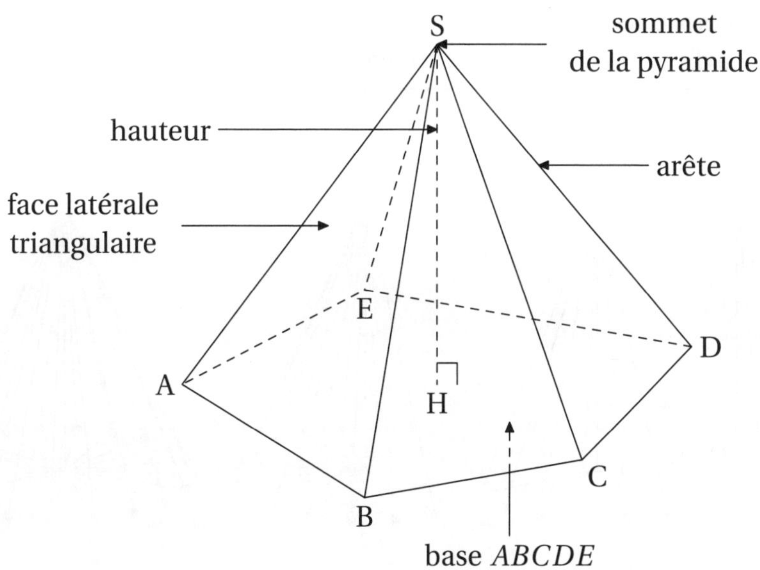

Il ne faut pas confondre la hauteur de la pyramide et une hauteur d'une face latérale.

Cours

Exercice 211

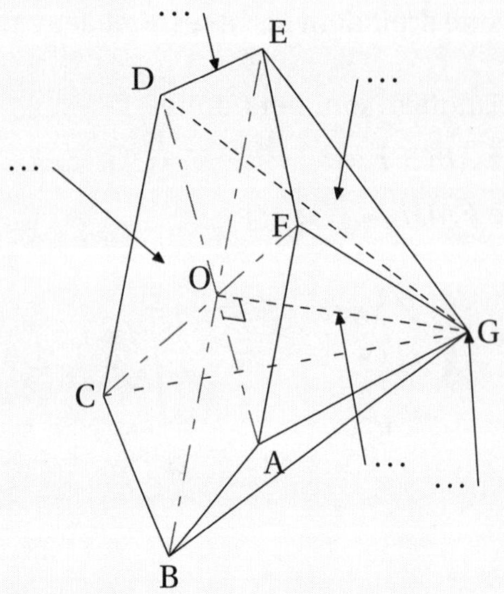

Compléter la figure ci-contre avec le vocabulaire approprié.

▷ Cône de révolution

> Un cône de révolution de sommet S est le solide créé lorsqu'on fait tourner un triangle SOM rectangle en O, autour de la droite (SO).
> Le disque de centre O et de rayon OM est *la base* de ce cône.

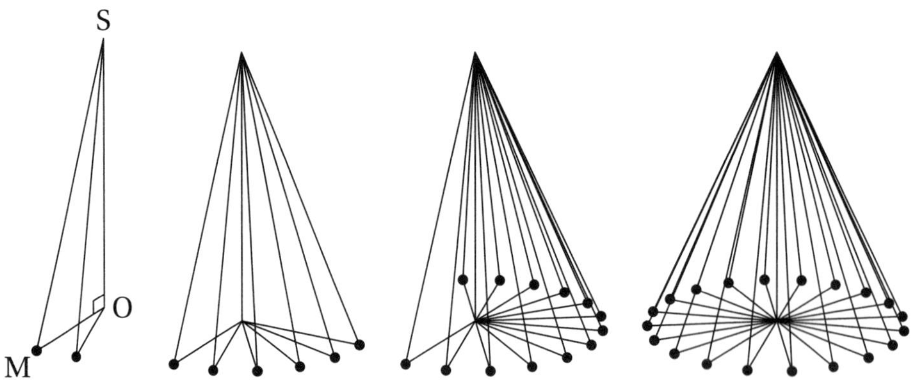

On peut également faire tourner le triangle rectangle autour de la droite (OM). Mais si on le fait tourner autour de l'hypoténuse, on obtient... deux cônes de révolution !

La hauteur de ce cône est le segment $[SO]$ (la hauteur désigne aussi la longueur SO).
Le segment $[SO]$ est perpendiculaire au plan de la base.

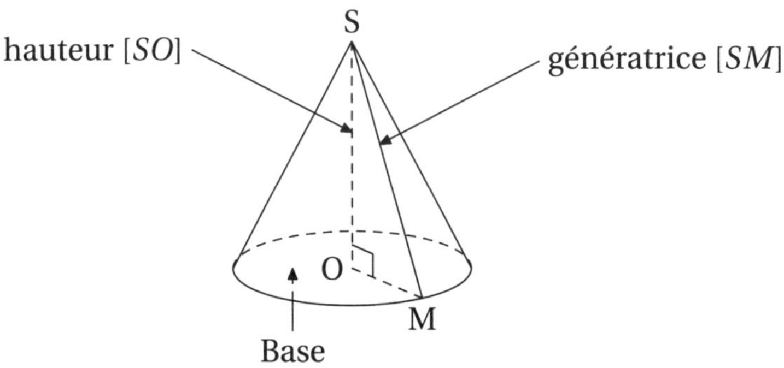

▷ Volumes de ces nouveaux solides

Volume d'une pyramide (admis)

Le volume $\mathcal{V}$ d'une pyramide se calcule par la formule :

$$\mathcal{V} = \frac{\text{Aire de la base de la pyramide} \times \text{hauteur de la pyramide}}{3}$$

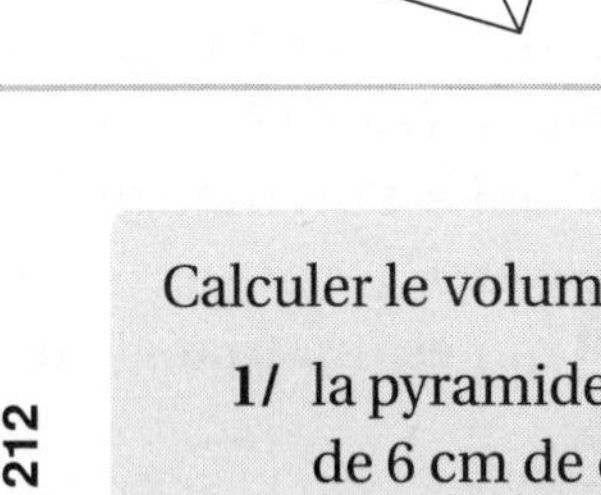

$$\mathcal{V} = \frac{\mathcal{A}_{\mathcal{B}} \times h}{3}$$

Exercice 212

Calculer le volume des pyramides suivantes :

1/ la pyramide a pour hauteur 34 cm et sa base est un carré de 6 cm de côté ;

2/ la pyramide a pour hauteur 7 cm et sa base est un triangle ABC rectangle en B avec $AB = 3$ cm et $BC = 4$ cm ;

3/ la pyramide a pour hauteur 12 cm et sa base est un losange dont les diagonales mesurent 7 et 5 cm.

Volume d'un cône de révolution (admis)

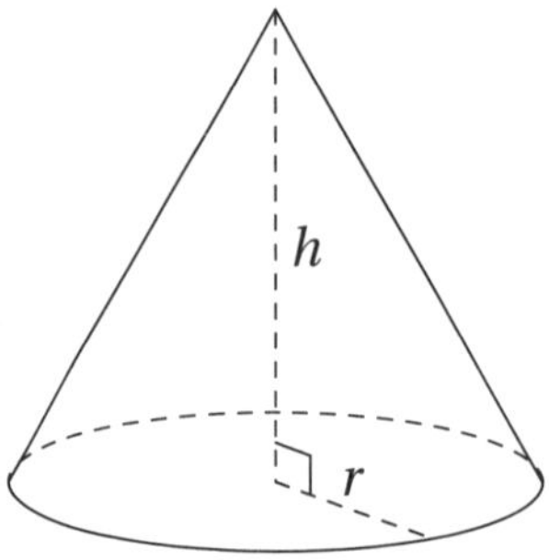

On considère un cône de révolution de rayon r et de hauteur h. Le volume de ce cône de révolution se calcule par la formule :

$$\mathcal{V} = \frac{\pi \times r^2 \times h}{3}.$$

Exercice 213

1/ Calculer le volume d'un cône de rayon 5 cm et de hauteur 9 cm.

2/ Calculer le volume d'un cône de diamètre 10 dm et de hauteur 6 dm.

▷ Patrons de pyramide

On considère la pyramide ci-dessous. Elle est construite à partir d'un cube d'arête 6 cm. Pour construire un patron de cette pyramide, étudions et décrivons-la *du mieux possible* :

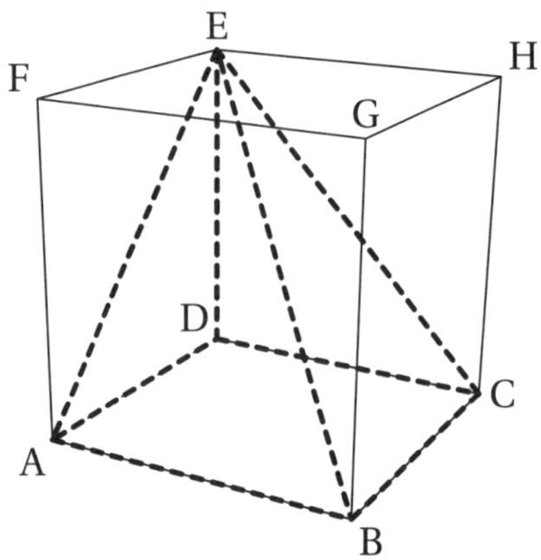

Base $ABCD$ qui est un carré.

Nature des faces latérales Il y en a 4 :

- la face ADE qui est un triangle rectangle isocèle en D ;
- la face EDC qui est un triangle rectangle isocèle en C ;
- la face EAB qui est un triangle rectangle en A ;
- la face ECB qui est un triangle rectangle en C.

Une fois ceci fait, la construction du patron peut commencer : le tracé de la base $ABCD$, puis les faces ADE et EDC pour terminer par les faces EAB et ECB en reportant, au compas, les longueurs manquantes.

Le patron ci-dessous n'est pas en vraie grandeur.

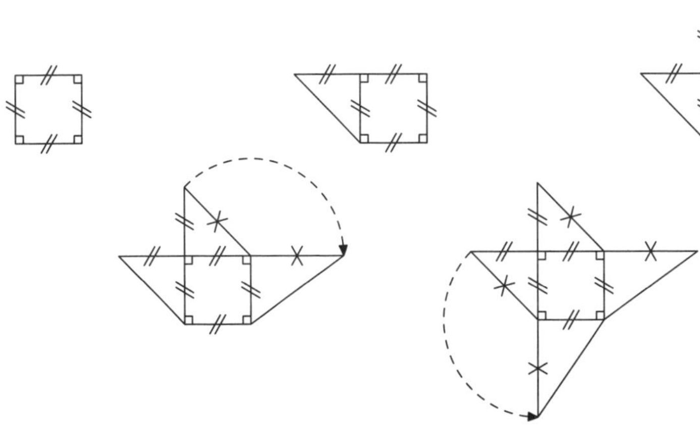

Exercice 214

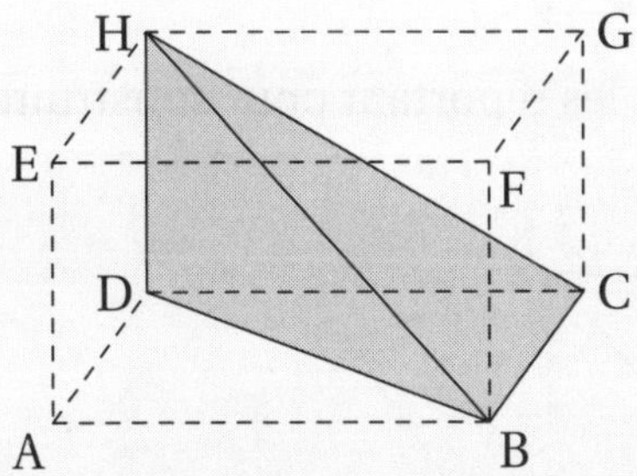

Construire un patron de la pyramide $HDBC$ en sachant que le pavé droit $ABCDEFGH$ est tel que $AB = 5$ cm ; $BC = 4$ cm et $BF = 3$ cm.

Cependant, certaines pyramides peuvent demander plus de travail pour construire un patron les représentant. Observons la pyramide $MEFI$ ci-dessous. Elle est construite dans un cube d'arête 6 cm et les points M et I sont les milieux de deux arêtes.

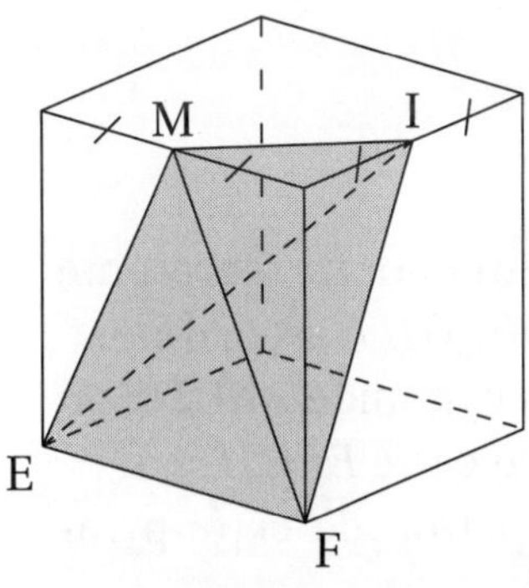

Cette pyramide est un tétraèdre, chaque face peut être prise comme base.
Choisissons EFM comme base. Dans ce cas, le sommet de la pyramide est I.
Le triangle EFM est isocèle en M. Le triangle EFI est rectangle en I. Le triangle MFI est isocèle en F. Le triangle EMI est quelconque.

La description de la pyramide étant finie, il faut passer au tracé. Il nous manque les longueurs EM et MI. On peut les calculer avec l'égalité de

Pythagore (page 101) mais on obtiendrait des valeurs approchées...
Il faut alors se rappeler que faire un patron est une construction *géométrique.* Si on peut construire les longueurs EM et MI en vraie grandeur, alors un patron de cette pyramide sera simple à tracer.

On remarque que ces deux longueurs interviennent dans deux faces du cube. On peut alors construire deux carrés et placer les points correspondants ou alors, rassembler les deux longueurs dans un *seul* carré.

⚠ Les constructions ci-dessous ne sont pas en vraie grandeur.

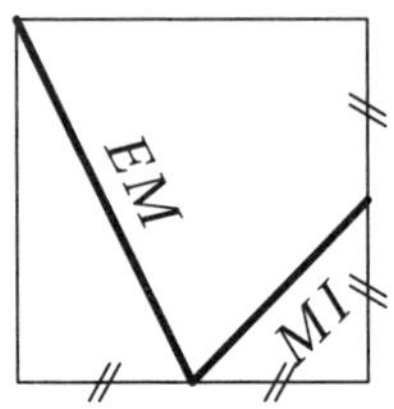

On utilise ensuite ces longueurs en les reportant pour construire un patron de la pyramide $MEFI$!

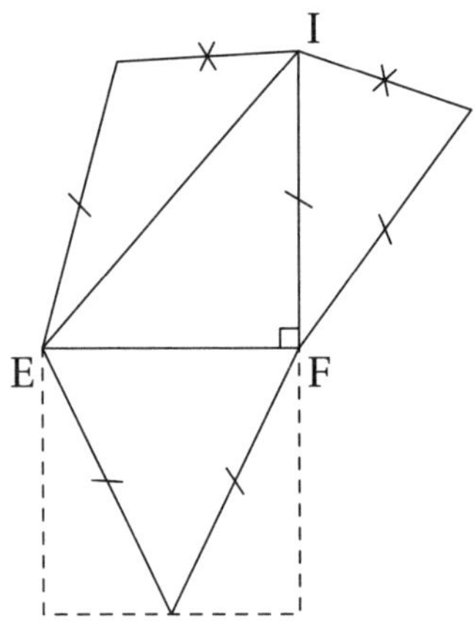

Exercice 215

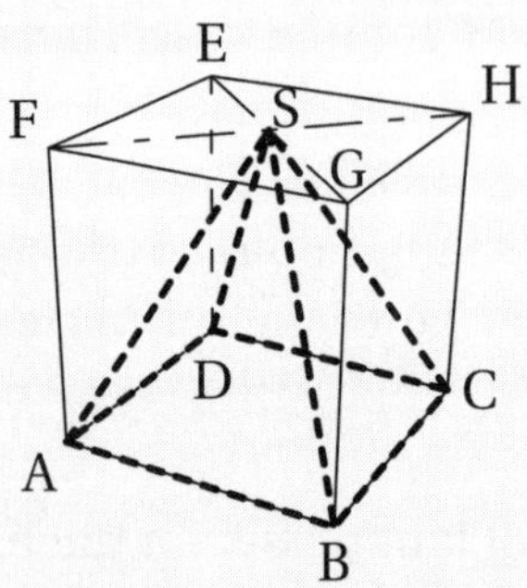

La figure donnée ci-contre représente un cube $ABCDEFGH$ d'arête 6 cm.
On considère la pyramide $ABCDS$ où S est le centre du carré $EFGH$.
Construire un patron de cette pyramide.

À l'issue de cette leçon, les compétences du socle commun sont :

SC
- Interpréter une représentation plane d'un objet de l'espace, un patron.
- Calculer le volume d'une pyramide et d'un cône de révolution.

SC

▷ Exercices complémentaires

216 ▶ La figure donnée représente un cône de révolution de sommet S. La base est un cercle de diamètre $[AB]$ et de centre O.

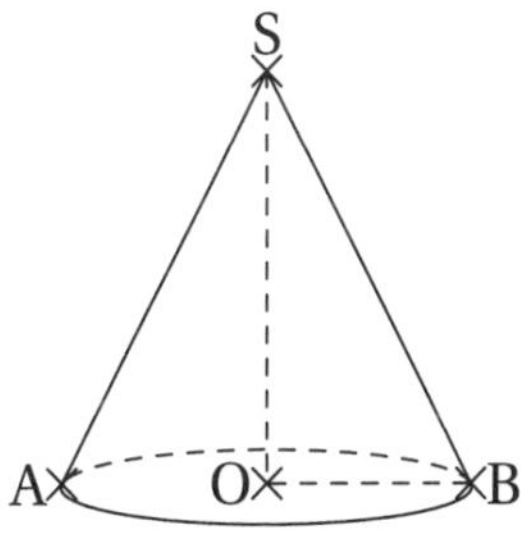

(a) M est un point du cercle de base. Quelle est la nature du triangle SOM ? Justifier.

(b) C est un point du cercle de base. Quelle est la nature du triangle ABC ? Justifier.

(c) Exprimer le volume de ce cône de révolution.

217 ▶ Un *tétraèdre régulier* est une pyramide dont toutes les faces sont des triangles équilatéraux.
Construire un patron d'un tétraèdre régulier d'arête 5,5 cm.

218 ▶ *Attention à la précision des tracés.*

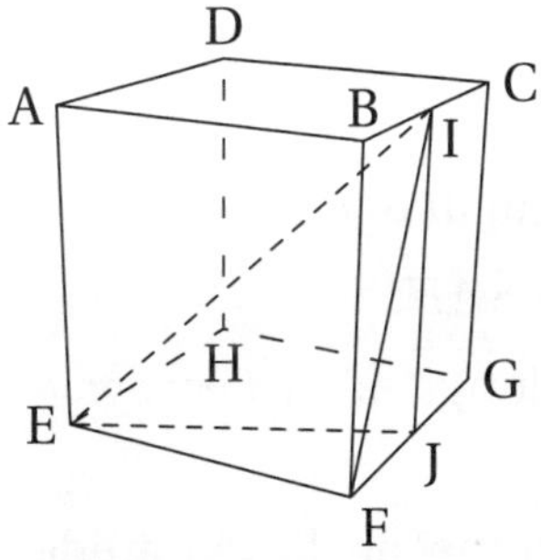

$ABCDEFGH$ est un cube d'arête 6 cm.
Les points I et J sont les milieux respectifs des arêtes $[BC]$ et $[FG]$.
Construire un patron de la pyramide $EFJI$.
On détaillera la construction demandée.

219 ▶ *La figure est donnée à titre indicatif.*

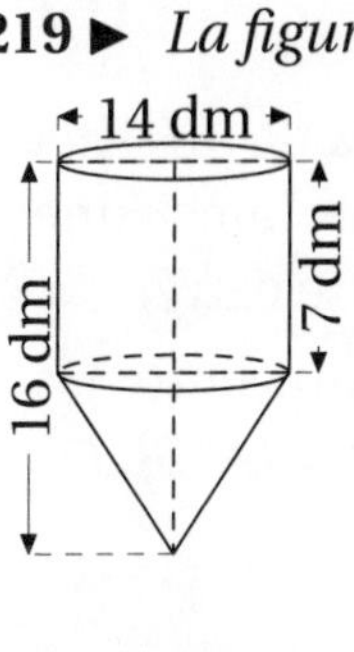

Un réservoir d'eau est constitué d'une partie cylindrique et d'une partie conique.

(a) Donner la valeur exacte du volume de ce réservoir.

(b) Ce réservoir peut-il contenir 1 000 L ? Si oui, y a-t-il de l'eau dans la partie cylindrique du réservoir ?

220 ▶ La figure ci-dessous représente un cube $ABCDEFGH$ dont l'arête mesure 5 cm. On considère la pyramide $MEFG$.

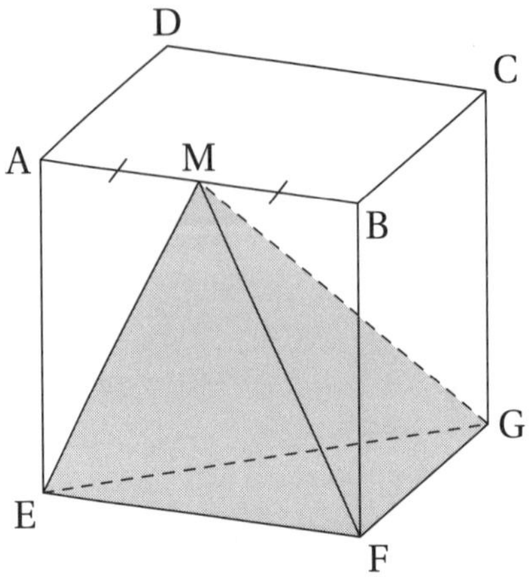

(a) Construire un patron de cette pyramide.

(b) Calculer la longueur de ses arêtes.

(c) Calculer le volume de cette pyramide.

221 ▶ **[d'après Brevet Métropole 2010]**

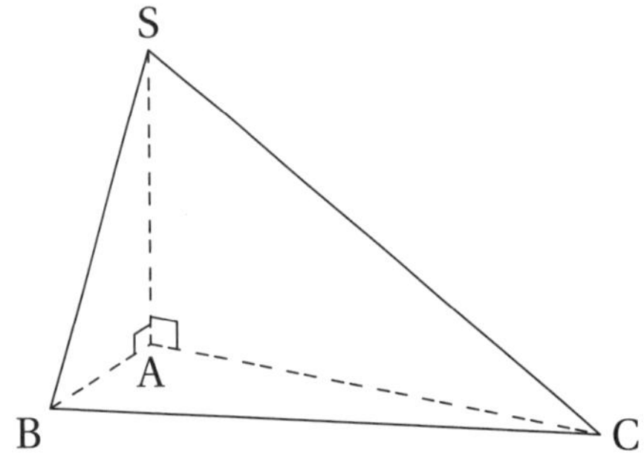

$SABC$ est une pyramide de base triangulaire ABC telle que $AB = 2$ cm ; $AC = 4,8$ cm ; $BC = 5,2$ cm. La hauteur SA de cette pyramide est 3 cm.

(a) Quelle est la nature du triangle ABC ? Justifier.

(b) Construire un patron de la pyramide $SABC$.

(c) Calculer le volume de $SABC$ en cm^3.

222 ▶ On considère une pyramide $SABCD$ à base carrée. H est le centre du carré $ABCD$, $[SH]$ est la hauteur de la pyramide.
On donne $AH = 12$ cm et $AS = 20$ cm.

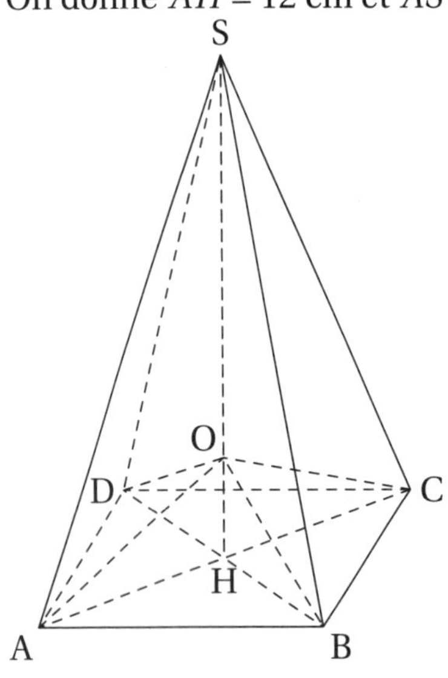

(a) Calculer la longueur SH.

(b) Calculer l'angle $\widehat{SAH}$.

(c) Prouver que la longueur AB est égale à $\sqrt{288}$ cm.

(d) Calculer le volume de la pyramide $SABCD$.

(e) Soit O le point du segment $[SH]$ tel que $SO = 6$ cm. On crée ainsi une deuxième pyramide à base carrée.
Calculer le volume compris entre les deux pyramides $SABCD$ et $OABCD$.

Correction des exercices

Corrigé de l'exercice 1 – page 28.

Taille	1,30 m	1,40 m	1,50 m	1,60 m
Effectif	12	32	23	9
Fréquence	$\frac{12}{76} = \frac{6}{38} = \frac{3}{19}$	$\frac{32}{76} = \frac{8}{19}$	$\frac{23}{76}$	$\frac{9}{76}$
Pourcentage	$\frac{12}{76} \times 100 \approx 15,8\ \%$	$\approx 42,1\ \%$	$\approx 30,2\ \%$	$\approx 11,8\ \%$

Corrigé de l'exercice 2 – page 29.

$\times \frac{12}{76}$

12 pour 76

? pour 360°

$$? = \frac{12}{76} \times 360 \approx 57°.$$

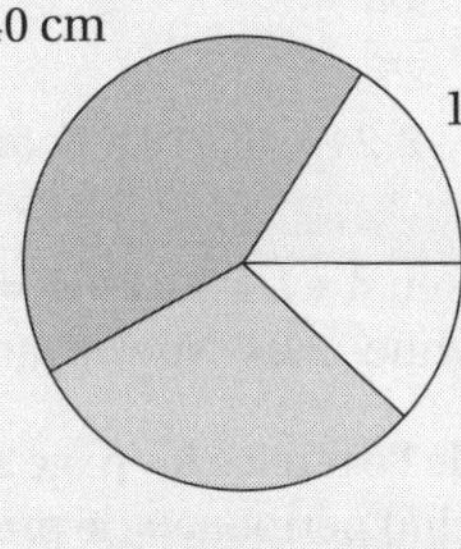

Corrigé de l'exercice 3 – page 30.

$$\frac{760 + 825 + 915 + 990 + 1\,065 + 1\,160 + 1\,296 + 1\,090 + 1\,110 + 953}{10} = 1\,016{,}40$$

Le salaire moyen des employés de cet atelier s'élève à 1 016,40 €.

Corrigé de l'exercice 4 – page 31.

$$m = \frac{6 \times 2 + 7 \times 1 + 8 \times 2 + 9 \times 4 + 10 \times 6 + 11 \times 3 + 12 \times 3 + 13 \times 3 + 15 \times 4}{2 + 1 + 2 + 4 + 6 + 3 + 3 + 3 + 4}$$

$$m = \frac{299}{28}$$

$$m \approx 10,7$$

Corrigé de l'exercice 5 – page 33.

La somme des valeurs est 333. L'effectif total est 20. Donc la moyenne est $\frac{333}{20} = 16,65$.

Corrigé de l'exercice 6 – page 33.

(a) $-1+3+1+(-1)+(-2)+5+9=14$. La température moyenne est $14 \div 7 = 2°$.

(b) $-3+(-2)+0+(-1)+(-2)+3+5=0$. La température moyenne est $0 \div 7 = 0°$.

Corrigé de l'exercice 7 – page 33.

C'est une moyenne pondérée à calculer ici.

$$m = \frac{11 \times 7 + 4 \times 10 + 4 \times 12 + 1 \times 13 + 7 \times 14 + 2 \times 15 + 1 \times 18}{11+4+4+1+7+2+1}$$

$$m = \frac{324}{30}$$

$$m = 10{,}8$$

La durée moyenne d'attente est 10,8 minutes (soit 10 minutes et 48 secondes).

Corrigé de l'exercice 8 – page 34.

(a) Il y a eu $2+3+1+3+5+4+1+3+2+1=25$ élèves qui ont participé à ce devoir.

(b) $1+3+2+1=7$ élèves ont obtenu une note supérieure ou égale à 14.

(c) C'est une moyenne pondérée à calculer.

$$m = \frac{2 \times 8 + 3 \times 9 + 1 \times 10 + 3 \times 11 + 5 \times 12 + 4 \times 13 + 1 \times 14 + 3 \times 15 + 2 \times 16 + 1 \times 17}{25}$$

$$m = \frac{306}{25}$$

$m = 12{,}24$ La note moyenne est 12,24

(d) Il y a eu $4+1+3+2+1=11$ élèves qui ont obtenu une note supérieure à cette moyenne 12,24. Non, la moitié de la classe n'a pas obtenu plus que cette moyenne.

Corrigé de l'exercice 9 – page 34.

Avec les cinq perroquets, le prix total était de 5 × 5 000 = 25 000 €.
Avec les quatre perroquets, le prix total est de 4 × 4 000 = 16 000 €.
Le perroquet qui s'est échappé coûtait donc 9 000 €.

Corrigé de l'exercice 10 – page 34.

(a) Voici les moyennes de chaque trimestre :

1er trimestre	2e trimestre	3e trimestre
$15+10+8+13+10=56$	$13+9+7+14+13+16=72$	$12+15+17+14+12=70$
$56 \div 5 = 11{,}2$	$72 \div 6 = 12$	$70 \div 5 = 14$

(b) $11{,}2+12+14=37{,}2$.
Donc la moyenne des moyennes des trois trimestres est $37{,}2 \div 3 = 12{,}4$.

(c) $56+72+70=198$. Donc la moyenne de l'ensemble des notes est $198 \div 16 = 12{,}375$. On remarque que ce n'est pas la même moyenne que la moyenne des moyennes des trimestres.

Corrigé de l'exercice 11 – page 36.

$(-3)\times(-1)=3$	$3\times(-2)=-6$	$(-1)\times 6=-6$
$(-1)\times(-6)=6$	$3\times(-5)=-15$	$(-2)\times(-7)=14$
$(-3)\times(-7)=21$	$7\times(-4)=-28$	$(-3)\times(-2)=6$
$(-2)\times(+7)=-14$	$2\times(-9)=-18$	$(-8)\times(+9)=-72$
$3\times(-1)=-3$	$(-6)\times(-3)=18$	$(-0,1)\times(-0,1)=0,01$
$(-11)\times(-3)=33$	$(+11)\times(-7)=-77$	$100\times(-0,01)=-1$
$(-4)\times(+9)=-36$	$(-1)\times(+96)=-96$	$(-0,1)\times(-0,01)=0,001$
$2\times(-7)=-14$	$(-1)\times(-1)=1$	$(-10)\times 0,1=-1$

Corrigé de l'exercice 12 – page 37.

$E=3\times(-5)+(-6)\times 5$

$E=-15+(-30)$

$E=-45$

$F=[4\times(-9)+2]\times 5-2$

$F=[-36+2]\times 5-2$

$F=-34\times 5-2$

$F=-170-2$

$F=-172$

Corrigé de l'exercice 13 – page 38.
Le produit I comporte 3 facteurs négatifs. Comme 3 est impair, alors le produit I est un nombre négatif.
Le produit J comporte 4 facteurs négatifs. Comme 4 est pair, alors le produit J est un nombre positif.

Corrigé de l'exercice 14 – page 38.
$A=-15$ $B=-30$ $C=-36$ $D=10$ $E=-40$ $F=-48$ $G=-20$ $H=-10$
$I=-28$ $J=25$ $K=21$ $L=-16$ $M=16$ $N=18$ $O=35$

Corrigé de l'exercice 15 – page 39.

×	−7	−4	−2	0	5	10
−10	70	40	20	0	−50	−100
−5	35	20	10	0	−25	−50
−1	7	4	2	0	−5	−10
1	−7	−4	−2	0	5	10
3	−21	−12	−6	0	15	30
7	−49	−28	−14	0	35	70

Corrigé de l'exercice 16 – page 39.

a	b	$a+b$	$b-a$	$a\times b$
6	3	9	−3	18
−2	1	−1	3	−2
9	−3	6	−12	−27
−15	−5	−20	10	75
−6	−3	−9	3	18
−4	8	4	12	−32
−5	−10	−15	−5	50

Corrigé de l'exercice 17 – page 39.

Le produit A a un nombre impair (7) de facteurs négatifs. Donc le produit A est négatif.
Le produit B a un nombre impair (3) de facteurs négatifs. Donc le produit B est négatif.
Le produit C a un nombre pair (2) de facteurs négatifs. Donc le produit C est positif.
Le produit D a un nombre impair (3) de facteurs négatifs. Donc le produit D est négatif.
Le produit E a un nombre pair (4) de facteurs négatifs. Donc le produit E est positif.
Le produit F a un nombre pair (6) de facteurs négatifs. Donc le produit F est positif.

Corrigé de l'exercice 18 – page 39.

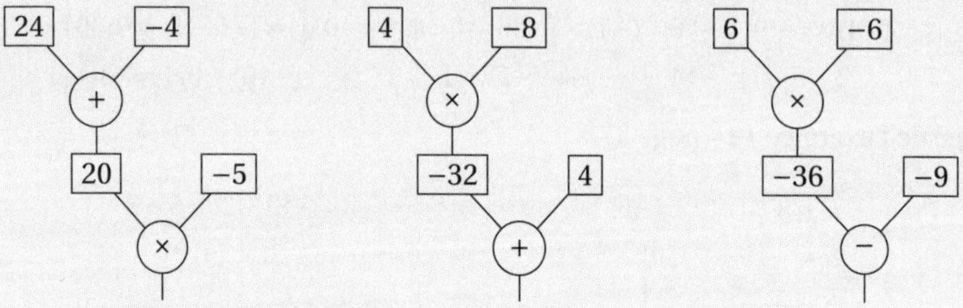

$A = -100$ $B = -28$ $C = -27$

Corrigé de l'exercice 19 – page 40.

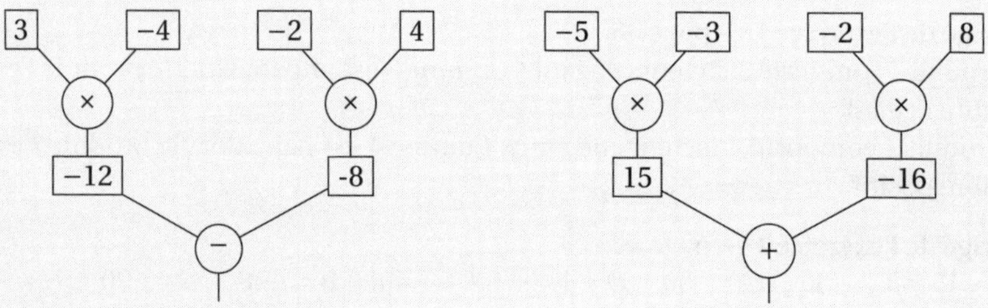

$A = -4$ $B = -1$

Corrigé de l'exercice 20 – page 40.

$E = 3 \times (-6) + (-5) \times 5$
$E = -18 + (-25)$
$E = -43$

$F = (-4) \times (-3) - 6 \times (-3)$
$F = 12 - (-18)$
$F = 12 + 18$
$F = 30$

$G = [4 + 3 \times (-2)] \times (-3)$
$G = [4 + (-6)] \times (-3)$
$G = (-2) \times (-3)$
$G = 6$

$H = [4 \times (-8) + 2] \times 2 - 2$
$H = [-32 + 2] \times 2 - 2$
$H = -30 \times 2 - 2$
$H = -60 - 2$
$H = -62$

$I = 8 \times (-5) + 3 - (-6) \times 8$
$I = -40 + 3 - (-48)$
$I = -37 + 48$
$I = 11$

$J = [-4 \times 5 + 2] \times [2 \times (-5) + 1]$
$J = [-20 + 2] \times [-10 + 1]$
$J = (-18) \times (-9)$
$J = 162$

Corrigé de l'exercice 21 – page 40.

$A = a - b \times c$

$A = -11 - 5 \times (-2)$

$A = -11 - (-10)$

$A = -11 + 10$

$A = -1$

$B = (a - b) \times c$

$B = (-11 - 5) \times (-2)$

$B = (-16) \times (-2)$

$B = 32$

$C = 2 \times a - (3 \times b + 5 \times c)$

$C = 2 \times (-11) - (3 \times 5 + 5 \times (-2))$

$C = -22 - (15 + (-10))$

$C = -22 - 5$

$C = -27$

$D = -(a + b) - 2 \times c$

$D = -(-11 + 5) - 2 \times (-2)$

$D = -(-6) - (-4)$

$D = 6 + 4$

$D = 10$

Corrigé de l'exercice 22 – page 40.

(a)

$$2 \triangleright 3 = (2 + 2 \times 3) \times (2 \times 2 + 3)$$
$$2 \triangleright 3 = (2 + 6) \times (4 + 3)$$
$$2 \triangleright 3 = 8 \times 7$$
$$2 \triangleright 3 = 56$$

(b)

$-1 \triangleright 2 = (-1 + 2 \times 2) \times (2 \times (-1) + 2)$

$-1 \triangleright 2 = (-1 + 4) \times ((-2) + 2)$

$-1 \triangleright 2 = 3 \times 0$

$-1 \triangleright 2 = 0$

$-2 \triangleright (-3) = (-2 + 2 \times (-3)) \times (2 \times (-2) + (-3))$

$-2 \triangleright (-3) = (-2 + (-6)) \times ((-4) + (-3))$

$-2 \triangleright (-3) = (-8) \times (-7)$

$-2 \triangleright (-3) = 56$

Corrigé de l'exercice 23 – page 40.

		C	E	N	T		
	D	O	U	Z	E		
M	I	L	L	E			
		S	E	P	T		
		T	R	E	I	Z	E

Corrigé de l'exercice 24 – page 42.

$(-12) \div 6 = -2$ $\quad 21 \div (-7) = -3$ $\quad (-30) \div (-5) = 6$

$(-4) \div (-2) = 2$ $\quad (-32) \div (-8) = 4$ $\quad (-18) \div 6 = -3$

$(-99) \div 9 = -11$ $\quad (-99) \div (-11) = 9$ $\quad 99 \div (-9) = -11$

$(-6) \div (-3) = 2$ $\quad (-72) \div (-9) = 8$ $\quad 72 \div (-8) = -9$

$27 \div (-3) = -9$ $\quad (-27) \div 3 = -9$ $\quad (-27) \div (-3) = 9$

$35 \div (-7) = -5$ $\quad (-35) \div (-7) = 5$ $\quad (-35) \div (-5) = 7$

Corrigé de l'exercice 25 – page 42.

Les inverses sont respectivement

$$\frac{1}{3}\,;\,\frac{1}{-5}\,;\,\frac{1}{\pi}\,;\,\frac{1}{2+7}=\frac{1}{9}\,;\,\frac{1}{5-8}=\frac{1}{-3}\text{ et }\frac{1}{4\times(-3)+14}=\frac{1}{-12+14}=\frac{1}{2}.$$

Corrigé de l'exercice 26 – page 44.

Le quotient de 12 par 15 est égal au quotient de 4 par 3.

Les quotients sont tous les deux positifs. $12 \div 3 = 4$ mais $15 \div 3 = 5 \neq 3$.
Donc $12 \div 15 \neq 4 \div 3$. FAUX.

Le quotient de 32 par −24 et le quotient de -3 par 4 sont égaux.

Les quotients sont négatifs. $4 \times (-6) = -24$ mais $-3 \times (-6) = 18 \neq 32$.
Donc $32 \div (-24) \neq (-3) \div 4$. FAUX.

Le quotient de −27 par −45 et le quotient de 3 par 5 sont égaux.

Les quotients sont tous les deux positifs. $3 \times (-9) = -27$ et $5 \times (-9) = -45$.
Donc $--27 \div (-45) = 3 \div 5$. VRAI.

Le quotient de 25 par 35 et le quotient de −15 par −21 sont différents.

Les quotients sont tous les deux positifs.
Le quotient $25 \div 35$ est égal au quotient $5 \div 7$.
Le quotient $-15 \div (-21)$ est égal à $-3 \div (-7)$ donc à $3 \div 7$.
Par conséquent, $25 \div 35 \neq (-15) \div (-21)$. VRAI.

Corrigé de l'exercice 27 – page 45.

$A=-3$ $B=-3$ $C=-2$ $D=4$ $E=-8$ $F=-7$ $G=-5$ $H=-9$
$I=-7$ $J=1$ $K=3$ $L=-4$ $M=6$ $N=6$ $O=5$

Corrigé de l'exercice 28 – page 45.

a	b	$a-b$	$a\times b$	$a\div b$
6	3	3	18	2
−2	1	−3	−2	−2
9	−3	12	−27	−3
−15	−5	−10	75	3
−6	−3	−3	18	2

Corrigé de l'exercice 29 – page 45.

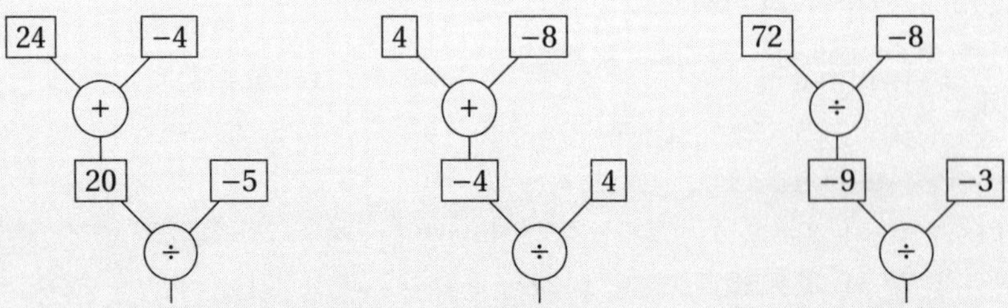

$A=-4$ $B=-1$ $C=3$

Corrigé de l'exercice 30 – page 45.

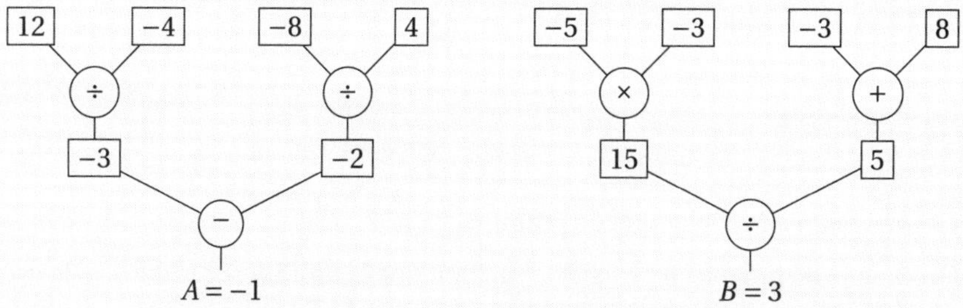

Corrigé de l'exercice 31 – page 46.

$A = 3\times(-5)+(-30)\div 5$
$A = -15+(-6)$
$A = -21$

$B = \left[36\div(-9)+2\right]\times 5-2$
$B = \left[-4+2\right]\times 5-2$
$B = -2\times 5-2$
$B = -10-2 = -12$

$C = \left[8\times(-5)+8\right]\div 4$
$C = \left[-40+8\right]\div 4$
$C = (-32)\div 4$
$C = -8$

$D = \left(-4\times 5+2\right)\div\left((-10)\div(-5)+7\right)$
$D = \left(-20+2\right)\div\left(2+7\right)$
$D = (-18)\div 9$
$D = -2$

Corrigé de l'exercice 32 – page 46.

(a) $A = (3\times 4-2\times(-1))\div(2\times 5+4)$
$A = (12-(-2))\div(10+4)$
$A = (12+2)\div 14$
$A = 14\div 14$
$A = 1$

(b) $A = (3\times(-2)-2\times 3)\div(2\times 4+(-2))$
$A = (-6-6)\div(8+(-2))$
$A = (-12)\div 6$
$A = -2$

Corrigé de l'exercice 33 – page 46.

(a) $\dfrac{1}{-5} = -0,2.$

(b) $-\dfrac{1}{-2} = -(-0,5) = 0,5.$

(c) $\dfrac{1}{-2}\times\dfrac{1}{5} = -0,5\times 0,2 = -0,1.$

(d) $\dfrac{1}{-2\times 5} = \dfrac{1}{-10} = -0,1.$

Corrigé de l'exercice 34 – page 46.

On remonte les calculs.

(a) $900\div(-9) = -100$ puis $-100+12 = -88$.

(b) $999-1\,000 = -1$ puis $-1\div(-100) = 0,01$.

Corrigé de l'exercice 35 – page 46.

(a) On effectue les différents produits :

En lignes

$-1\times(-5)\times 1,6 = 8 \quad -3,2\times 2\times(-1,25) = 8 \quad 2,5\times(-0,8)\times(-4) = 8$

En colonnes

$$-1\times(-3,2)\times 2,5=8 \quad -5\times 2\times(-0,8)=8 \quad 1,6\times(-1,25)\times(-4)=8$$

En diagonales

$$-1\times 2\times(-4)=8 \quad 2,5\times 2\times 1,6=8$$

C'est bien un carré magique de produits.

(b) On calcule de proche en proche en sachant que le produit sur la diagonale est égal à $-10\times(-6)\times(-3,6)=-216$.

-10	$1,8$	12
$7,2$	-6	5
3	20	$-3,6$

Corrigé de l'exercice 36 – page 48.
Calculons les trois quotients.

$$\frac{14}{50}=\frac{28}{100} \qquad \frac{19,6}{70}=\frac{196_{\div 7}}{700_{\div 7}}=\frac{28}{100} \qquad \frac{28}{100}$$

Comme les quotients sont égaux alors c'est bien une situation de proportionnalité.

Corrigé de l'exercice 37 – page 49.

$$\frac{\ell}{3}=\frac{d}{5} \qquad \frac{3}{\ell}=\frac{d}{7} \qquad \frac{3}{\ell}=\frac{-11}{d}$$

$$\ell\times 5=3\times d \qquad \ell\times d=3\times 7 \qquad -11\ell=3\times d$$

$$\ell=\frac{3\times d}{5} \qquad \ell=\frac{3\times 7}{d} \qquad \ell=\frac{3\times d}{-11}$$

Corrigé de l'exercice 38 – page 50.

$$a\times 7=b\times 3 \qquad -4\times a=2\times b \qquad -9\times b=14\times a$$

$$\frac{a}{b}=\frac{3}{7} \qquad \frac{a}{b}=\frac{2}{-4}=\frac{1}{-2} \qquad \frac{a}{b}=\frac{-9}{14}$$

Corrigé de l'exercice 39 – page 50.

$$\frac{8}{32}=\frac{5}{n} \qquad \frac{7,3}{n}=\frac{4,2}{6,51} \qquad \frac{3,4}{2,4}=\frac{n}{1,5} \qquad \frac{n}{4,5}=\frac{5}{2,5}$$

$$n\times 8=32\times 5 \qquad n\times 4,2=7,3\times 6,51 \qquad 2,4\times n=3,4\times 1,5 \qquad n\times 2,5=4,5\times 5$$

$$n\times 8=160 \qquad n\times 4,2=47,523 \qquad 2,4\times n=5,1 \qquad n\times 2,5=22,5$$

$$n=20 \qquad n=\frac{47,523}{4,2} \qquad n=\frac{5,1}{2,4} \qquad n=\frac{22,5}{2,5}$$

$$n=11,315 \qquad n=2,125 \qquad n=9$$

On peut trouver *facilement* la valeur de n pour les cas 1 et 4 en utilisant les méthodes sur les quotients égaux : $8\times 4=32$ donc $5\times 4=\ldots$ et $2,5\times 2=5$ donc $4,5\times 2=\ldots$.

Corrigé de l'exercice 40 – page 50.

Masse m (g)	12	30	45	n_3	n_4
Allongement ℓ (cm)	0,8	n_1	n_2	7,5	10,1

$12 \times n_1 = 30 \times 0,8$ $\quad$ $12 \times n_1 = 24$ $\quad$ $n_1 = 2$

$12 \times n_2 = 0,8 \times 45$ $\quad$ $12 \times n_2 = 36$ $\quad$ $n_2 = 3$

$45 \times 7,5 = 3 \times n_3$ $\quad$ $337,5 = 3 \times n_3$ $\quad$ $337,5 \div 3 = n_3$ $\quad$ $112,5 = n_3$

$n_4 \times 7,5 = 112,5 \times 10,1$ $\quad$ $n_4 \times 7,5 = 1\,136,25$ $\quad$ $n_4 = 1\,136,25 \div 7,5$ $\quad$ $n_4 = 151,5$

Corrigé de l'exercice 41 – page 52.

1/ (a) Par lecture graphique, avec 6 L d'eau, on obtient environ 6,5 L de glace.

(b) Par lecture graphique, il faut environ 9 L pour obtenir 10 L de glace.

2/ Le graphique représente un segment de droite passant par l'origine du repère. Le volume de glace est donc proportionnel au volume d'eau liquide.

Corrigé de l'exercice 42 – page 54.

1/ *Pour la 4eA*

6	pour	24
?	pour	100 familles

Comme $6 \times 4 = 24$ alors ? = 25.
25 % des élèves de la 4eA souhaitent l'ouverture du club d'échecs.

Pour la 4eB

10	pour	29
?	pour	100 familles

$? = \dfrac{10 \times 100}{29} \approx 34,48\ \%$

34,5 % des élèves de la 4eB souhaitent l'ouverture du club d'échecs.

2/ Deux méthodes sont valables :
- calculer le nombre d'élèves qui souhaitent l'ouverture et regarder ce que cela représente par rapport aux deux classes réunies ;
- calculer le pourcentage que représente le nombre d'élèves qui souhaitent l'ouverture par rapport au nombre d'élèves des deux classes réunies.

Corrigé de l'exercice 43 – page 55.

Mois	Janv	Févr	Mars	Avri	Mai	Juin	Juil	Août	Sept	Octo
Prix (€)	1,075	1,083	1,120	1,156	1,166	1,165	1,137	1,140	1,145	1,162
Indice	100	100,74	104,19	107,53	108,47	108,37	105,77	106,05	106,51	108,09

Corrigé de l'exercice 44 – page 56.

1/

80 km	60 minutes
?	15 minutes

$? = \dfrac{80}{4} = 20$

La première partie du trajet représente 20 km.

120 km	60 minutes
?	105 minutes

$? = \dfrac{120 \times 105}{60}$

La deuxième partie du trajet représente 210 km.

Ce qui représente une distance totale de 230 km.

2/ 230 km en 2 heures, cela fait 115 km en 1 heure. La vitesse moyenne de cet automobiliste sur l'ensemble de son trajet est de 115 km/h.

Corrigé de l'exercice 45 – page 56.

1/ Comme 2 h 30 min = 2,5 h alors $v_{\text{aller}} = \dfrac{190}{2,5} = 76 \text{ km.h}^{-1}$.

2/ Il a donc mis 1 heure et 45 minutes : $v_{\text{retour}} = \dfrac{190}{1,75} \approx 108,6 \text{ km.h}^{-1}$.

3/ 380 km en 4 h 15 min soit 380 km en 4 h 15 min = 4,25 h.
Donc $v_{\text{aller-retour}} = \dfrac{380}{4,25} \approx 89,4 \text{ km.h}^{-1}$.

Corrigé de l'exercice 46 – page 57.

(a) Comme les points relevés sont alignés *avec l'origine du repère* alors c'est une situation de proportionnalité.

(b) Pendant 6 minutes, 18 litres se sont écoulés.

(c) Il faudra 10 minutes.

Corrigé de l'exercice 47 – page 57.
Il faut se rappeler qu'à 360° correspond une longueur de $2 \times \pi \times 1 = 2\pi$ cm. Donc

Angle a (degrés)	360	55	31	12	102	27	99
Longueur ℓ (cm)	2π	$\dfrac{2\pi \times 55}{360} \approx 0,96$	$\approx 0,54$	$\approx 0,21$	$\approx 1,78$	$\approx 0,47$	$\approx 1,73$

Corrigé de l'exercice 48 – page 58.

(a) Si la vitesse passe de 50 à 100 km/h, elle est multipliée par 2. Or, la distance de freinage passe de 15 à 65. Elle n'est pas doublée.
Ce n'est pas un tableau de proportionnalité.

(b)

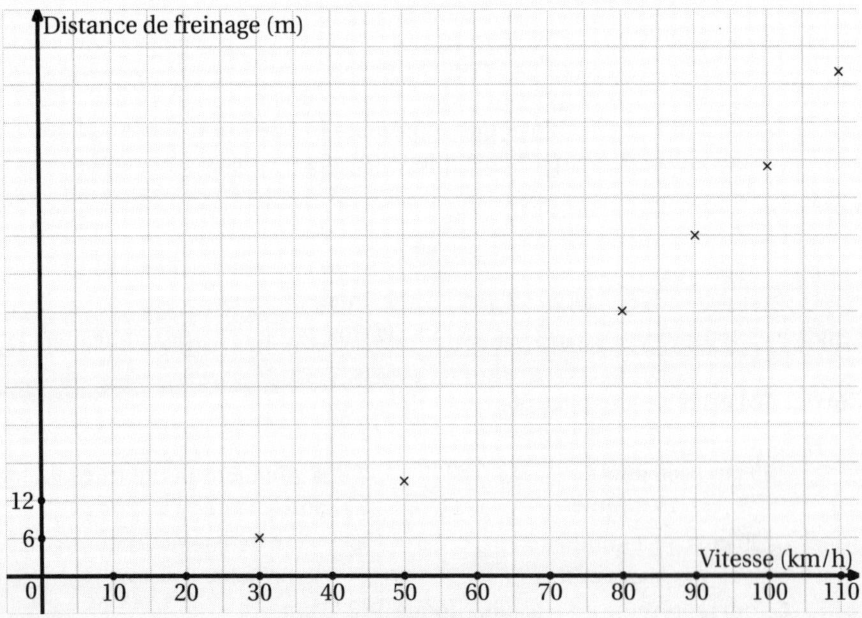

Les points ne sont pas alignés ; on retrouve bien la réponse à la question précédente : ce n'est pas une situation de proportionnalité.

Corrigé de l'exercice 49 – page 58.

(a) $v = \dfrac{100}{10} = 10$ m/s soit $10 \times 60 \times 60 = 36\,000$ m/h ou 36 km/h.

(b) $v = \dfrac{4}{12} = \dfrac{1}{3}$ km/min soit $\dfrac{1}{3} \times 60 = 20$ km/h.

(c) 20 m en 1,5 s soit 40 m en 3 s ou 800 m en 60 secondes ou 48 000 m en 1 heure. Donc 48 km/h.

(d) $v = \dfrac{360}{4} = 90$ km/h ou 90 000 m en 1 heure ou $90\,000 \div 60 = 1\,500$ m en 1 minute soit $1\,500 \div 60 = 25$ m en 1 seconde.

Corrigé de l'exercice 50 – page 58.

1/ Deux possibilités de réponse :

75 min = 1 h 15 min = 1,25 h.

$$v = \frac{d}{t}$$
$$v = \frac{205}{1{,}25}$$
$$v = 164 \text{ km/h}$$

OU

Distance (km)	205	?
Temps (min)	75	60

$$? = \frac{205 \times 60}{75}$$
$$? = 164 \text{ km/h}$$

2/

Distance effectuée	?	24 km
Temps	48 min	60 min

$$? = \frac{48 \times 24}{60}$$
$$? = 19{,}2 \text{ km}$$

3/

Distance effectuée	161 km	70
Temps	?	60 min

$$? = \frac{161 \times 60}{70}$$
$$? = 138 \text{ min}$$
$$? = 2 \text{ h } 18 \text{ min}$$

Corrigé de l'exercice 51 – page 58.

(a) La remise représente $\dfrac{20}{100} \times 120 = 24$ €. Le nouveau prix du blouson est 96 €.

(b) Le vendeur effectue encore une remise de $96 - 81{,}6 = 14{,}40$ €.

14,40 €	pour	96 €
?	pour	100 €

$$? = \frac{14{,}40 \times 100}{96} = 15$$

Le vendeur consent une deuxième remise de 15 %.

(c) Le prix du blouson est donc passé de 120 € à 81,60 €. Cela représente une remise de 38,40 €.

38,40 €	pour	120 €
?	pour	100 €

$$? = \frac{38{,}40 \times 100}{120} = 32$$

Ce qui donne une remise totale de 32 % et non de 35 % (20 % + 15 %).

Corrigé de l'exercice 52 – page 58.

(a) La durée du trajet de jour est

Distance (km)	270	80
Temps (min)	?	60

$$? = \frac{270 \times 60}{80}$$
$$? = 202,5 \text{ minutes}$$

(b) $202,5 = 180 + 22,5$. Donc 202,5 minutes est bien égal à 3 h 22 min 30 s.

(c) 20 % de 80 km/h : $\frac{20}{100} \times 80 = 16$. Sa vitesse de nuit est 64 km/h.
4 h 15 min, cela représente 255 minutes. Donc

Distance (km)	?	64
Temps (min)	255	60

$$? = \frac{255 \times 64}{60}$$
$$? = 272 \text{ kilomètres}$$

(d) Son trajet a duré $255 + 202,5 = 457,5$ minutes.
La longueur du trajet était de $270 + 272 = 542$ km.

Distance (km)	542	?
Temps (min)	457,5	60

$$? = \frac{542 \times 60}{457,5}$$
$$? \approx 71,1 \text{ km/h}$$

Sur l'ensemble du trajet, sa vitesse a été d'environ 71 km/h.

Corrigé de l'exercice 53 – page 61.

$A = 3(x+5)$ | $B = -4(t+3)$ | $C = -2(z-9)$ | $D = 5(4+2a)$

$A = 3 \times x + 3 \times 5$ | $B = -4 \times t + (-4) \times 3$ | $C = -2 \times z + (-2) \times (-9)$ | $D = 5 \times 4 + 5 \times 2a$

$A = 3x + 15$ | $B = -4t + (-12)$ | $C = -2z + 18$ | $D = 20 + 10a$

$B = -4t - 12$

Corrigé de l'exercice 54 – page 61.

$A = 2x + 3x$ | $B = 2x \times 3x$ | $C = \underbrace{2p - 3p} + 1$

$A = (2+3)x$ | $B = 2 \times 3 \times x \times x$ | $C = (2-3)p + 1$

$A = 5x$ | $B = 6x^2$ | $C = -1p + 1$

$D = \underbrace{2n^2 - 5n^2} \underbrace{+4n - 6n}$ | $E = 2x + 3 + 4x + 6$

$D = (2-5)n^2 + (4-6)n$ | $E = 2x + 4x + 3 + 6$

$D = -3n^2 - 2n$ | $E = (2+4)x + 9$

$E = 6x + 9$

Corrigé de l'exercice 55 – page 63.

$G=(x+3)(x+4)$	$H=(p+1)(2p+4)$
$G=x\times x+x\times 4+3\times x+3\times 4$	$H=p\times 2p+p\times 4+1\times 2p+1\times 4$
$G=x^2+4x+3x+12$	$H=2p^2+4p+2p+4$
$G=x^2+7x+12$	$H=2p^2+6p+4$

$$I=(2n-1)(3n+5)$$
$$I=2n\times 3n+2n\times 5+(-1)\times 3n+(-1)\times 5$$
$$I=6n^2+10n+(-3n)+(-5)$$
$$I=6n^2+7n-5$$

Corrigé de l'exercice 56 – page 64.

$A=(5x+2)-(6x+4)$	$B=(-3p-4)-(-8p+3)$
$A=5x+2-6x-4$	$B=-3p-4+8p-3$
$A=-1x-2$	$B=5p-7$

$C=-(5+3a)+(-a+4)$	$D=(-5t+3)+(4t-5)$
$C=-5-3a-a+4$	$D=-5t+3+4t-5$
$C=-4a-1$	$D=-1t-2$

Corrigé de l'exercice 57 – page 65.

1/

$$0\xrightarrow{+3}3\xrightarrow{\times 3}9\xrightarrow{+2\times 0}9\xrightarrow{-9}0$$
$$4\xrightarrow{+3}7\xrightarrow{\times 3}21\xrightarrow{+2\times 4}29\xrightarrow{-9}20$$
$$-2\xrightarrow{+3}1\xrightarrow{\times 3}3\xrightarrow{+2\times(-2)}-1\xrightarrow{-9}-10$$

2/ Maxime se trompe puisque $4\times 3=12\neq 20$. Par contre, il semble que le nombre de départ soit multiplié par 5.
Appelons n le nombre de départ. On a alors

$$n\xrightarrow{+3}n+3\xrightarrow{\times 3}3\times(n+3)\xrightarrow{+2\times n}3\times(n+3)+2n\xrightarrow{-9}3\times(n+3)+2n-9$$

Ce qui donne

$$3\times(n+3)+2n-9$$
$$3\times n+3\times 3+2n-9$$
$$3n+9+2n-9$$
$$5n$$

On peut effectivement remplacer le programme de calcul par une simple multiplication par 5.

Corrigé de l'exercice 58 – page 66.

(a)

$$O = 3x - 9 \qquad P = -2x - x - 1 \qquad R = 4x + 2x - 1 - 2x + 4$$
$$P = -3x - 1 \qquad R = 4x + 3$$

(b)

$$S = 3 \times 2 + 3 \times 4x \qquad T = 1 - (2 \times x + 2 \times 4) \qquad U = 2 \times x + 2 \times (-1) + 3 \times 2 + 3 \times (-2x)$$
$$S = 6 + 12x \qquad T = 1 - (2x + 8) \qquad U = 2x + (-2) + 6 + (-6x)$$
$$T = 1 - 2x - 8 \qquad U = -4x + 4$$
$$T = -2x - 7$$

(c)

$$O = -12 \qquad P = 2 \qquad R = -1 \qquad S = -6 \qquad T = -5 \qquad U = 8$$

Corrigé de l'exercice 59 – page 66.

$$A = (x + 2)(2x + 5)$$
$$A = x \times 2x + x \times 5 + 2 \times 2x + 2 \times 5$$
$$A = 2x^2 + 5x + 4x + 10$$
$$A = 2x^2 + 9x + 10$$

$$B = (3n - 4)(2n - 3)$$
$$B = 3n \times 2n + 3n \times (-3) + (-4) \times 2n + (-4) \times (-3)$$
$$B = 6n^2 + (-9n) + (-8n) + 12$$
$$B = 6n^2 + (-17n) + 12$$
$$B = 6n^2 - 17n + 12$$

$$C = (2t - 1)(3t + 4) + (2t + 1)(3t - 4)$$
$$C = 2t \times 3t + 2t \times 4 + (-1) \times 3t + (-1) \times 4 + [2t \times 3t + 2t \times (-4) + 1 \times 3t + 1 \times (-4)]$$
$$C = 6t^2 + 8t + (-3t) + (-4) + \left[6t^2 + (-8t) + 3t + (-4)\right]$$
$$C = 6t^2 + 5t + (-4) + \left[6t^2 - 5t + (-4)\right]$$
$$C = 6t^2 + 5t - 4 + \left[6t^2 - 5t - 4\right]$$
$$C = 6t^2 + 5t - 4 + 6t^2 - 5t - 4$$
$$C = 12t^2 - 8$$

Corrigé de l'exercice 60 – page 67.

(a)

$$E = 2(x + 3) - 3x$$
$$E = 2 \times x + 2 \times 3 - 3x$$
$$E = 2x + 6 - 3x$$
$$E = -x + 6$$

(b)

$$F = (n + 1)(n - 6) + 4$$
$$F = n \times n + n \times (-6) + 1 \times n + 1 \times (-6) + 4$$
$$F = n^2 + (-6n) + 1n + (-6) + 4$$
$$F = n^2 - 5n - 2$$

(c)

$$G = 2p^2 - (p-1)(2p-3)$$
$$G = 2p^2 - \big(p \times 2p + p \times (-3) + (-1) \times 2p + (-1) \times (-3)\big)$$
$$G = 2p^2 - (2p^2 + (-3p) + (-2p) + 3)$$
$$G = 2p^2 - 2p^2 + 3p + 2p - 3$$
$$G = 5p - 3$$

Corrigé de l'exercice 61 – page 67.

$$A = 4(2x+1) - 8 - 2(-2-x)$$
$$A = 8x + 4 - 8 + 4 + 2x$$
$$A = 10x$$

On obtient alors $A = 1\,257\,894\,870\,039\,120{,}9$.

Corrigé de l'exercice 62 – page 67.
Développons l'expression E.

$$E = (n+2)(n-1) - n^2$$
$$E = n \times n + n \times (-1) + 2 \times n + 2 \times (-1) - n^2$$
$$E = n^2 + (-n) + 2n + (-2) - n^2$$
$$E = n + (-2)$$
$$E = n - 2$$

Le produit $2\,000\,002 \times 1\,999\,999 - 2\,000\,000^2$ est la valeur de E pour $n = 2\,000\,000$. Donc ce produit vaut $2\,000\,000 - 2 = 1\,999\,998$.

Corrigé de l'exercice 63 – page 67.
Faisons quelques tests :

$$3+4+5 = 12 = 4 \times 3 \quad 7+8+9 = 24 = 8 \times 3 \quad -3 + (-2) + (-1) = -6 = 3 \times (-2)$$

La somme de trois nombres entiers relatifs *consécutifs* semble être un multiple de 3.
Appelons $n-1$ le premier nombre ; n son suivant et $n+1$ le troisième nombre. Alors

$$n - 1 + n + (n+1) = n - 1 + n + n + 1 = 3n.$$

La somme de trois nombres entiers relatifs *consécutifs* est *toujours* un multiple de 3.
Corrigé de l'exercice 64 – page 67.
Appelons x la longueur AB. Alors, les dimensions du rectangle sont $\ell = x+3$ en largeur et $L = 2 \times (x+3)$ en longueur. En notant $\mathscr{P}$ le périmètre du rectangle, on obtient :

$$\mathscr{P} = 2 \times (x+3) + 2 \times 2 \times (x+3)$$
$$\mathscr{P} = 2 \times (x+3) + 4 \times (x+3)$$
$$\mathscr{P} = 6(x+3)$$
$$\mathscr{P} = 3 \times 2(x+3)$$
$$\mathscr{P} = 3 \times L$$

Corrigé de l'exercice 65 – page 67.

(a)

$$1 \xrightarrow{\times 1} 1 \xrightarrow{+11} 12 \xrightarrow{-6\times 1} 6 \xrightarrow{\times 1} 6$$

$$2 \xrightarrow{\times 2} 4 \xrightarrow{+11} 15 \xrightarrow{-6\times 2} 3 \xrightarrow{\times 2} 6$$

$$3 \xrightarrow{\times 3} 9 \xrightarrow{+11} 20 \xrightarrow{-6\times 3} 2 \xrightarrow{\times 3} 6$$

(b) Le résultat du programme semble toujours être 6. Faisons un autre test avec 0 :

$$0 \xrightarrow{\times 0} 0 \xrightarrow{+11} 11 \xrightarrow{-6\times 0} 11 \xrightarrow{\times 0} 0.$$

La conjecture est fausse !

Corrigé de l'exercice 66 – page 67.

(a) Appliquons les deux programmes de calculs :

Programme n° 1		Programme n° 2	
2	−1	2	−1
$2\times 3=6$	$-1\times 3=-3$	$2\times 9=18$	$-1\times 9=-9$
$6+10=16$	$-3+10=7$	$18+30=48$	$-9+30=21$
$16\times 6=96$	$7\times 6=42$	$48\times 2=96$	$21\times 2=42$

(b) Il semble que quelque soit le nombre du départ, les résultats donnés par les programmes n° 1 et n° 2 soient les mêmes.
Appelons n le nombre du départ. Alors

Programme n° 1	Programme n° 2
n	n
$n\times 3=3n$	$n\times 9=9n$
$3n+10$	$9n+30$
$6\times(3n+10)=6\times 3n+6\times 10$	$2\times(9n+30)=2\times 9n+2\times 30$
$6\times(3n+10)=18n+60$	$2\times(9n+30)=18n+60$

Quelque soit le nombre choisi au départ, les deux programmes donneront bien le même résultat.

Corrigé de l'exercice 67 – page 68.

(a)

$$2\times 0-1^2=0-1=-1 \qquad 3\times 1-2^2=3-4=-1$$

$$4\times 2-3^2=8-9=-1 \qquad 5\times 3-4^2=15-16=-1$$

(b)

$$8\times 6-7^2=48-49=-1$$

$$10\times 8-9^2=80-81=-1$$

$$15\times 13-14^2=195-196=-1$$

(c) Si l'on choisit un nombre n, l'expression $(n+1)\times(n-1)-n^2$ semble être égale à -1. On a donc

$$(n+1)\times(n-1)-n^2$$
$$n\times n+n\times(-1)+1\times n+1\times(-1)-n^2$$
$$n^2+(-1n)+1n+(-1)-n^2$$
$$n^2-n+n-1-n^2=-1$$

$(n+1)\times(n-1)-n^2$ est toujours égale à -1 pour n'importe quelle valeur de n.

Corrigé de l'exercice 68 – page 68.

(a) Pour $a=-1$ et $b=4$:

$$x=-1-2=-3$$
$$y=4+2=6$$
$$z=2\times(6-(-3)-2)+(-3)\times 6$$
$$z=2\times(6+3-2)+(-18)$$
$$z=2\times 7+(-18)$$
$$z=14+(-18)=-4$$

(b) Pour $a=3$ et $b=-3$:

$$x=3-2=1$$
$$y=-3+2=-1$$
$$z=2\times(-1-1-2)+1\times(-1)$$
$$z=2\times(-4)+(-1)$$
$$z=-8+(-1)=-9$$

(c) Il semble que $z=a\times b$.

(d)

$$z=2(y-x-2)+xy$$
$$z=2\times(b+2-(a-2)-2)+(a-2)\times(b+2)$$
$$z=2\times(b+2-a+2-2)+(a\times b+a\times 2+(-2)\times b+(-2)\times 2)$$
$$z=2\times(b-a+2)+(ab+2a+(-2b)+(-4))$$
$$z=2\times b+2\times(-a)+2\times 2+(ab+2a-2b-4)$$
$$z=2b+(-2a)+4+ab+2a-2b-4$$
$$z=ab$$ La conjecture effectuée est bien toujours vraie.

Corrigé de l'exercice 69 – page 70.

$$\frac{4}{3}+\frac{-8}{3}=\frac{4+(-8)}{3}=\frac{-4}{2} \qquad \frac{5}{4}-\frac{10}{4}=\frac{5-10}{4}=\frac{-5}{4} \qquad \frac{-7}{5}+\frac{4}{5}=\frac{-7+4}{5}=\frac{-3}{5}$$

Corrigé de l'exercice 70 – page 70.

1/ $\dfrac{20}{25}=\dfrac{4}{5}=\dfrac{8}{10}$;

2/ $\dfrac{-3}{12}=\dfrac{-1}{4}=\dfrac{5}{-20}$;

3/ $\dfrac{-36}{24}=\dfrac{9}{-6}=\dfrac{-6}{4}$;

4/ $\dfrac{-25}{100}=\dfrac{-1}{4}=\dfrac{-3}{12}$.

Corrigé de l'exercice 71 – page 71.

$$A=\frac{2}{3}+\frac{10}{7}$$
$$A=\frac{14}{21}+\frac{30}{21}$$
$$A=\frac{44}{21}$$

$$B=\frac{3}{5}-\frac{11}{15}$$
$$B=\frac{9}{15}-\frac{11}{15}$$
$$B=\frac{-2}{15}$$

$$C=\frac{3}{8}+\frac{-5}{12}$$
$$C=\frac{9}{24}+\frac{-10}{24}$$
$$C=\frac{-1}{24}$$

Corrigé de l'exercice 72 – page 72.

$$D = \frac{4}{5} \times \frac{-7}{9} \qquad E = \frac{-7}{8} \times \frac{6}{-5} \qquad F = \frac{1}{3} \times \frac{1}{4} \qquad G = \frac{3}{4} \times \left(-\frac{2}{5}\right)$$

$$D = \frac{4 \times (-7)}{5 \times 9} \qquad E = \frac{-7 \times 6}{8 \times (-5)} \qquad F = \frac{1 \times 1}{3 \times 4} \qquad G = -\frac{3 \times 2}{4 \times 5}$$

$$D = \frac{-28}{45} \qquad E = \frac{-42}{-40} = \frac{21}{20} \qquad F = \frac{1}{12} \qquad G = -\frac{12}{10} = -\frac{6}{5}$$

Corrigé de l'exercice 73 – page 74.

$$A = \frac{1}{3} \div \frac{5}{4} \qquad B = \frac{3}{7} \div \frac{7}{5} \qquad C = \frac{-2}{3} \div \frac{5}{4} \qquad D = \frac{3}{2} \div \frac{-5}{8}$$

$$A = \frac{1}{3} \times \frac{4}{5} \qquad B = \frac{3}{7} \times \frac{5}{7} \qquad C = \frac{-2}{3} \times \frac{4}{5} \qquad D = \frac{3}{2} \times \frac{8}{-5}$$

$$A = \frac{4}{15} \qquad B = \frac{15}{49} \qquad C = \frac{-8}{15} \qquad D = \frac{24}{-10} = \frac{12}{-5}$$

Corrigé de l'exercice 74 – page 75.

$$A = \frac{1}{9} + \frac{10}{9} \qquad B = \frac{5}{13} - \frac{10}{13} \qquad C = \frac{5}{14} + \frac{1}{7}$$

$$A = \frac{1+10}{9} \qquad B = \frac{5-10}{13} \qquad C = \frac{5}{14} + \frac{2}{14}$$

$$A = \frac{11}{9} \qquad B = \frac{-5}{13} \qquad C = \frac{7}{14} = \frac{1}{2}$$

$$D = \frac{1}{-3} + \frac{11}{-9} \qquad E = \frac{5}{8} - \frac{13}{20} \qquad F = \frac{10}{12} - \frac{8}{10}$$

$$D = \frac{3}{-9} + \frac{11}{-9} \qquad E = \frac{25}{40} - \frac{26}{40} \qquad F = \frac{50}{60} - \frac{48}{60}$$

$$D = \frac{14}{-9} \qquad E = \frac{-1}{40} \qquad F = \frac{2}{60} = \frac{1}{30}$$

Corrigé de l'exercice 75 – page 75.

$$A = \frac{-2}{3} \times \frac{3}{-4} \qquad B = \frac{7}{2} \times \frac{-5}{-2} \qquad C = \frac{-2}{-30} \times \frac{-9}{-2}$$

$$A = \frac{-2 \times 3}{3 \times (-4)} \qquad B = \frac{7 \times (-5)}{2 \times (-1)} \qquad C = \frac{-2 \times (-9)}{-30 \times (-2)}$$

$$A = \frac{-6}{-12} \qquad B = \frac{-35}{-2} \qquad C = \frac{18}{60}$$

$$A = \frac{1}{2} \qquad B = \frac{35}{2} \qquad C = \frac{3}{10}$$

$$D = \frac{-8}{-7} \times \frac{-3}{2} \qquad E = \frac{0,5}{-7} \times \frac{10}{-100} \qquad F = \frac{21}{3} \times \frac{3}{-5}$$

$$D = \frac{-8 \times (-3)}{-7 \times 2} \qquad E = \frac{0,5 \times 10}{-7 \times (-100)} \qquad F = \frac{21 \times 3}{3 \times (-5)}$$

$$D = \frac{24}{-14} \qquad E = \frac{5}{700} \qquad F = \frac{21}{-5}$$

$$D = \frac{12}{-7} \qquad E = \frac{1}{140}$$

Corrigé de l'exercice 76 – page 75.

$A = \dfrac{-9}{5} \div \dfrac{7}{-8}$
$A = \dfrac{-9}{5} \times \dfrac{-8}{7}$
$A = \dfrac{72}{35}$

$B = \dfrac{12}{7} \div \dfrac{5}{7}$
$B = \dfrac{12}{7} \times \dfrac{7}{5}$
$B = \dfrac{12 \times 7}{7 \times 5}$
$B = \dfrac{12}{5}$

$C = \dfrac{9}{8} \div \dfrac{-8}{9}$
$C = \dfrac{9}{8} \times \dfrac{9}{-8}$
$C = \dfrac{81}{-64}$

$D = \dfrac{-2}{7} \div \dfrac{3}{14}$
$D = \dfrac{-2}{7} \times \dfrac{14}{3}$
$D = \dfrac{-28}{21}$
$D = \dfrac{-4}{3}$

Corrigé de l'exercice 77 – page 75.

(a) Soit x la fraction que l'on cherche.

$$\frac{3}{5} + x = \frac{9}{10}$$
$$\frac{6}{10} + x = \frac{9}{10}$$
$$\text{donc } x = \frac{3}{10}$$

(b) Soit y la fraction que l'on cherche.

$$y - \frac{1}{2} = \frac{1}{3}$$
$$y - \frac{3}{6} = \frac{2}{6}$$
$$\text{donc } y = \frac{5}{6}$$

(c) Soit z la fraction que l'on cherche.

$$z \times \frac{14}{15} = \frac{28}{9}$$

donc

$$z = \frac{28}{9} \div \frac{14}{15}$$
$$z = \frac{28}{9} \times \frac{15}{14}$$
$$z = \frac{28 \times 15}{9 \times 14}$$
$$z = \frac{2 \times 14 \times 3 \times 5}{3 \times 3 \times 14}$$
$$z = \frac{10}{3}$$

Corrigé de l'exercice 78 – page 75.

(a)

$A = \dfrac{2}{9} + \dfrac{10}{9}$
$A = \dfrac{2+10}{9}$
$A = \dfrac{12}{9}$
$A = \dfrac{4}{3}$

$B = \dfrac{3}{7} - \dfrac{2}{35}$
$B = \dfrac{15}{35} - \dfrac{2}{35}$
$B = \dfrac{15-2}{35}$
$B = \dfrac{13}{35}$

$C = \dfrac{4}{9} - \dfrac{5}{6}$
$C = \dfrac{8}{18} - \dfrac{15}{18}$
$C = \dfrac{8-15}{18}$
$C = \dfrac{-7}{18}$

(b)

$D = \dfrac{4}{-5} \times \dfrac{-7}{9}$
$D = \dfrac{4 \times (-7)}{(-5) \times 9}$
$D = \dfrac{-28}{-45}$
$D = \dfrac{28}{45}$

$E = \dfrac{7}{8} \div \dfrac{5}{6}$
$E = \dfrac{7}{8} \times \dfrac{6}{5}$
$E = \dfrac{42}{40}$
$E = \dfrac{21}{20}$

(c)

$F = \dfrac{1}{2} + \dfrac{1}{3} \div \dfrac{1}{4}$
$F = \dfrac{1}{2} + \dfrac{1}{3} \times \dfrac{4}{1}$
$F = \dfrac{1}{2} + \dfrac{4}{3}$
$F = \dfrac{3}{6} + \dfrac{8}{6} = \dfrac{11}{6}$

$G = \dfrac{1}{4} \times \left(\dfrac{1}{3} + \dfrac{2}{5}\right)$
$G = \dfrac{1}{4} \times \left(\dfrac{5}{15} + \dfrac{6}{15}\right)$
$G = \dfrac{1}{4} \times \dfrac{11}{15}$
$G = \dfrac{11}{60}$

Corrigé de l'exercice 79 – page 76.

$$A = 3a + 4b - ab \text{ donc} \qquad A = 3 \times \frac{1}{2} + 4 \times \left(-\frac{5}{3}\right) - \frac{1}{2} \times \left(-\frac{5}{3}\right)$$

$$A = \frac{3}{2} - \frac{20}{3} - \left(-\frac{5}{6}\right)$$

$$A = \frac{9}{6} - \frac{40}{6} + \frac{5}{6}$$

$$A = \frac{-26}{6} = \frac{-13}{3}$$

Corrigé de l'exercice 80 – page 76.

$$\frac{87}{60} = \frac{1}{2} + \frac{1}{4} + \frac{1}{3} + \frac{1}{6} + \frac{1}{\square}$$

$$\frac{87}{60} = \frac{2}{4} + \frac{1}{4} + \frac{2}{6} + \frac{1}{6} + \frac{1}{\square}$$

$$\frac{87}{60} = \frac{3}{4} + \frac{3}{6} + \frac{1}{\square}$$

$$\frac{87}{60} = \frac{9}{12} + \frac{6}{12} + \frac{1}{\square}$$

$$\frac{87}{60} = \frac{15}{12} + \frac{1}{\square}$$

$$\frac{87}{60} = \frac{75}{60} + \frac{1}{\square}$$

$$\frac{12}{60} = \frac{1}{\square}$$

$$\frac{1}{5} = \frac{1}{\square} \text{ donc } 5 = \square$$

Corrigé de l'exercice 81 – page 76.

$$\frac{a}{12} - \frac{b}{21} = \frac{1}{2}$$

$$\frac{7a}{84} - \frac{4b}{84} = \frac{1}{2}$$

?

$$\frac{7a-4b}{84} = \frac{1}{2} \qquad \text{donc } 7a - 4b = 42$$

×42

Corrigé de l'exercice 82 – page 76.
Elle a dépensé

$$\frac{1}{4} + \frac{2}{3} = \frac{3}{12} + \frac{8}{12} = \frac{11}{12}.$$

Elle n'a pas tout dépensé, il lui reste $\frac{1}{12}$ de son argent de poche.

Corrigé de l'exercice 83 – page 76.

(a) **Part des trois premières personnes.**

$$\frac{1}{4} + \frac{1}{3} + \frac{1}{5} = \frac{15}{60} + \frac{20}{60} + \frac{12}{60} = \frac{47}{60}$$

Part restante.

$$1 - \frac{47}{60} = \frac{60}{60} - \frac{47}{60} = \frac{13}{60}$$

(b) Mettons les résultats dans un tableau.

Pièces d'or	13	117
Total	60	?

$? = \dfrac{60 \times 117}{13} = 540.$

(c) 1re personne : $\dfrac{540}{4} = 135$ 2e personne : $\dfrac{540}{3} = 180$ 3e personne : $\dfrac{540}{5} = 108.$

Corrigé de l'exercice 84 – page 76.

(a) Après le CD, il lui reste $\dfrac{2}{5}$ de son argent de poche. Il dépense $\dfrac{2}{3}$ de ce reste donc il lui reste $\dfrac{1}{3}$ de ces $\dfrac{2}{5}$. Il lui reste $\dfrac{1}{3} \times \dfrac{2}{5} = \dfrac{2}{15}$ de son argent de poche.

(b) $\dfrac{2}{15}$ représente 20 € donc $\dfrac{1}{15}$ représente 10 €. Sébastien avait 150 € d'argent de poche.

(c) $\dfrac{3}{5} \times 150 = 90$ € pour les CD. Il lui reste 60 €. Donc $\dfrac{2}{3} \times 60 = 40$ € pour les BD.

Corrigé de l'exercice 85 – page 78.

$2 \times 2 \times 2 \times 2 \times 2 = 2^5$ $5 \times 5 \times 5 \times 5 \times 5 \times 5 \times 5 = 5^7$

$0,5 \times 0,5 \times 0,5 = 0,5^3$ $(-3) \times (-3) \times (-3) \times (-3) = (-3)^4$

$5+5+5 \neq 5^3$ $4 \times 4 \times 4 \times 4 + 4 \neq 4^5$

$64 = 4^3$ $625 = 25 \times 25 = 5^4$

Corrigé de l'exercice 86 – page 79.

$2^{-4} = \dfrac{1}{2^4} = \dfrac{1}{16}$ $5^{-3} = \dfrac{1}{5^3} = \dfrac{1}{125}$ $10^{-1} = \dfrac{1}{10^1} = \dfrac{1}{10}$

$1^{-51} = \dfrac{1}{1^{51}} = 1$ $2,3^{-3} = \dfrac{1}{2,3^3} = \dfrac{1}{12,167}$ $0,2^{-4} = \dfrac{1}{0,2^4} = \dfrac{1}{0,001\,6}$

$(-2)^{-3} = \dfrac{1}{(-2)^3} = \dfrac{1}{-8}$ $(-3)^{-2} = \dfrac{1}{(-3)^2} = \dfrac{1}{9}$

Corrigé de l'exercice 87 – page 80.

1/ $10\,000 = 10^4$ **4/** $1\,000\,000\,000 = 10^9$ **7/** $1 = 10^0$

2/ $100\,000\,000 = 10^8$ **5/** $10\,000\,000 = 10^7$ **8/** $100 = 10^2$

3/ $1\,000 = 10^3$ **6/** $100\,000 = 10^5$ **9/** $10 = 10^1$

Corrigé de l'exercice 88 – page 81.

1/ $0,000\,1 = 10^{-4}$ **4/** $0,01 = 10^{-2}$ **7/** $0,000\,000\,01 = 10^{-8}$

2/ $0,1 = 10^{-1}$ **5/** $0,000\,000\,1 = 10^{-7}$

3/ $0,000\,001 = 10^{-6}$ **6/** $0,001 = 10^{-3}$ **8/** $0,000\,01 = 10^{-4}$

Corrigé de l'exercice 89 – page 81.

$A = 3 \times 10^4$	$B = 5,6 \times 10^3$	$C = -0,76 \times 10^{-1}$	$D = 234,56 \times 10^{-5}$
$A = 30\ 000$	$B = 5\ 600$	$C = -0,076$	$D = 0,002\ 345\ 6$
$E = 0,045 \times 10^4$	$F = -23,45 \times 10^2$	$G = -45,4 \times 10^{-4}$	$H = 1,25 \times 10^{-3}$
$E = 450$	$F = -2\ 345$	$G = -0,004\ 54$	$H = 0,001\ 25$

Corrigé de l'exercice 90 – page 82.

$A = 235$	$B = 45,56$	$C = 0,034$	$D = -56,4$
$A = 2,35 \times 10^2$	$B = 4,556 \times 10^1$	$C = 3,4 \times 10^{-2}$	$D = -5,64 \times 10^1$
$E = 0,050\ 5$	$F = -20,670$	$G = 1\ 345$	$H = -50\ 645,67$
$E = 5,05 \times 10^{-2}$	$F = -2,067 \times 10^1$	$G = 1,345 \times 10^3$	$H = -5,064\ 567 \times 10^4$

Corrigé de l'exercice 91 – page 83.

n	0	1	2	3	4
2^n	1	2	4	8	16
$(-2)^n$	1	−2	4	−8	16
2^{-n}	1	0,5	0,25	0,125	0,062 5
-2^n	−1	−2	−4	−8	−16

Corrigé de l'exercice 92 – page 83.

(a)

$$\mathscr{A} = \text{Longueur} \times \text{largeur}$$
$$\mathscr{A} = 10^4 \times 10^{-2}$$
$$\mathscr{A} = 10^4 \times \frac{1}{10^2}$$
$$\mathscr{A} = \frac{10^4}{10^2}$$
$$\mathscr{A} = \frac{10 \times 10 \times 10 \times 10}{10 \times 10}$$
$$\mathscr{A} = 100 \text{ cm}^2$$

(b)

$$\mathscr{A} = \frac{\text{côté} \times \text{hauteur relative à ce côté}}{2}$$
$$\mathscr{A} = \frac{0,82 \times 10^3 \times 2,4 \times 10^4}{2}$$
$$\mathscr{A} = \frac{820 \times 24\ 000}{2}$$
$$\mathscr{A} = 9\ 840\ 000 \text{ cm}^2$$

Corrigé de l'exercice 93 – page 83.

(a)

$$F = (3 - (-2))^{-2}$$
$$F = (3 + 2)^{-2}$$
$$F = 5^{-2}$$
$$F = \frac{1}{5^2}$$
$$F = \frac{1}{25}$$

(b)

$$F = (3 - 5)^{-1}$$
$$F = (-2)^{-1}$$
$$F = \frac{1}{(-2)^1}$$
$$F = \frac{1}{-2}$$
$$F = -\frac{1}{2}$$

(c)

$$F = (3 - (-1))^{-3}$$
$$F = (3 + 1)^{-3}$$
$$F = 4^{-3}$$
$$F = \frac{1}{4^3}$$
$$F = \frac{1}{64}$$

Corrigé de l'exercice 94 – page 83.

$$G = 7{,}5 \times 10^3 + 35 \times 10^{-2}$$
$$G = 7\,500 + 0{,}35$$
$$G = 7\,500{,}35$$

Corrigé de l'exercice 95 – page 83.

$$C = 4x^2 - 5x + 2{,}7 \qquad D = 5x^3 + 6x^2 - 10$$
$$C = 4 \times 3^2 - 5 \times 3 + 2{,}7 \qquad D = 5 \times 10^3 + 6 \times 10^2 - 10$$
$$C = 4 \times 9 - 15 + 2{,}7 \qquad D = 5 \times 1\,000 + 6 \times 100 - 10$$
$$C = 36 - 15 + 2{,}7 \qquad D = 5\,000 + 600 - 10$$
$$C = 23{,}7 \qquad D = 5\,590$$

Corrigé de l'exercice 96 – page 84.

$$A = 7^2 \times 7^3 \qquad B = \frac{3^4}{3^2} \qquad C = 8^2 + 6^2 \qquad D = \frac{4^3 \times 4}{4^5}$$
$$A = 7 \times 7 \times 7 \times 7 \times 7 \qquad B = \frac{3 \times 3 \times 3 \times 3}{3 \times 3} \qquad C = 64 + 36 \qquad D = \frac{4 \times 4 \times 4 \times 4}{4 \times 4 \times 4 \times 4 \times 4}$$
$$A = 7^5 \qquad B = 3 \times 3 \qquad C = 100 \qquad D = \frac{1}{4}$$
$$B = 3^2 \qquad C = 10^2 \qquad D = 4^{-1}$$

$$E = \left((-3)^2\right)^3 \times (-3)^4$$
$$E = (-3)^2 \times (-3)^2 \times (-3)^2 \times (-3)^4$$
$$E = (-3) \times (-3) \times (-3) \times (-3) \times (-3) \times (-3) \times (-3) \times (-3) \times (-3) \times (-3)$$
$$E = (-3)^{10}$$

$$F = 5^8 \times 2^5 \times 5^{-3}$$
$$F = 5^8 \times 5^{-3} \times 2^5$$
$$F = 5^8 \times \frac{1}{5^3} \times 2^5$$
$$F = \frac{5^8}{5^3} \times 2^5$$
$$F = \frac{5 \times 5 \times 5 \times 5 \times 5 \times 5 \times 5 \times 5}{5 \times 5 \times 5} \times 2 \times 2 \times 2 \times 2 \times 2$$
$$F = 5 \times 5 \times 5 \times 5 \times 5 \times 2 \times 2 \times 2 \times 2 \times 2$$
$$F = 5 \times 2 \times 5 \times 2 \times 5 \times 2 \times 5 \times 2 \times 5 \times 2$$
$$F = 10 \times 10 \times 10 \times 10 \times 10$$
$$F = 10^5$$

Corrigé de l'exercice 97 – page 84.

$$A = x^2 \times \left(x^3 + x^2\right) \qquad B = y \times \left(y^2 + y^3\right)$$
$$A = x^2 \times x^3 + x^2 \times x^2 \qquad B = y \times y^2 + y \times y^3$$
$$A = x \times x \times x \times x \times x + x \times x \times x \times x \qquad B = y \times y \times y + y \times y \times y \times y$$
$$A = x^5 + x^4 \qquad B = y^3 + y^4$$

$$C = z^2 \times (z + 2z^2)$$
$$C = z^2 \times z + z^2 \times 2z^2$$
$$C = z \times z \times z + z \times z \times 2 \times z \times z$$
$$C = z^3 + 2z^4$$

Corrigé de l'exercice 98 – page 84.

$A = 45\,000$	$B = 0{,}000\,073$	$C = 47\,000 \times 10^3$	$D = 0{,}052 \times 10^{-4}$
$A = 4{,}5 \times 10^4$	$B = 7{,}3 \times 10^{-5}$	$C = 4{,}7 \times 10^4 \times 10^3$	$D = 5{,}2 \times 10^{-2} \times 10^{-4}$
		$C = 4{,}7 \times 10^7$	$D = 5{,}2 \times 10^{-6}$

Corrigé de l'exercice 99 – page 84.

$$E = 5{,}5 \times 10^4 \times 0{,}4 \times 10^{-6}$$
$$E = 5{,}5 \times 0{,}4 \times 10^4 \times 10^{-6}$$
$$E = 2{,}2 \times 10^4 \times \frac{1}{10^6}$$
$$E = 2{,}2 \times \frac{10^4}{10^6}$$
$$E = 2{,}2 \times \frac{10 \times 10 \times 10 \times 10}{10 \times 10 \times 10 \times 10 \times 10 \times 10}$$
$$E = 2{,}2 \times \frac{1}{10 \times 10}$$
$$E = 2{,}2 \times \frac{1}{100}$$
$E = 0{,}022$ écriture décimale

$E = 2{,}2 \times 10^{-2}$ écriture scientifique

Corrigé de l'exercice 100 – page 84.

3×10^5 km en 1 seconde

$1{,}5 \times 10^8$ km en ?

Ce qui donne

$$? = \frac{1{,}5 \times 10^8}{3 \times 10^5}$$
$$? = \frac{1{,}5 \times 10 \times 10 \times 10 \times 10 \times 10 \times 10 \times 10 \times 10}{3 \times 10 \times 10 \times 10 \times 10 \times 10}$$
$$? = \frac{1{,}5 \times 10 \times 10 \times 10}{3}$$
? = 500 secondes

La lumière met 500 secondes (ou 8 minutes et 20 secondes) à parcourir la distance Soleil - Terre.

Corrigé de l'exercice 101 – page 84.

$$A = \left(5 - \left(4 - \left(3 - (2-1)^1\right)^2\right)^3\right)^4$$
$$A = \left(5 - \left(4 - \left(3 - 1^1\right)^2\right)^3\right)^4$$
$$A = \left(5 - \left(4 - (3-1)^2\right)^3\right)^4$$
$$A = \left(5 - \left(4 - (2)^2\right)^3\right)^4$$
$$A = \left(5 - (4-4)^3\right)^4$$
$$A = \left(5 - 0^3\right)^4$$
$$A = (5-0)^4$$
$$A = 5^4$$
$$A = 625$$

Corrigé de l'exercice 102 – page 84.

4 567 890 987 654 est compris entre 4 000 000 000 000 et 5 000 000 000 000. Donc

$$4 \times 10^{12} < 4\,567\,890\,987\,654 < 5 \times 10^{12}.$$

Le deuxième facteur, 345 676 543, est compris entre 300 000 000 et 400 000 000. Donc

$$3 \times 10^8 < 345\,676\,543 < 4 \times 10^8.$$

Par conséquent

$$4 \times 10^{12} \times 3 \times 10^8 < 4\,567\,890\,987\,654 \times 345\,676\,543$$

et

$$4\,567\,890\,987\,654 \times 345\,676\,543 < 5 \times 10^{12} \times 4 \times 10^8.$$

Or, en posant $A = 4 \times 10^{12} \times 3 \times 10^8$ et $B = 5 \times 10^{12} \times 4 \times 10^8$, on a :

$$A = 4 \times 10^{12} \times 3 \times 10^8$$
$$A = 4 \times 3 \times 10^{12} \times 10^8$$
$$A = 12 \times \underbrace{10 \times \ldots \times 10}_{12 \text{ facteurs}} \times \underbrace{10 \times \ldots \times 10}_{8 \text{ facteurs}}$$
$$A = 12 \times \underbrace{10 \times \ldots \times 10}_{20 \text{ facteurs}}$$
$$A = 12 \times 10^{20}$$

De même, on explique que $B = 5 \times 10^{12} \times 4 \times 10^8 = 20 \times 10^{20}$. Comme A et B comportent tous deux 22 chiffres alors le produit cherché comporte également 22 chiffres.

Corrigé de l'exercice 103 – page 86.

1/ $5 \xrightarrow{\times 3} 15 \xrightarrow{-5} 10 \xrightarrow{\times 2} 20 \xrightarrow{+3} 23$

2/ $-5 \xrightarrow{\times 3} -15 \xrightarrow{-5} -20 \xrightarrow{\times 2} -40 \xrightarrow{+3} -37$

Elle obtient -37 qui n'est pas l'opposé de 23.

3/ $\frac{4}{3} \xrightarrow{\times 3} 4 \xrightarrow{-5} -1 \xrightarrow{\times 2} -2 \xrightarrow{+3} 1$

4/

$$? \xrightarrow{\times 3} ? \xrightarrow{-5} ? \xrightarrow{\times 2} ? \xrightarrow{+3} 15$$

$$\boxed{\frac{11}{3}} \xleftarrow{\div 3} 11 \xleftarrow{+5} 6 \xleftarrow{\div 2} 12 \xleftarrow{-3} 15$$

Elle avait choisi $\frac{11}{3}$.

Corrigé de l'exercice 104 – page 88.

1/ $10+4a=24+2a$

$10+4\times 7=38$ $\quad$ $10+4\times 8=42$

$24+2\times 7=38$ $\quad$ $24+2\times 8=40$

$a=7$ est solution de l'équation alors que $a=8$ n'est pas solution de l'équation.

2/ $15-3t=48-8t$

$15-3\times 6{,}5=-4{,}5$ $\quad$ $15-3\times 6{,}6=-4{,}8$

$48-8\times 6{,}5=-4$ $\quad$ $48-8\times 6{,}6=-4{,}8$

$t=6{,}5$ n'est pas solution de l'équation, mais $t=6{,}6$ est solution de l'équation.

3/ $145-15z=3z-17$

$145-15\times 6=55$ $\quad$ $145-15\times 12=-35$

$3\times 6-17=1$ $\quad$ $3\times 12-17=19$

Ni $z=6$ ni $z=12$ ne sont solution de l'équation.

Corrigé de l'exercice 105 – page 89.

$\square+2=8$

$$-3p+2=8$$
$$-3p=6$$
$$p=-2$$

$-2t$ $\quad$ $-2t$

$$2t+4=7t-11$$
$$4=5t-11$$
$$15=5t$$
$$3=t$$

Corrigé de l'exercice 106 – page 91.

Appelons n le premier des deux nombres. Alors son suivant est $n+1$. Le produit de ces deux nombres est $n\times(n+1)$.

Ajouter 5 transforme n en $n+5$ et $n+1$ devient $n+6$. Le produit devient $(n+5)\times(n+6)$.

Mais on sait que ce nouveau produit est égal à l'ancien augmenté de 160. Donc

$$n\times(n+1)+160=(n+5)\times(n+6)$$
$$n\times n+n\times 1+160=n\times n+n\times 6+5\times n+5\times 6$$
$$n^2+n+160=n^2+6n+5n+30$$
$$n^2+n+160=n^2+11n+30$$
$$n+160=11n+30$$
$$160=10n+30$$
$$130=10n$$
$$13=n$$

$\square+n+160=\square+11n+30$ $\quad$ $-n$ $\quad$ $-n$ $\quad$ $160=\square+30$

Les nombres cherchés sont 13 et 14.

Corrigé de l'exercice 107 – page 92.

(a) $2+(-7)=-5$ donc $x=-7$ est bien solution de cette équation.

(b) $3\times(-3)=-9$ donc $z=-3$ est bien solution de cette équation

(c) $7-(-3)=7+3=10$ et $-2+2\times(-3)=-2+(-6)=-8\neq 10$. Donc $t=-3$ n'est pas solution de cette équation.

(d) $-5\times 2=-10$ et $2\times 2+3=4+3=7\neq -10$. Donc $n=2$ n'est pas solution de cette équation.

Corrigé de l'exercice 108 – page 92.

On a $(-3)^2+3\times(-3)-1=9+(-9)-1=-1\neq 0$. Le nombre (-3) n'est pas solution de cette équation.

Corrigé de l'exercice 109 – page 92.

Pour $p=-1$:

$$3\times(-1)^2-5\times(-1)+2=3\times 1-(-5)+2=3+5+2=10$$

Pour $p=\frac{2}{3}$:

$$3\times\left(\frac{2}{3}\right)^2-5\times\frac{2}{3}+2=3\times\frac{4}{9}-\frac{10}{3}+2=\frac{4}{3}-\frac{10}{3}+\frac{6}{3}=0$$

Donc $p=\frac{2}{3}$ est une solution de l'équation proposée.

Corrigé de l'exercice 110 – page 92.

$$\begin{array}{ccc} 2x+5=12 & -3x-6=15 & 5x+6=0 \\ 2x=7 & -3x=21 & 5x=-6 \\ x=\frac{7}{2} & x=\frac{21}{-3} & x=\frac{-6}{5} \\ & x=-7 & \end{array}$$

Corrigé de l'exercice 111 – page 92.

$$\begin{array}{ccc} 3n+5=12+2n & -3n+4=n+5 & 2n+3=-5n+7 \\ n+5=12 & 4=4n+5 & 7n+3=7 \\ n=7 & -1=4n & 7n=4 \\ & \frac{-1}{4}=n & n=\frac{4}{7} \end{array}$$

Corrigé de l'exercice 112 – page 92.

Il suffit juste de tester la solution de Thomas. Résoudre l'équation ne sert à rien !

$$4\times(-12)-36=-48-36=-84$$
$$7\times(-12)+9=-84+9=-75$$

Comme $-84\neq -75$ alors $x=-12$ n'est pas une solution de l'équation.

Corrigé de l'exercice 113 – page 93.

La différence de 15 € est compensée par une réduction de 2,50 € par cartouche. Il faut donc $15\div 2{,}50=6$ cartouches pour que les deux tarifs soient identiques.

On peut évidemment utiliser une équation en appelant n le nombre de cartouches à acheter.

Corrigé de l'exercice 114 – page 93.

(a) $T_F = 1,8 \times 0 + 32 = 0 + 32 = 32\ °$.

(b) On a alors

$$\begin{aligned} 50 &= 1,8 \times T_C + 32 \\ 18 &= 1,8 \times T_C \\ \frac{18}{1,8} &= T_C \\ 10\ ° &= T_C \end{aligned}$$

(c) On doit avoir

$$\begin{aligned} T_F &= T_C \\ 1,8 \times T_C + 32 &= T_C \\ 0,8 \times T_C + 32 &= 0 \\ 0,8 \times T_C &= -32 \\ T_C &= \frac{-32}{0,8} = -40\ ° \end{aligned}$$

Lorsqu'il fait −40 degrés Celsius, il fait aussi −40 degrés Fahrenheit.

Corrigé de l'exercice 115 – page 93.
On appelle ℓ la longueur AM.
L'aire du triangle AMN est

$$\begin{aligned} \mathscr{A}_1 &= \frac{AM \times AN}{2} \\ \mathscr{A}_1 &= \frac{\ell \times 2}{2} \\ \mathscr{A}_1 &= \ell \end{aligned}$$

L'aire du quadrilatère $MNBD$ est

$$\begin{aligned} \mathscr{A}_2 &= \mathscr{A}_{ABD} - \mathscr{A}_1 \\ \mathscr{A}_2 &= 24 - \ell \end{aligned}$$

Pour obtenir $\mathscr{A}_1 = \mathscr{A}_2$, on doit résoudre

$$\begin{aligned} \ell &= 24 - \ell \\ 2\ell &= 24 \\ \ell &= 12 \end{aligned}$$

La longueur AM doit être égale à 12 cm. Or, le segment $[AD]$ mesure 6 cm.
C'est donc impossible, dans ce cas, d'obtenir l'égalité entre les aires des polygones AMN et $MNBD$.

Corrigé de l'exercice 116 – page 93.
On appelle m le nombre de tartes aux myrtilles. Il a donc $15 - m$ tartes aux pommes.
Les tartes aux myrtilles rapportent $m \times 4$ € et les tartes aux pommes rapportent, quant

à elles, $(15-m)\times 2$ €. Comme la vente a rapportée 42 € alors

$$\begin{aligned} m\times 4+(15-m)\times 2&=42\\ 4m+15\times 2+(-m)\times 2&=42\\ 4m+30+(-2m)&=42\\ 2m+30&=42\\ 2m&=12\\ m&=6 \end{aligned}$$

Les élèves ont vendu 6 tartes aux myrtilles et 9 tartes aux pommes.

Corrigé de l'exercice 117 – page 94.
Soit x le nombre de motos.
Puisqu'il y a 50 véhicules et x motos, il y a donc $50-x$ voitures.

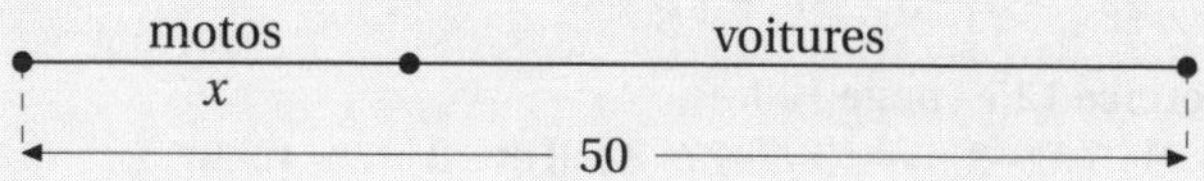

Comme les motos représentent $x\times 2$ roues et les voitures $(50-x)\times 4$ roues alors on obtient l'équation

$$2x+4(50-x)=180$$

dont la solution est 10. Il y a donc sur ce parking 10 motos et 40 voitures.
Corrigé de l'exercice 118 – page 94.
Appelons c la contenance d'une petite carafe. Alors la capacité d'une grande carafe est $2c$. Avec les informations du 1er service, on peut écrire :

$$5\times c+10\times 2c=1\,000$$

d'où $25c=1\,000$ et $c=40$.
Une petite carafe contient 40 cL et une grande 80 cL.

Corrigé de l'exercice 119 – page 95.

$1,7<8,4$	$5,38<5,71$	$1,50=1,5$	$7,005<7,05$
$12,54<12,7$	$0,10<0,9$	$26,3<26,633\,3$	$74,01>74$
$\dfrac{311}{100}>\dfrac{301}{100}$	$0,47=\dfrac{47}{100}$	$0,91>\dfrac{901}{1\,000}$	$99,1<\dfrac{9\,801}{10}$

Corrigé de l'exercice 120 – page 96.

1/ $a+2-(b+2)=a+2-b-2=a-b$ qui est positive. Donc $a+2>b+2$.

2/ $5a+2b-(4a+3b)=5a+2b-4a-3b=a-b$ qui est positive.
Donc $5a+2b>4a+3b$.

3/ $b-1-(a-1)=b-1-a+1=b-a$ qui est négative. Donc $b-1<a-1$.

4/ $2(a-2)-2(b-2)=2\,[(a-2)-(b-2)]=2\,[a-2-b+2]=2\,[a-b]$ qui est positive.
Donc $2(a-2)>2(b-2)$.

Corrigé de l'exercice 121 – page 97.

$4s>4t$ $\quad$ $0,5t<0,5s$ $\quad$ $3t<3s$ $\quad$ $\dfrac{s}{3}>\dfrac{t}{3}$

Corrigé de l'exercice 122 – page 98.

$-2m < -2n$ $\quad -0,25m < -0,25n$ $\quad -n > -m$ $\quad \dfrac{n}{-5} > \dfrac{m}{-5}$

Corrigé de l'exercice 123 – page 99.

1/ $m+5 < p+5$

2/ $m+12 < p+12$

3/ $m-10 ? p-15$

4/ $p-7 > m-7$

5/ $m+15 < p+17$

6/ $m+6 ? p+5$

Corrigé de l'exercice 124 – page 100.
$-5<7$; $-5 \leqslant 17$; $-5 \not< -5$; $-5>-7$; $-5 \not\geqslant -4$.

Corrigé de l'exercice 125 – page 100.
$4\times(-3) = -12 < 9$; $5\times(-3) = -15 \not< -27$; $3 \not> 8$ et $-3+7 = 4 \not> 6$.

Corrigé de l'exercice 126 – page 100.
$4\times 1+5 = 4+5 = 9 \not< 9$ donc $4a+5<9$ est fausse pour $a=1$.
$5\times 1-2 = 5-2 = 3 \not< 2$ donc $5a-2<2$ est fausse pour $a=1$.
$4-2\times 1 = 4-2 = 2 > 0$ donc $4-2a>0$ est vraie pour $a=1$.
$3a-7 = 3\times 1-7 = 3-7 = -4$ et $a-5 = 1-5 = -4$. Comme $-4 \geqslant -4$ alors l'inégalité $3a-7 \geqslant a-5$ est vraie pour $a=1$.

Corrigé de l'exercice 127 – page 100.

- Si $x-4<5$ alors $x<9$
- Si $x+4<5$ alors $x<1$
- Si $x-4<-5$ alors $x<-1$
- Si $x+4<-5$ alors $x<-9$

Corrigé de l'exercice 128 – page 100.

1/ $3x<3y$

2/ $x-5<y-5$

3/ $-3x+7>-3y+7$

4/ $4y+15>4x+15$

5/ $2x+10<2y+10$

6/ $-5y-2<-5x-2$

Corrigé de l'exercice 129 – page 100.

$$a<2 \qquad a<2$$
$$3a<6 \qquad -4a>-8$$
$$3a-7<-1 \qquad -4a+3>-5$$

Corrigé de l'exercice 130 – page 100.

$$1,1<x \qquad x<1,2$$
$$1,1+y<x+y \qquad x+y<1,2+y$$

$$3,5<y \qquad y<3,6$$
$$1,1+3,5<1,1+y \qquad 1,2+y<1,2+3,6$$
$$4,6<1,1+y \qquad 1,2+y<4,8$$

Donc $4,6 < 1,1 + y < x + y < 1,2 + y < 4,8$ d'où l'encadrement $4,6 < x + y < 4,8$.

$$1,1 < x \qquad x < 1,2$$
$$1,1y < xy \qquad xy < 1,2y$$

$$3,5 < y \qquad y < 3,6$$
$$1,1 \times 3,5 < 1,1y \qquad 1,2y < 1,2 \times 3,6$$
$$3,85 < 1,1y \qquad 1,2y < 4,32$$

Donc $3,85 < 1,1y < xy < 1,2y < 4,32$ d'où l'encadrement $3,85 < xy < 4,32$.

Corrigé de l'exercice 131 – page 100.

Avec le pied de Fabrice, on trouve une longueur L telle que $28 \times 27 < L < 29 \times 27$, c'est-à-dire $756 < L < 783$.

Avec le pied de Claire, on trouve une longueur L telle que $30 \times 25 < L < 31 \times 25$, c'est-à-dire $750 < L < 775$.

Ils ont donc trouvé l'encadrement 756 cm < L < 775 cm soit une longueur comprise entre 7,56 m et 7,75 m.

Corrigé de l'exercice 132 – page 103.

1/ Comme le triangle BAC est rectangle en A, alors l'égalité de Pythagore est vérifiée :

$$BC^2 = BA^2 + AC^2$$
$$BC^2 = 12^2 + 16^2$$
$$BC^2 = 144 + 256$$
$$BC^2 = 400$$
$$BC = 20$$

La longueur BC mesure 20 cm.

2/ Comme le triangle DEF est rectangle en E, alors l'égalité de Pythagore est vérifiée :

$$DF^2 = DE^2 + EF^2$$
$$DF^2 = 6{,}4^2 + 4{,}8^2$$
$$DF^2 = 40{,}96 + 23{,}04$$
$$DF^2 = 64$$
$$DF = 8$$

La longueur DF mesure 8 cm.

Corrigé de l'exercice 133 – page 104.

1/ Comme le triangle BAC est rectangle en A alors l'égalité de Pythagore est vérifiée :

$$BC^2 = BA^2 + AC^2$$
$$13^2 = BA^2 + 12^2$$
$$169 = BA^2 + 144$$
$$BA^2 = 169 - 144$$
$$BA^2 = 25$$
$$BA = 5$$

La longueur BA mesure 5 cm.

2/ Comme le triangle EDF est rectangle en D alors l'égalité de Pythagore est vérifiée :

$$EF^2 = ED^2 + DF^2$$
$$11{,}6^2 = ED^2 + 8{,}4^2$$
$$134{,}56 = ED^2 + 70{,}56$$
$$ED^2 = 134{,}56 - 70{,}56$$
$$ED^2 = 64$$
$$ED = 8$$

La longueur ED mesure 8 cm.

Corrigé de l'exercice 134 – page 105.

n	10	20	98	125	196
$\sqrt{n}$	3,1	4,4	9,8	11,1	14

Bien lire la consigne pour arrondir correctement !

Corrigé de l'exercice 135 – page 105.

1/ Comme le triangle AEZ est rectangle en E, alors l'égalité de Pythagore est vérifiée :

$$AZ^2 = AE^2 + EZ^2$$
$$AZ^2 = 6^2 + 5^2$$
$$AZ^2 = 36 + 25$$
$$AZ^2 = 61$$
$$AZ = \sqrt{61}$$
$$AZ \approx 7{,}8$$

La longueur AZ mesure environ 7,8 cm.

2/ Comme le triangle YRT est rectangle en R alors l'égalité de Pythagore est vérifiée :

$$YT^2 = YR^2 + RT^2$$
$$14^2 = YR^2 + 12^2$$
$$196 = YR^2 + 144$$
$$YR^2 = 196 - 144$$
$$YR^2 = 52$$
$$YR = \sqrt{52}$$
$$YR \approx 7{,}2$$

La longueur YR mesure environ 7,2 dm.

Corrigé de l'exercice 136 – page 106.

Les figures sont à l'échelle 1 : 2.

$26 = 5^2 + 1^2$

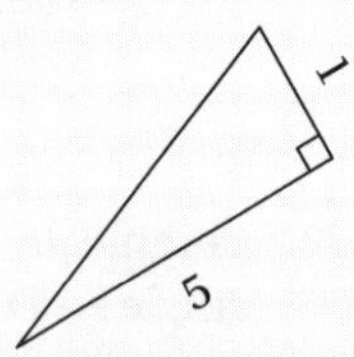

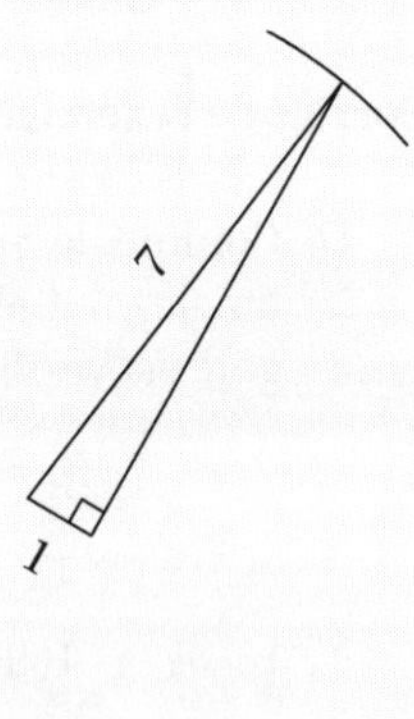

$48 = 7^2 - 1^2$

Corrigé de l'exercice 137 – page 108.

1/ Dans le triangle ACB, $[AB]$ est le plus grand côté.

$$\left.\begin{array}{l} AB^2 = 6{,}5^2 = 42{,}25 \\ AC^2 + CB^2 = 6{,}3^2 + 1{,}6^2 = 39{,}69 + 2{,}56 = 42{,}25 \end{array}\right\} AB^2 = AC^2 + CB^2$$

L'égalité de Pythagore est vérifiée donc le triangle ACB est rectangle en C.

2/ Dans le triangle EDF, $[EF]$ est le plus grand côté.

$$\left.\begin{array}{l} EF^2 = 18,2^2 = 331,24 \\ DE^2 + DF^2 = 15,3^2 + 9,8^2 = 234,09 + 96,04 = 330,13 \end{array}\right\} EF^2 \neq DE^2 + DF^2.$$

Si le triangle était rectangle alors l'égalité de Pythagore serait vérifiée.
Or, l'aire du grand carré n'est pas égale à la somme des aires des deux autres carrés.
Donc le triangle DEF n'est pas rectangle.

Corrigé de l'exercice 138 – page 108.

Comme le triangle ABC est rectangle en B, alors l'égalité de Pythagore est vérifiée :

$$\begin{aligned} AC^2 &= AB^2 + BC^2 \\ AC^2 &= 4{,}8^2 + 3{,}6^2 \\ AC^2 &= 23{,}04 + 12{,}96 \\ AC^2 &= 36 \\ AC &= 6 \end{aligned}$$

Vérifier si la réponse est vraisemblable à l'aide de la figure en vraie grandeur.

Corrigé de l'exercice 139 – page 109.

(a) L'hypoténuse est $[BC]$.

(b) Comme le triangle BAC est rectangle en A alors l'égalité de Pythagore est vérifiée :

$$\begin{aligned} BC^2 &= BA^2 + AC^2 \\ 13^2 &= BA^2 + 12^2 \\ 169 &= BA^2 + 144 \\ BA^2 &= 169 - 144 \\ BA^2 &= 25 \\ BA &= 5 \end{aligned}$$

Corrigé de l'exercice 140 – page 109.

(a) Le plus grand côté est $[BC]$ donc s'il est rectangle, il ne peut l'être qu'en A.

(b) Dans le triangle BAC, $[BC]$ est le plus grand côté.

$$\left.\begin{array}{l} BC^2 = 15^2 = 225 \\ BA^2 + AC^2 = 9^2 + 12^2 = 81 + 144 = 225 \end{array}\right\} BC^2 = BA^2 + AC^2$$

L'égalité de Pythagore est vérifiée donc le triangle BAC est rectangle en A.

Corrigé de l'exercice 141 – page 109.

(a) Le triangle BAE est rectangle en A donc l'égalité de Pythagore est vérifiée :

$$\begin{aligned} BE^2 &= BA^2 + AE^2 \\ BE^2 &= 10^2 + 10^2 \\ BE^2 &= 100 + 100 \\ BE^2 &= 200 \\ BE &= \sqrt{200} \\ BE &\approx 14{,}14 \end{aligned}$$

La longueur BE mesure environ 14,14 cm.

(b) Les segments $[ED]$ et $[BD]$ sont également des diagonales des faces. Donc $ED = BD = BE = \sqrt{200}$. Le périmètre du triangle BDE est

$$\mathscr{P}_{BDE} = 3 \times BD$$
$$\mathscr{P}_{BDE} = 3 \times \sqrt{200}$$
$$\mathscr{P}_{BDE} \approx 42,43 \text{ cm}$$

Corrigé de l'exercice 142 – page 109.

• Le triangle AHC est rectangle en H donc l'égalité de Pythagore est vérifiée :

$$AC^2 = AH^2 + HC^2$$
$$6^2 = AH^2 + 4{,}8^2$$
$$36 = AH^2 + 23{,}04$$
$$AH^2 = 36 - 23{,}04$$
$$AH^2 = 12{,}96$$
$$AH = \sqrt{12{,}96}$$
$$AH = 3{,}6$$

• Le triangle BHA est rectangle en H donc l'égalité de Pythagore est vérifiée :

$$BA^2 = BH^2 + HA^2$$
$$3{,}9^2 = BH^2 + 3{,}6^2$$
$$15{,}21 = BH^2 + 12{,}96$$
$$BH^2 = 15{,}21 - 12{,}96$$
$$BH^2 = 2{,}25$$
$$BH = \sqrt{2{,}25}$$
$$BH = 1{,}5$$

• Comme H appartient au segment $[BC]$ alors $BC = BH + HC = 1,5 + 4,8 = 6,3$ cm.
On a

$$\mathscr{A}_{ABC} = \frac{AH \times BC}{2}$$
$$\mathscr{A}_{ABC} = \frac{3,6 \times 6,3}{2}$$
$$\mathscr{A}_{ABC} = 11,34 \text{ cm}^2$$

Corrigé de l'exercice 143 – page 109.

Comme le triangle SRT est rectangle en R, alors l'égalité de Pythagore est vérifiée :

$$ST^2 = SR^2 + RS^2$$
$$ST^2 = 24^2 + 42^2$$
$$ST^2 = 576 + 1\,764$$
$$ST^2 = 2\,340$$
$$ST = \sqrt{2\,340}$$

Dans le triangle STU, $[UT]$ est le plus grand côté.

$$\left.\begin{array}{l} UT^2 = 50^2 = 2\,500 \\ \left.\begin{array}{l} SU^2 = 14^2 = 196 \\ ST^2 = 2\,340 \end{array}\right\} ST^2 + SU^2 = 2\,536 \end{array}\right\} UT^2 \neq ST^2 + SU^2$$

Si le triangle STU était rectangle alors l'égalité de Pythagore serait vérifiée.
Or, elle n'est pas vérifiée.
Donc le triangle STU n'est pas rectangle.

Corrigé de l'exercice 144 – page 110.

• Le triangle ABC est rectangle en B donc l'égalité de Pythagore est vérifiée :

$$AC^2 = AB^2 + BC^2$$
$$AC^2 = 9^2 + 6^2$$
$$AC^2 = 81 + 36$$
$$AC^2 = 117$$
$$AC = \sqrt{117}$$

• Le triangle AHC est rectangle en C donc l'égalité de Pythagore est vérifiée :

$$AH^2 = AC^2 + HC^2$$
$$AH^2 = 117 + 2^2$$
$$AH^2 = 117 + 4$$
$$AH^2 = 121$$
$$AH = 11$$

La longueur AH mesure 11 cm.

Corrigé de l'exercice 145 – page 110.
Calculons les longueurs PK et PL.

Comme le triangle JPK est rectangle en P alors l'égalité de Pythagore est vérifiée :

$$JK^2 = JP^2 + PK^2$$
$$5^2 = JP^2 + 3^2$$
$$25 = JP^2 + 9$$
$$JP^2 = 25 - 9$$
$$JP^2 = 16$$
$$JP = 4$$

Comme le triangle PLI est rectangle en L alors l'égalité de Pythagore est vérifiée :

$$PI^2 = PL^2 + LI^2$$
$$13^2 = PL^2 + 5^2$$
$$169 = PL^2 + 25$$
$$PL^2 = 169 - 25$$
$$PL^2 = 144$$
$$PL = \sqrt{144}$$
$$PL = 12$$

Donc l'aire hachurée $\mathscr{A}$ est $\mathscr{A} = \mathscr{A}_{IPL} - \mathscr{A}_{JPK}$

$$\mathscr{A} = \frac{IP \times PL}{2} - \frac{JP \times PK}{2}$$
$$\mathscr{A} = \frac{5 \times 12}{2} - \frac{3 \times 4}{2}$$
$$\mathscr{A} = 30 - 6$$
$$\mathscr{A} = 24 \text{ m}^2$$

L'aire hachurée est de 24 m^2.

Corrigé de l'exercice 146 – page 110.

(a)

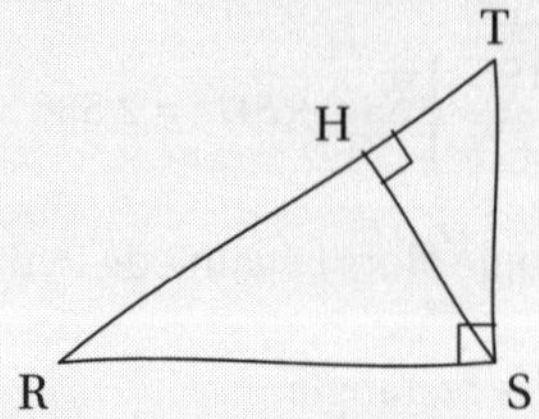

(b) On sait que $\mathscr{A}_{RST} = \dfrac{RS \times ST}{2}$ et que $\mathscr{A}_{RST} = 8{,}64$ cm^2. Alors

$$\frac{3{,}6 \times ST}{2} = 8{,}64$$
$$1{,}8 \times ST = 8{,}64$$
$$ST = \frac{8{,}64}{1{,}8} = 4{,}8 \text{ cm}$$

(c) Comme le triangle RST est rectangle en S, alors l'égalité de Pythagore est vérifiée :

$$RT^2 = RS^2 + ST^2$$
$$RT^2 = 3{,}6^2 + 4{,}8^2$$
$$RT^2 = 12{,}96 + 23{,}04$$
$$RT^2 = 36$$
$$RT = 6$$

(d) On sait que $\mathscr{A}_{RST} = \dfrac{RT \times SH}{2}$ et que $\mathscr{A}_{RST} = 8{,}64$ cm^2. Alors

$$\frac{6 \times SH}{2} = 8{,}64$$
$$3 \times SH = 8{,}64$$
$$SH = \frac{8{,}64}{3} = 2{,}88 \text{ cm}$$

(e) Le triangle RHS est rectangle en H donc l'égalité de Pythagore est vérifiée :

$$RS^2 = RH^2 + HS^2$$
$$3{,}6^2 = RH^2 + 2{,}88^2$$
$$12{,}96 = RH^2 + 8{,}294\,4$$
$$12{,}96 - 8{,}294\,4 = RH^2$$
$$4{,}665\,6 = RH^2$$
$$\sqrt{4{,}665\,6} = RH$$
$$2{,}16 = RH$$

Le triangle THS est rectangle en H donc l'égalité de Pythagore est vérifiée :

$$TS^2 = TH^2 + HS^2$$
$$4{,}8^2 = TH^2 + 2{,}88^2$$
$$23{,}04 = TH^2 + 8{,}294\,4$$
$$23{,}04 - 8{,}294\,4 = TH^2$$
$$14{,}745\,6 = TH^2$$
$$\sqrt{14{,}745\,6} = TH$$
$$3{,}84 = TH$$

Corrigé de l'exercice 147 – page 113.

1/ Dans le triangle ABC, L est le milieu du segment $[BC]$ et M est le milieu du segment $[AC]$. Donc les droites (ML) et (AB) sont parallèles d'après le théorème des milieux.

2/ Dans le triangle ACD, K est le milieu du segment $[CD]$ et M est le milieu du segment $[AC]$. Donc les droites (MK) et (AD) sont parallèles d'après le théorème des milieux.

3/ Dans le triangle ABD, I est le milieu du segment $[AB]$ et J est le milieu du segment $[AD]$. Donc les droites (IJ) et (BD) sont parallèles d'après le théorème des milieux.

Corrigé de l'exercice 148 – page 114.

1/ Dans le triangle ABC, I est le milieu du segment $[AC]$ et J est le milieu du segment $[AB]$. Donc $IJ = \frac{BC}{2} = 3$ cm.

2/ Dans le triangle BJC, L est le milieu du segment $[CJ]$ et K est le milieu du segment $[BC]$. Donc $LK = \frac{JB}{2}$.

Or, comme J est le milieu du segment $[AB]$ alors $BJ = \frac{AB}{2} = 4$ cm.

Donc $LK = 2$ cm.

Corrigé de l'exercice 149 – page 116.

1/ ! La figure est à l'échelle 1 : 2.

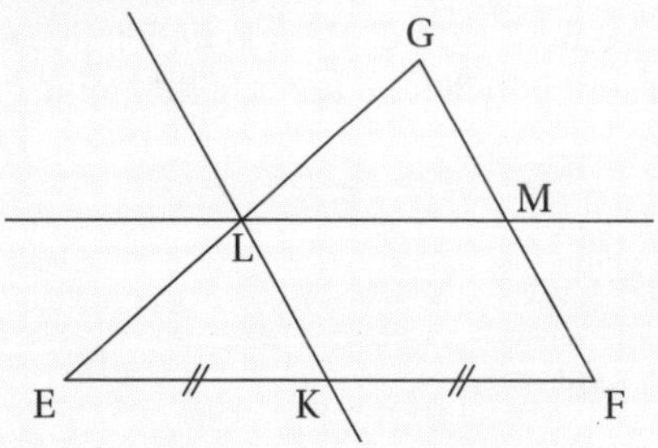

2/ Dans le triangle EFG, la parallèle à la droite (FG) passant par K, milieu du segment $[EF]$, coupe le segment $[EG]$ en L. Donc L est le milieu du segment $[EG]$.

3/ Dans le triangle EFG, la parallèle à la droite (EF) passant par L, milieu du segment $[EG]$, coupe le segment $[FG]$ en M. Donc M est le milieu du segment $[FG]$.

Corrigé de l'exercice 150 – page 117.

Dans le triangle RST, I est le milieu du segment $[RT]$ et J est le milieu du segment $[RS]$. Donc les droites (IJ) et (TS) sont parallèles d'après le théorème des milieux.

Corrigé de l'exercice 151 – page 117.

Dans le triangle RUE, M est le milieu de $[UR]$ et A est le milieu de $[UE]$.

Donc $MA = \frac{RE}{2} = 3{,}5$ cm.

Dans le triangle RUE, M est le milieu de $[UR]$ et T est le milieu de $[ER]$.

Donc $MT = \frac{UE}{2} = 3$ cm.

Dans le triangle RUE, T est le milieu de $[ER]$ et A est le milieu de $[UE]$.

Donc $TA = \frac{RU}{2} = 2{,}5$ cm.

Donc le périmètre du triangle MAT est $MA + AT + TM = 3{,}5 + 3 + 2{,}5 = 9$ cm.

Corrigé de l'exercice 152 – page 117.

(c) Comme A est le symétrique de E par rapport à F alors F est le milieu du segment $[EA]$. Comme S est le symétrique de E par rapport à G alors G est le milieu du segment $[ES]$.

Dans le triangle EAS, F est le milieu du segment $[EA]$ et G est le milieu du segment $[ES]$. Donc les droites (FG) et (SA) sont parallèles.

(d) De plus, $AS = 2 \times FG = 14$ cm.

Corrigé de l'exercice 153 – page 117.

(a) Dans le triangle ABE, la parallèle à la droite (AE) passant par F, milieu du segment $[BE]$, coupe la droite (AB) en K. Donc K est le milieu de $[AB]$.

(b) Dans le triangle ACE, la parallèle à la droite (AE) passant par G, milieu du segment $[CE]$, coupe la droite (AC) en H. Donc H est le milieu de $[AC]$.

(c) Dans le triangle ABC, K est le milieu de $[AB]$ et H est le milieu de $[AC]$. Donc les droites (KH) et (BC) sont parallèles d'après le théorème des milieux.
Or, les droites (KF) et (HG) sont parallèles.
Le quadrilatère $FGHK$ a ses côtés opposés parallèles deux à deux : $FGHK$ est alors un parallélogramme.

Corrigé de l'exercice 154 – page 117.

(a) Dans le triangle EHG, I est le milieu du segment $[EH]$ et J est le milieu du segment $[HG]$. Donc les droites (IJ) et (EG) sont parallèles d'après le théorème des milieux.

(b) Dans le triangle AFC, K est le milieu du segment $[FA]$ et L est le milieu du segment $[FC]$. Donc les droites (KL) et (AC) sont parallèles d'après le théorème des milieux.

(c) Dans le triangle FAD, K est le milieu du segment $[FA]$ et P est le milieu du segment $[AD]$. Donc les droites (KP) et (DF) sont parallèles d'après le théorème des milieux.

Corrigé de l'exercice 155 – page 118.

(b) Dans le triangle EFG, on a :

$$\begin{aligned}\widehat{EFG}+\widehat{FGE}+\widehat{GEF} &= 180°\\ 60°+\widehat{FGE}+50° &= 180°\\ 110°+\widehat{FGE} &= 180°\\ \widehat{FGE} &= 180°-110° = 70°\end{aligned}$$

(c) Dans le triangle EFG, K est le milieu du segment $[EF]$ et la parallèle à la droite (EG) passant par K coupe la droite (FG) en L. Donc L est le milieu du segment $[FG]$.

Corrigé de l'exercice 156 – page 118.

(a) Dans le triangle BDF, I est le milieu du segment $[BD]$ et J est le milieu du segment $[DF]$. Donc les droites (IJ) et (BF) sont parallèles d'après le théorème des milieux.

(b) Dans le triangle CEA, I est le milieu du segment $[AC]$ et J est le milieu du segment $[CE]$. Donc les droites (IJ) et (AE) sont parallèles d'après le théorème des milieux.

(c) Comme les droites (BF) et (AE) sont toutes deux parallèles à la droite (IJ) alors les droites (BF) et (AE) sont parallèles.

Corrigé de l'exercice 157 – page 118.

(b) Il semble que le quadrilatère $IJKL$ soit un parallélogramme.

(c) Dans le triangle ABC, I est le milieu de $[AB]$ et J est le milieu de $[BC]$. Donc les droites (IJ) et (AC) sont parallèles d'après le théorème des milieux.
Dans le triangle ADC, K est le milieu de $[CD]$ et L est le milieu de $[DA]$. Donc les droites (KL) et (AC) sont parallèles d'après le théorème des milieux.
Comme les droites (IJ) et (KL) sont parallèles à la même droite (AC) alors les droites (IJ) et (KL) sont parallèles.

Dans le triangle ABD, I est le milieu de $[AB]$ et L est le milieu de $[AD]$. Donc les droites (IL) et (BD) sont parallèles d'après le théorème des milieux.
Dans le triangle BDC, J est le milieu de $[BC]$ et K est le milieu de $[CD]$. Donc les droites (JK) et (BD) sont parallèles d'après le théorème des milieux.
Comme les droites (IL) et (JK) sont parallèles à la même droite (BD) alors les droites (IL) et (JK) sont parallèles.

Comme les côtés opposés du quadrilatère $IJKL$ sont parallèles deux à deux alors le quadrilatère $IJKL$ est un parallélogramme.

Corrigé de l'exercice 158 – page 118.

(b) Comme les droites (EI) et (FJ) sont parallèles à la même droite (AG) alors les droites (EI) et (FJ) sont parallèles.

(c) Dans le triangle AGB, la parallèle à la droite (AG) passant par E, milieu du segment $[AB]$, coupe le segment $[BG]$ en I. Donc I est le milieu du segment $[BG]$.
Dans le triangle AGC, la parallèle à la droite (AG) passant par F, milieu du segment $[AC]$, coupe le segment $[CG]$ en J. Donc J est le milieu du segment $[CG]$.

(d) Dans le triangle ABC, E est le milieu de $[AB]$ et F est le milieu de $[AC]$. Donc les droites (EF) et (BC) sont parallèles d'après le théorème des milieux.
Dans le triangle BGC, I est le milieu de $[BG]$ et J est le milieu de $[CG]$. Donc les droites (IJ) et (BC) sont parallèles d'après le théorème des milieux.
Comme les droites (EF) et (IJ) sont parallèles à la même droite (BC) alors les droites (EF) et (IJ) sont parallèles.

(e) Comme les côtés opposés du quadrilatère $EFJI$ sont parallèles deux à deux alors $EFJI$ est un parallélogramme.

(f) Comme $EFJI$ est un parallélogramme alors G est le milieu des diagonales $[EI]$ et $[FJ]$. Donc $EG = GJ$ et $FG = GI$.
Or I est le milieu de $[BG]$ et J est le milieu de $[CG]$. Donc $BI = IG$ et $CJ = JG$.
On obtient donc $BI = IG = GF$ et $CJ = JG = GE$ et on a

$$\frac{CG}{CE} = \frac{2}{3} \quad \text{et} \quad \frac{BG}{BF} = \frac{2}{3}.$$

Corrigé de l'exercice 159 – page 119.

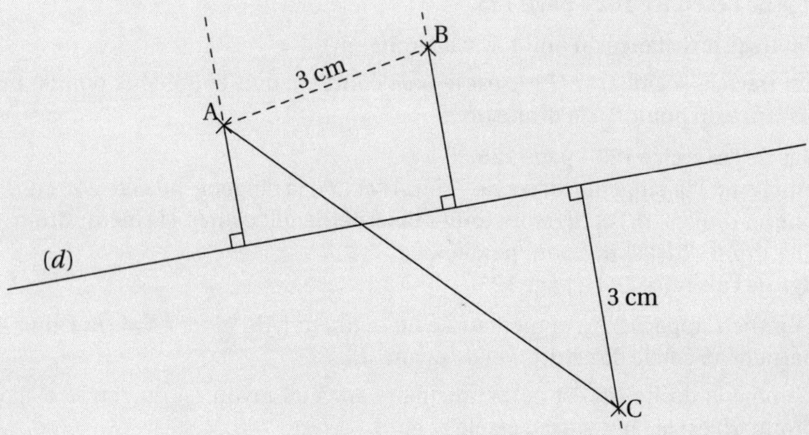

Corrigé de l'exercice 160 – page 123.

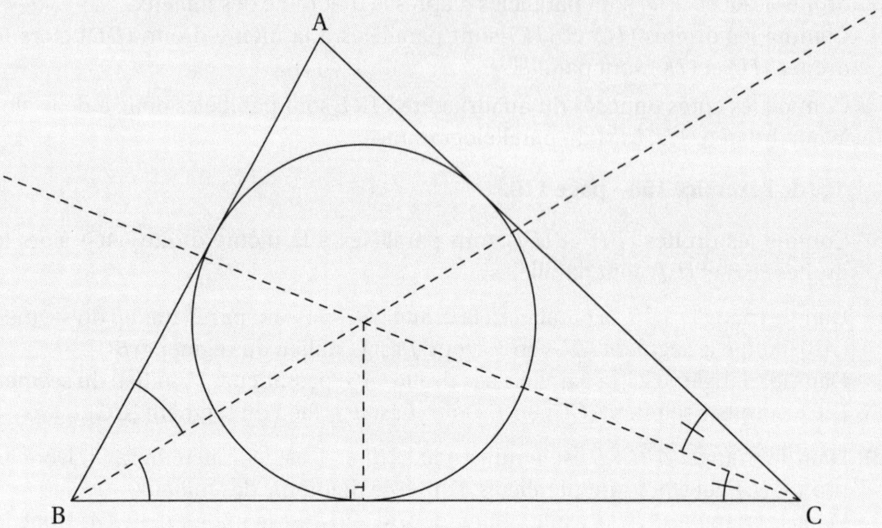

Corrigé de l'exercice 161 – page 124.

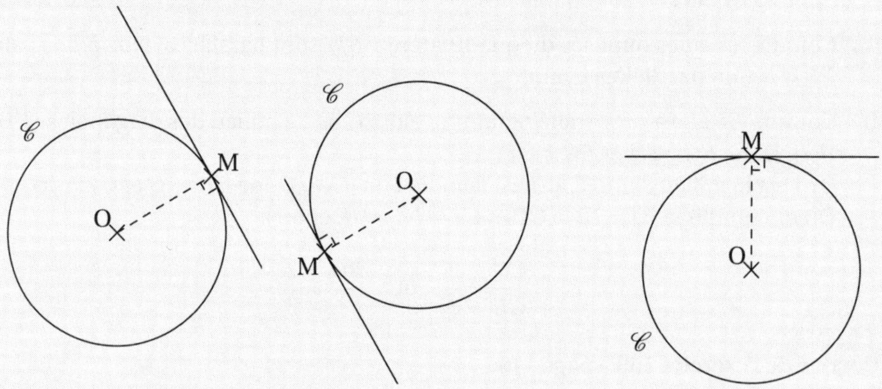

Corrigé de l'exercice 162 – page 125.

(a) On trace la distance du point M à la droite (d_1).

(b) On trace le segment $[MP]$ (c'est le plus court chemin entre deux points) puis la distance du point P à la droite (d_1).

Corrigé de l'exercice 163 – page 125.

On appelle (d_1) la tangente au cercle $\mathscr{C}$ en A ; et (d_2) la tangente au cercle $\mathscr{C}$ en B. Comme les droites (d_1) et (d_2) sont toutes deux perpendiculaires à la même droite (AB) alors les droites (d_1) et (d_2) sont parallèles.

Corrigé de l'exercice 164 – page 125.

(b) Comme I appartient à la médiatrice du segment $[AB]$ alors $IA = IB$. Donc A appartient au cercle de centre I et de rayon IB.

(c) Comme la droite (d) est perpendiculaire en A au rayon IA du cercle $\mathscr{C}$ alors la droite (d) est la tangente au cercle $\mathscr{C}$ en A.

Corrigé de l'exercice 165 – page 126.

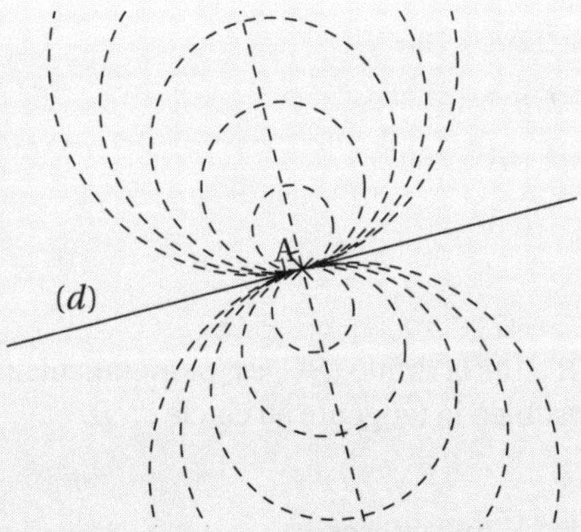

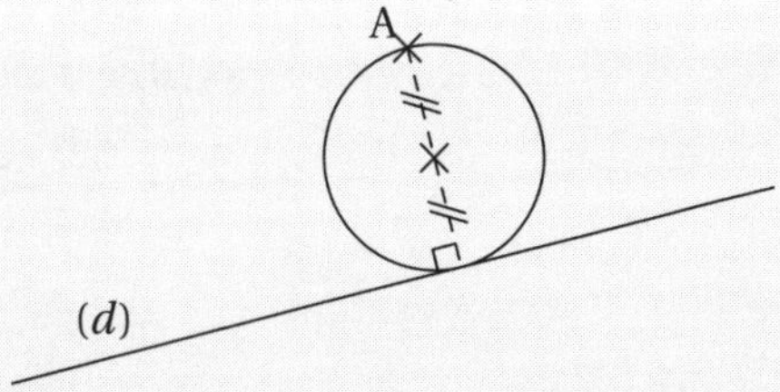

Corrigé de l'exercice 166 – page 126.

Comme le cercle doit être tangent à la droite (d) en A alors le centre O de ce cercle doit appartenir à la perpendiculaire à la droite (d) en A.

De plus, le cercle doit passer par A et B donc le centre O du cercle appartient à la médiatrice du segment $[AB]$.

Le point O est donc à l'intersection de ces deux droites.

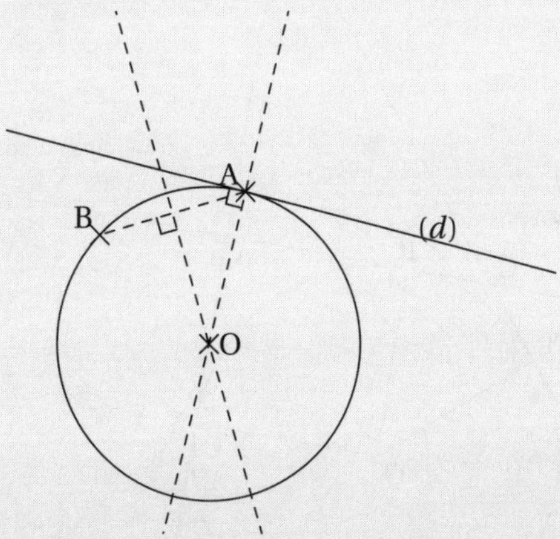

Corrigé de l'exercice 167 – page 126.

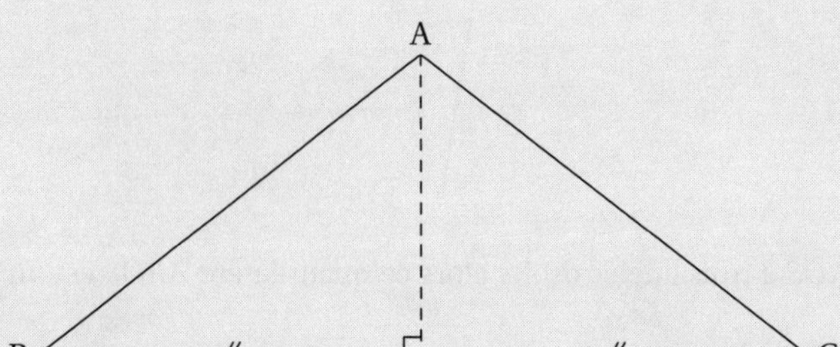

Le triangle AHB est rectangle en H donc l'égalité de Pythagore est vérifiée :

$$AB^2 = AH^2 + HB^2$$
$$AB^2 = 3^2 + 4^2$$
$$AB^2 = 9 + 16$$
$$AB^2 = 25$$
$$AB = 5$$

Corrigé de l'exercice 168 – page 126.

(a) Dans le triangle ABC, on a

$$\widehat{BAC}+\widehat{ACB}+\widehat{CBA}=180°$$
$$52°+38°+\widehat{CBA}=180°$$
$$90°+\widehat{CBA}=180°$$
$$\widehat{CBA}=90°$$

Le triangle ABC est donc rectangle en B.

(c) Comme le triangle ABC est rectangle en B alors la droite (BC) est perpendiculaire au rayon $[AB]$ en B. Donc la droite (BC) est bien la tangente au cercle en B.

Corrigé de l'exercice 169 – page 126.
La figure suivante permettra de fixer le nom des points utilisés.

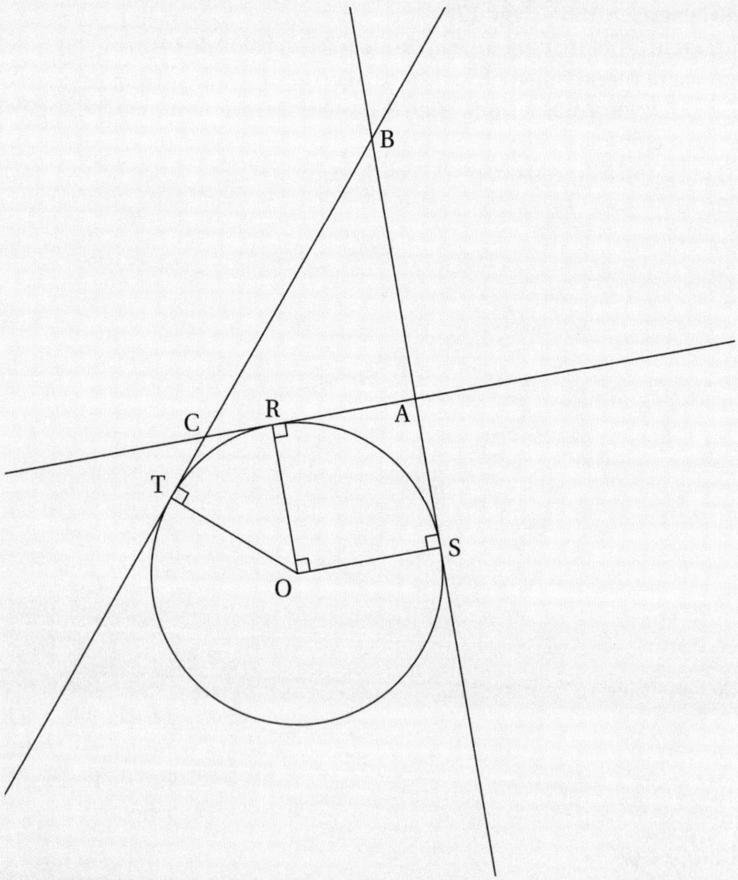

Comme le quadrilatère $AROS$ a trois angles droits alors ce quadrilatère $AROS$ est un rectangle.
Comme ce quadrilatère $AROS$ est un rectangle alors l'angle $\widehat{RAS}$ est un angle droit. Le triangle ABC est rectangle en A.

Corrigé de l'exercice 170 – page 126.

On considère le cas correspondant à la figure suivante :

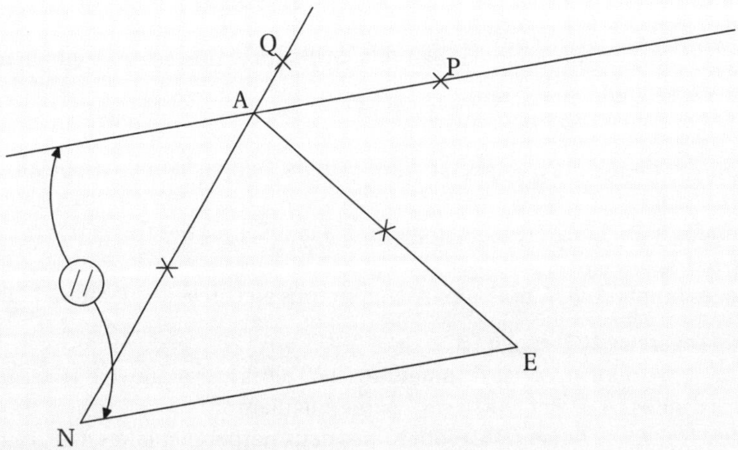

Comme les droites (AP) et (NE) sont parallèles alors les angles alternes-internes $\widehat{PAE}$ et $\widehat{AEN}$ sont égaux : $\widehat{PAE} = \widehat{AEN}$.

Comme le triangle ANE est isocèle en A alors les angles à la base $\widehat{ANE}$ et $\widehat{AEN}$ sont égaux : $\widehat{ANE} = \widehat{AEN}$.

Comme les droites (AP) et (NE) sont parallèles alors les angles correspondants $\widehat{QAP}$ et $\widehat{ANE}$ sont égaux : $\widehat{QAP} = \widehat{ANE}$.

On obtient donc $\widehat{QAP} = \widehat{PAE}$. La droite (PA) devient la bissectrice de l'angle $\widehat{QAE}$. Donc le point P est bien équidistant des droites (AN) et (AE).

Corrigé de l'exercice 171 – page 126.

Comme le quadrilatère $MPAQ$ a trois angles droits alors ce quadrilatère $MPAQ$ est un rectangle.

Comme $MPAQ$ est un rectangle alors ses diagonales ont la même longueur.

Rendre minimale la longueur PQ revient à rendre minimale la longueur AM où M est un point de l'hypoténuse.

La longueur AM doit être la distance du point A à la droite (BC). Pour placer le point M, on trace alors la perpendiculaire à la droite (BC) passant par A : elle coupe la droite (BC) en M.

Corrigé de l'exercice 172 – page 128.

Comme le triangle ABC est rectangle en A alors le centre de son cercle circonscrit est le milieu de l'hypoténuse $[BC]$, c'est-à-dire I.

Comme le triangle BCE est rectangle en C alors le centre de son cercle circonscrit est le milieu de l'hypoténuse $[BE]$, c'est-à-dire K.

Comme le triangle AKC est rectangle en K alors le centre de son cercle circonscrit est le milieu de l'hypoténuse $[AC]$, c'est-à-dire H.

Corrigé de l'exercice 173 – page 129.

Comme le triangle AKB est rectangle en K alors $OK = \dfrac{AB}{2}$.

Comme le triangle ABL est rectangle en L alors $LO = \dfrac{AB}{2}$.

Donc $OK = OL$ et le triangle OKL est isocèle en O.

Corrigé de l'exercice 174 – page 130.

Dans le triangle RST, la médiane $[TI]$ relative au plus grand côté $[RS]$ mesure la moitié de la longueur de ce côté. Donc le triangle RST est rectangle en T.

Dans le triangle RSU, la médiane $[UI]$ relative au plus grand côté $[RS]$ mesure la moitié de la longueur de ce côté. Donc le triangle RSU est rectangle en U.
Dans le triangle UIT, on a $UI = IT$. Donc le triangle UIT est isocèle en I.

Corrigé de l'exercice 175 – page 131.

Comme C appartient au cercle de diamètre $[AB]$ alors ABC est un triangle rectangle en C. Par conséquent, $\widehat{ACB} = 90°$.

Corrigé de l'exercice 176 – page 131.

(c) Comme le triangle ABE est rectangle en E alors E appartient au cercle de diamètre $[AB]$.
Comme le triangle ABF est rectangle en F alors F appartient au cercle de diamètre $[AB]$.
Donc les points A, B, E et F appartiennent tous au cercle de diamètre $[AB]$.

Corrigé de l'exercice 177 – page 132.

Comme M' appartient au cercle de diamètre $[AA']$ alors le triangle $AA'M'$ est rectangle en M et les droites $(A'M')$ et (AM') sont perpendiculaires.
Comme les droites $(A'M')$ et (BM) sont toutes deux perpendiculaires à la droite (AM') alors les droites $(A'M')$ et (BM) sont parallèles.

Corrigé de l'exercice 178 – page 132.

(a) Comme M appartient au cercle de diamètre $[AB]$ alors le triangle ABM est rectangle en M.

(b) Comme E est le symétrique de A par rapport à M alors M est le milieu du segment $[EA]$.
Comme F est le symétrique de B par rapport à M alors M est le milieu du segment $[FB]$.
Comme le quadrilatère $ABEF$ a ses diagonales qui ont le même milieu alors $ABEF$ est un parallélogramme.
De plus, ses diagonales sont perpendiculaires donc $ABEF$ est un losange.

Corrigé de l'exercice 179 – page 132.

- Comme B appartient au cercle de diamètre $[AD]$ alors les droites (AB) et (BD) sont perpendiculaires ainsi que les droites (BC) et (BD).
- Comme C appartient au cercle de diamètre $[AE]$ alors les droites (AC) et (EC) sont perpendiculaires ainsi que les droites (BC) et (FC).
- Comme F appartient au cercle de diamètre $[DE]$ alors les droites (DF) et (EF) sont perpendiculaires ainsi que les droites (DF) et (FC).
- Comme le quadrilatère $BDFC$ possède 3 angles droits alors c'est un rectangle.

Corrigé de l'exercice 180 – page 132.

(b) Comme I appartient au cercle de diamètre $[UM]$ alors le triangle UMI est rectangle en I. Comme J appartient au cercle de diamètre $[UM]$ alors le triangle UMI est rectangle en J.

(c) Comme le triangle UHI est rectangle en I alors le cercle circonscrit au triangle IUH a pour diamètre $[HU]$. Comme le triangle MHJ est rectangle en J alors le cercle circonscrit au triangle JMH a pour diamètre $[HM]$.

Corrigé de l'exercice 181 – page 136.

Comme les droites (SO) et (LU) sont perpendiculaires à la même droite (ST) alors les droites (SO) et (LU) sont parallèles.
 Dans le triangle TOS rectangle en S, U appartient au segment $[TO]$ et L appartient au

segment $[TS]$. Comme les droites (UL) et (SO) sont parallèles, alors il y a proportionnalité entre les côtés du triangle LUT et ceux du triangle TOS.

Or, $LU = \dfrac{1\,736}{695\,000} \times SO$. Donc

$$TL = \frac{1\,736}{695\,000} \times TS$$
$$TL = \frac{1\,736}{695\,000} \times 150\,000\,000$$
$$TL \approx 374\,676 \text{ km}$$

Corrigé de l'exercice 182 – page 139.

1er cas Les côtés correspondants des triangles AJC et AIB ont des longueurs proportionnelles.

$$\frac{AJ}{AI} = \frac{AC}{AB} = \frac{JC}{IB}$$

2e cas Les côtés correspondants des triangles FAC et FRE ont des longueurs proportionnelles.

$$\frac{FR}{FC} = \frac{FE}{FA} = \frac{ER}{AC}$$

3e cas Les côtés correspondants des triangles HTL et HBA ont des longueurs proportionnelles.

$$\frac{HB}{HT} = \frac{HA}{HL} = \frac{AB}{TL}$$

Corrigé de l'exercice 183 – page 140.

Dans le triangle JDA, M est un point du segment $[JA]$ et B est un point du segment $[JD]$. Comme les droites (MB) et (AD) sont parallèles alors, d'après « l'égalité des trois rapports », on a

$$\frac{JM}{JA} = \frac{JB}{JD} = \frac{MB}{AD} \quad \text{c'est-à-dire} \quad \frac{3,6}{JA} = \frac{1,8}{3} = \frac{MB}{4}$$

On a immédiatement $JA = 6$. On utilise ensuite

$$\frac{1,8}{3} = \frac{MB}{4}$$
$$3 \times MB = 4 \times 1,8$$
$$3 \times MB = 7,2$$
$$MB = \frac{7,2}{3}$$

La longueur MB mesure 2,4 cm.

Corrigé de l'exercice 184 – page 140.

Si les droites étaient parallèles, on pourrait écrire, d'après « l'égalité des trois rapports » :

$$\frac{AT}{AB} = \frac{AH}{AL}$$

Or

$$\frac{AT}{AB} = \frac{1,4}{4} = \frac{14}{40} = \frac{7}{20} \qquad \text{et} \qquad \frac{AH}{AL} = \frac{3,5}{9,5} = \frac{7}{19} \neq \frac{AT}{AB}$$

Par conséquent, les droites (AB) et (CD) ne sont pas parallèles.

Corrigé de l'exercice 185 – page 142.

1/ On passe de $AB = 8$ à $AC = 20$ en multipliant par 2,5.
Donc le coefficient d'agrandissement est 2,5.

2/ Comme $CE = 2,5 \times BD$ alors $BD = 9 \div 2,5 = 3,6$ cm.

Corrigé de l'exercice 186 – page 142.

1er cas On a bien les conditions nécessaires pour appliquer l'égalité des trois rapports.

2e cas On ne sait pas si les droites (SV) et (RU) sont parallèles.

3e cas Comme les droites (RP) et (ST) sont perpendiculaires à la même droite (OS) alors les droites (RP) et (ST) sont parallèles. On a *maintenant* les conditions nécessaires pour appliquer l'égalité des trois rapports.

Corrigé de l'exercice 187 – page 143.
Dans le triangle ABC, R est un point du segment $[AB]$, T est un point du segment $[AC]$. Comme les droites (RT) et (BC) sont parallèles alors, d'après l'égalité des trois rapports, on a :

$$\frac{AR}{AB} = \frac{AT}{AC} = \frac{RT}{BC}.$$

On utilise

$$\frac{AT}{7} = \frac{2}{5}$$
$$AT = \frac{7 \times 2}{5}$$
$$AT = \frac{14}{5}$$
$$AT = 2,8$$

La longueur AT mesure 2,8 cm.
Corrigé de l'exercice 188 – page 143.
Dans le triangle ABC, E est un point du segment $[AB]$, D est un point du segment $[AC]$. Comme les droites (ED) et (BC) sont parallèles alors, d'après l'égalité des trois rapports, on a :

$$\frac{AE}{AB} = \frac{AD}{AC} = \frac{ED}{BC}.$$

On utilise

$$\frac{AD}{3,2} = \frac{12}{8}$$
$$AD = \frac{3,2 \times 12}{8}$$
$$AD = \frac{38,4}{8}$$
$$AD = 4,8$$

La longueur AD mesure 4,8 cm

Corrigé de l'exercice 189 – page 143.

(a) Dans le triangle RST, M est un point du segment $[RS]$, N est un point du segment $[RT]$. Comme les droites (MN) et (ST) sont parallèles alors, d'après l'égalité des trois rapports, on a :

$$\frac{RM}{RS} = \frac{RN}{RT} = \frac{MN}{ST}.$$

On utilise

$$\frac{MN}{4,8} = \frac{6,6}{8,8}$$
$$MN = \frac{4,8 \times 6,6}{8,8}$$
$$MN = \frac{31,68}{8,8}$$
$$MN = 3,6$$

La longueur MN mesure 3,6 cm

(b) On utilise

$$\frac{RN}{5,6} = \frac{6,6}{8,8}$$
$$RN = \frac{5,6 \times 6,6}{8,8}$$
$$RN = \frac{36,96}{8,8}$$
$$RN = 4,2$$

La longueur RN mesure 4,2 cm.
Comme N appartient au segment $[RT]$ alors $NT = RT - RN = 5,6 - 4,2 = 1,4$ cm.

Corrigé de l'exercice 190 – page 143.
Dans le triangle AIB, J est un point du segment $[AI]$, C est un point du segment $[AB]$. Comme les droites (JC) et (IB) sont parallèles alors, d'après l'égalité des trois rapports, on a :

$$\frac{AJ}{AI} = \frac{AC}{AB} = \frac{JC}{IB}.$$

On utilise

$$\frac{JC}{3} = \frac{4,9}{7}$$
$$JC = \frac{3 \times 4,9}{7}$$
$$JC = \frac{14,7}{7} = 2,1$$

La longueur JC mesure 2,1 m. Or, comme le point C appartient au segment $[AB]$ alors $BC = AB - AC = 7 - 4,9 = 2,1$ m. Donc le triangle JCB est isocèle en C.
Corrigé de l'exercice 191 – page 143.

(a) Dans le triangle FCA, R est un point du segment $[FC]$, E est un point du segment $[FA]$. Comme les droites (RE) et (CA) sont parallèles alors, d'après l'égalité des trois rapports, on a :

$$\frac{FR}{FC} = \frac{FE}{FA} = \frac{RE}{CA}.$$

On utilise

$$\frac{ER}{4,8} = \frac{3,5}{6}$$
$$ER = \frac{4,8 \times 3,5}{6}$$
$$ER = 2,8 \text{ cm}$$

La longueur ER mesure 2,8 cm.

On utilise

$$\frac{4,2}{FC} = \frac{3,5}{6}$$
$$FC = \frac{6 \times 4,2}{3,5}$$
$$FC = 7,2 \text{ cm}$$

Donc $RC = FC - FR = 7,2 - 4,2 = 3$ cm.

Corrigé de l'exercice 192 – page 144.
Comme les droites (IM) et (AN) sont perpendiculaires à la même droite (OA) alors les droites (IM) et (AN) sont parallèles.
Dans le triangle OAN, I appartient au segment $[OA]$ et M appartient au segment $[ON]$. Comme les droites (IM) et (AN) sont parallèles alors les côtés du triangle OAN ont des longueurs proportionnelles à celles des côtés du triangle OIM.
Or, $AO = a \times IO$. Donc $ON = a \times OM = a \times b$.
La longueur ON représente le produit $a \times b$.
Corrigé de l'exercice 193 – page 144.

(b) 1/ Dans le triangle MIJ, E est un point du segment $[MI]$, N est un point du segment $[MJ]$. Comme les droites (EN) et (IJ) sont parallèles alors, d'après l'égalité des trois rapports, on a :

$$\frac{ME}{MI} = \frac{MN}{MJ} = \frac{EN}{IJ}.$$

2/ Comme $IJKL$ est un parallélogramme alors les droites (IJ) et (LK) sont parallèles. Or, les droites (EN) et (IJ) sont également parallèles. Donc les droites (EN) et (LK) sont parallèles.
Dans le triangle IKL, N est un point du segment $[IK]$, E est un point du segment $[IL]$. Comme les droites (NE) et (KL) sont parallèles alors, d'après l'égalité des trois rapports, on a :

$$\frac{IN}{IK} = \frac{IE}{IL} = \frac{NE}{KL}.$$

3/ On regroupe les conclusions des deux questions précédentes et

$$\frac{IN}{IK} = \frac{MN}{MJ}.$$

(c) 1/ D'après la question b.2., on a

$$\frac{IN}{IK} = \frac{IE}{IL}.$$

2/ On regroupe les conclusions des questions b.1., b.2. et c.1 pour obtenir

$$\frac{IE}{IL} = \frac{ME}{MI}.$$

3/ On utilise l'égalité des produits en croix pour obtenir

$$MI \times IE = ME \times IL.$$

Corrigé de l'exercice 194 – page 144.
• Comme les droites (GF) et (CD) sont perpendiculaires à la même droite (OA) alors les droites (GF) et (CD) sont parallèles.
Dans le triangle ODC, G est un point du segment $[OD]$, F est un point du segment $[OC]$. Comme les droites (GF) et (DC) sont parallèles alors, d'après l'égalité des trois rapports, on a :

$$\frac{OG}{OD} = \frac{OF}{OC} = \frac{GF}{DC}.$$

• Comme les droites (EF) et (CB) sont perpendiculaires à la même droite (CE) alors les droites (EF) et (CB) sont parallèles.

Dans le triangle OBC, E est un point du segment $[OB]$, F est un point du segment $[OC]$. Comme les droites (EF) et (BC) sont parallèles alors, d'après l'égalité des trois rapports, on a :

$$\frac{OE}{OB} = \frac{OF}{OC} = \frac{EF}{BC}.$$

• Comme les droites (ED) et (BA) sont perpendiculaires à la même droite (OA) alors les droites (ED) et (AB) sont parallèles.
Dans le triangle OBA, E est un point du segment $[OB]$, D est un point du segment $[OA]$. Comme les droites (ED) et (BA) sont parallèles alors, d'après l'égalité des trois rapports, on a :

$$\frac{OE}{OB} = \frac{OD}{OA} = \frac{ED}{BA}.$$

• Comme $\frac{OG}{OD} = \frac{OF}{OC}$ et $\frac{OF}{OC} = \frac{OE}{OB}$ et $\frac{OE}{OB} = \frac{OD}{OA}$ alors $\frac{OG}{OD} = \frac{OD}{OA}$.

En utilisant l'égalité des produits en croix, on a bien

$$OD \times OD = OG \times OA.$$

Corrigé de l'exercice 196 – page 148.

• Dans le triangle RST, rectangle en R, on a : $\cos(\widehat{RTS}) = \frac{TR}{TS}$.

• Dans le triangle IJK, rectangle en I, on a : $\cos(\widehat{IJK}) = \frac{JI}{JK}$.

• Dans le triangle DEF, rectangle en D, on a : $\cos(\widehat{FED}) = \frac{ED}{EF}$.

Corrigé de l'exercice 197 – page 150.

$\widehat{ABC}$	0°	7°	21°	35°	48°	55°	60°	75°	90°
$\cos(\widehat{ABC})$	1	0,992	0,934	0,819	0,669	0,574	0,5	0,259	0

Corrigé de l'exercice 198 – page 150.

$\widehat{ABC}$	84°	37°	49°	66°	73°	14°	46°	71°
$\cos(\widehat{ABC})$	0,1	0,8	0,66	0,4	0,29	0,97	0,7	0,33

Corrigé de l'exercice 199 – page 151.

1/ Dans le triangle RST, rectangle en R, on a :

$$ST = \frac{RT}{\cos(\widehat{RTS})}$$
$$ST = \frac{4}{\cos(30°)}$$
$$ST \approx 4,6 \text{ cm}$$

2/ Dans le triangle IJK, rectangle en K, on a :

$$JK = IJ \times \cos(\widehat{IJK})$$
$$JK = 9 \times \cos(45°)$$
$$JK \approx 6,4 \text{ cm}$$

Corrigé de l'exercice 200 – page 152.

• Dans le triangle ABC rectangle en A, on a

$$\begin{aligned} AB &= BC \times \cos(\widehat{CBA}) \\ 4 &= 8 \times \cos(\widehat{CBA}) \\ \frac{4}{8} &= \cos(\widehat{CBA}) \\ 60° &= \widehat{CBA} \end{aligned}$$

Comme la somme des angles d'un triangle est égale à 180° alors $\widehat{ACB} = 30°$.

• Dans le triangle DEF rectangle en E, on a

$$\begin{aligned} DE &= DF \times \cos(\widehat{EDF}) \\ 5 &= 6 \times \cos(\widehat{EDF}) \\ \frac{5}{6} &= \cos(\widehat{EDF}) \\ 34° &\approx \widehat{EDF} \end{aligned}$$

Comme la somme des angles d'un triangle est égale à 180° alors $\widehat{EFD} \approx 56°$.

• Dans le triangle IJK rectangle en K, on a

$$\begin{aligned} IK &= IJ \times \cos(\widehat{KIJ}) \\ 3 &= 10 \times \cos(\widehat{KIJ}) \\ \frac{3}{10} &= \cos(\widehat{KIJ}) \\ 73° &\approx \widehat{KIJ} \end{aligned}$$

Comme la somme des angles d'un triangle est égale à 180° alors $\widehat{KJI} \approx 17°$.

Corrigé de l'exercice 201 – page 152.

$$AC \times \cos(\widehat{BAC}) = AB \qquad\qquad AC \times \cos(\widehat{BCA}) = BC$$

Application n° 1 On peut calculer « immédiatement » la longueur AB.

Application n° 2 On peut calculer « immédiatement » la longueur AC.

Corrigé de l'exercice 202 – page 153.

(b) Comme le triangle MNP est rectangle en M alors

$$\begin{aligned} PN \times \cos(\widehat{MPN}) &= MP \\ PN \times \cos(19°) &= 4 \\ PN &= \frac{4}{\cos(19°)} \\ PN &\approx 4,2 \text{ cm} \end{aligned}$$

Corrigé de l'exercice 203 – page 153.

Comme le triangle IJK est rectangle en I alors

$$\begin{aligned} KJ \times \cos(\widehat{KJI}) &= IJ \\ 10 \times \cos(55°) &= IJ \end{aligned}$$

Comme le triangle LMN est rectangle en N alors

$$\begin{aligned} LM \times \cos(\widehat{LMN}) &= MN \\ 11 \times \cos(33°) &= MN \end{aligned}$$

Comme le triangle PQR est rectangle en R alors

$$PQ \times \cos(\widehat{QPR}) = PR$$
$$PQ \times \cos(53°) = 45$$
$$PQ = \frac{45}{\cos(53°)}$$

Comme le triangle STU est rectangle en U alors

$$ST \times \cos(\widehat{UST}) = SU$$
$$ST \times \cos(25°) = 13,5$$
$$PQ = \frac{13,5}{\cos(25°)}$$

Corrigé de l'exercice 204 – page 153.

Comme le triangle SVT est rectangle en S alors

$$TV \times \cos(\widehat{SVT}) = SV$$
$$5 \times \cos(\widehat{SVT}) = 3$$
$$\cos(\widehat{SVT}) = \frac{3}{5}$$
$$\widehat{SVT} \approx 53°$$

Corrigé de l'exercice 205 – page 153.

Comme le triangle LMN est rectangle en L alors

$$MN \times \cos(\widehat{LMN}) = LM$$
$$7 \times \cos(\widehat{LMN}) = 6$$
$$\cos(\widehat{LMN}) = \frac{6}{7}$$
$$\widehat{LMN} \approx 31°$$

Comme la somme des angles d'un triangle est égale à 180° alors $\widehat{MNL} \approx 59°$.

Comme le triangle RST est rectangle en S alors

$$RT \times \cos(\widehat{SRT}) = RS$$
$$15 \times \cos(\widehat{SRT}) = 8$$
$$\cos(\widehat{SRT}) = \frac{8}{15}$$
$$\widehat{SRT} \approx 58°$$

Comme la somme des angles d'un triangle est égale à 180° alors $\widehat{STR} \approx 32°$.

Corrigé de l'exercice 206 – page 153.

(a) Dans le triangle ADM, rectangle en A, on a

$$\cos(\widehat{MDA}) = \frac{AD}{DM}$$

Dans le triangle DEA rectangle en E, on a

$$\cos(\widehat{MDA}) = \frac{DE}{AD}$$

(b) 1/ Comme le triangle MAD est rectangle en A alors l'égalité de Pythagore est vérifiée :

$$MD^2 = MA^2 + AD^2$$
$$10^2 = MA^2 + 8^2$$
$$100 = MA^2 + 64$$
$$MA^2 = 100 - 64$$
$$MA^2 = 36$$
$$MA = 6$$

2/ On a

$$\frac{AD}{DM} = \frac{DE}{AD}$$
$$\frac{8}{10} = \frac{DE}{8}$$
$$DE = \frac{8 \times 8}{10}$$
$$DE = 6,4 \text{ cm}$$

Corrigé de l'exercice 207 – page 154.

(a) Comme $ABCD$ est un carré alors les angles $\widehat{CAB}$ et $\widehat{BCA}$ sont égaux et valent 45°. $ABCD$ est un carré de centre O donc $OB = OC$ et les droites (OB) et (OC) sont perpendiculaires. Donc le triangle BCO est rectangle isocèle en O.
Donc $\widehat{OBC} = \widehat{CBO} = 45°$.

Comme le triangle ABC est rectangle en B alors

$$AC \times \cos(\widehat{BCA}) = BC$$
$$AC \times \cos(45°) = BC$$

Comme le triangle BOC est rectangle en O alors

$$BC \times \cos(\widehat{BCO}) = OC$$
$$BC \times \cos(45°) = OC$$

(b) On a alors

$$OC = BC \times \cos(45°)$$
$$OC = AC \times \cos(45°) \times \cos(45°)$$
$$OC = AC \times (\cos(45°))^2$$
$$\frac{OC}{AC} = (\cos(45°))^2$$

Or O est le milieu du segment $[AC]$. Donc $\frac{OC}{AC} = \frac{1}{2}$ et

$$(\cos(45°))^2 = \frac{1}{2}.$$

Corrigé de l'exercice 208 – page 154.
Comme le triangle ABC est rectangle en B alors l'égalité de Pythagore est vérifiée :

$$AC^2 = AB^2 + BC^2$$
$$AC^2 = 10^2 + 10^2$$
$$AC^2 = 100 + 100$$
$$AC^2 = 200$$
$$AC = \sqrt{200}$$

Comme le triangle ACE est rectangle en C alors l'égalité de Pythagore est vérifiée :

$$AE^2 = AC^2 + CE^2$$
$$AE^2 = 200 + 10^2$$
$$AE^2 = 200 + 100$$
$$AE^2 = 300$$
$$AE = \sqrt{300}$$

Comme le triangle ACE est rectangle en C alors

$$AE \times \cos(\widehat{CAE}) = AC$$
$$\sqrt{300} \times \cos(\widehat{CAE}) = \sqrt{200}$$
$$\cos(\widehat{CAE}) = \frac{\sqrt{200}}{\sqrt{300}}$$
$$\widehat{CAE} \approx 35°$$

Corrigé de l'exercice 209 – page 154.

(a) Dans le triangle AHC, on a

$$\widehat{CAH} + \widehat{AHC} + \widehat{HCA} = 180°$$
$$\widehat{CAH} + 90° + 30° = 180°$$
$$\widehat{CAH} + 120° = 180°$$
$$\widehat{CAH} = 60°$$

Comme le triangle CAH est rectangle en H alors

$$AC \times \cos(\widehat{CAH}) = AH$$
$$60 \times \cos(60°) = AH$$

(b) Comme les angles $\widehat{BAH}$ et $\widehat{CAH}$ sont adjacents alors

$$\widehat{BAH} + \widehat{CAH} = \widehat{BAC}$$
$$\widehat{BAH} + 60° = 110°$$
$$\widehat{BAH} = 50°$$

(c) Comme le triangle BAH est rectangle en H alors

$$AB \times \cos(\widehat{BAH}) = AH$$
$$AB \times \cos(50°) = 60 \times \cos(60°)$$
$$AB = \frac{60 \times \cos(60°)}{\cos(50°)} \text{ m}$$

Corrigé de l'exercice 210 – page 157.

1/ La pyramide $ABCFE$ a 5 sommets, 5 faces, 8 arêtes. Sa base est $BCFE$, son sommet est A.

2/ La pyramide $FADE$ a 4 sommets, 4 faces, 6 arêtes. Sa base est FED, son sommet A.

Chaque face de la pyramide $FADE$ aurait pu être prise pour base.

Corrigé de l'exercice 212 – page 159.

1/ La base est un carré de côté 6 cm ; son aire est 36 cm^2. Donc le volume de cette pyramide est

$$\mathcal{V} = \frac{36 \times 34}{3} = 408 \text{ cm}^3.$$

2/ La base est un triangle rectangle donc son aire est $\frac{3 \times 4}{2} = 6$ cm^2. Le volume de la pyramide est

$$\mathcal{V} = \frac{6 \times 7}{3} = 14 \text{ cm}^3.$$

3/ La base est un losange donc son aire est $\frac{7 \times 5}{2} = 17{,}5$ cm^2. Le volume de la pyramide est

$$\mathcal{V} = \frac{17{,}5 \times 12}{3} = 70 \text{ cm}^3.$$

Les formules sont à apprendre !

Corrigé de l'exercice 213 – page 160.

1/ $\mathcal{V} = \dfrac{\pi \times 5^2 \times 9}{3} = \dfrac{\pi \times 25 \times 9}{3} = \dfrac{\pi \times 225}{3} = \pi \times 75 \text{ cm}^3.$

2/ $\mathcal{V} = \dfrac{\pi \times 5^2 \times 6}{3} = \dfrac{\pi \times 25 \times 6}{3} = \dfrac{\pi \times 150}{3} = \pi \times 50 \text{ dm}^3.$

Attention au vocabulaire ! On donnait ici le diamètre de la base.

Corrigé de l'exercice 214 – page 161.

La pyramide *HDBC* a 4 faces qui sont toutes des triangles rectangles :

- en *D* pour *HDB* ;
- en *D* pour *HDC* ;
- en *C* pour *DCB* ;
- en *C* pour *BCH*.

Corrigé de l'exercice 215 – page 162.

Les constructions ci-dessous ne sont pas en vraie grandeur.

Décrivons la pyramide : 5 sommets, 5 faces. La base est le carré *ABCD*, les faces latérales sont toutes des triangles isocèles en *S*.

Il faut construire la longueur *SB* en vraie grandeur. C'est celle de l'hypoténuse du triangle *SGB* rectangle en *G*.

Pour construire ce triangle *SBG*, il nous manque la longueur *SG* qui, elle, intervient sur la diagonale *EG* du carré *EFGH*.

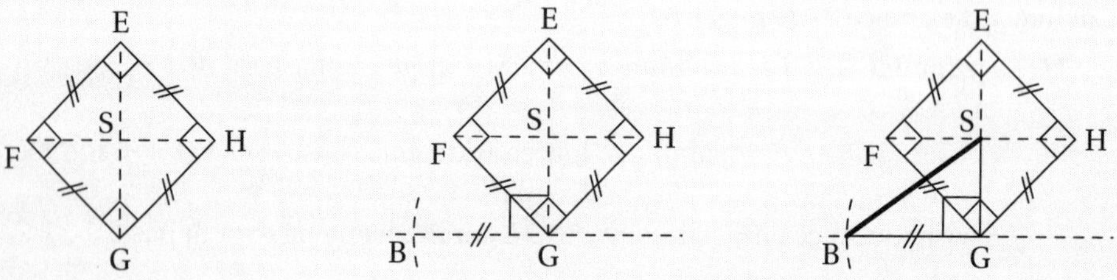

On utilise ensuite cette longueur SB en la reportant autant de fois que nécessaire pour construire les faces latérales de cette pyramide !

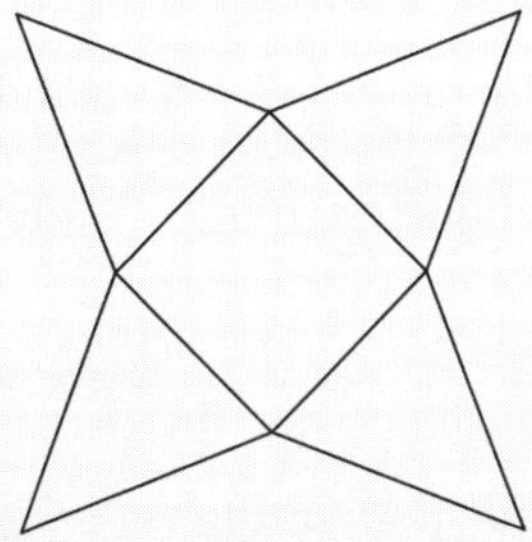

Corrigé de l'exercice 216 – page 163.

(a) Comme le cône de révolution est obtenu en faisant tourner un triangle rectangle en O autour de SO alors le triangle SOM est rectangle en O.

(b) Comme C appartient au cercle de diamètre $[AB]$ alors le triangle ABC est rectangle en C.

(c) Le rayon est OB et la hauteur est SO. Donc

$$\mathcal{V} = \frac{\pi \times OB^2 \times SO}{3}.$$

Corrigé de l'exercice 217 – page 163.

Il suffit de tracer quatre triangles équilatéraux de côté 5,5 cm.

Corrigé de l'exercice 218 – page 163.

Le patron n'est pas en vraie grandeur.

La pyramide $EFJI$ a quatre faces qui sont toutes des triangles rectangles :

- en F pour EFJ ;
- en F pour EFI ;
- en J pour FJI ;
- en J pour EJI.

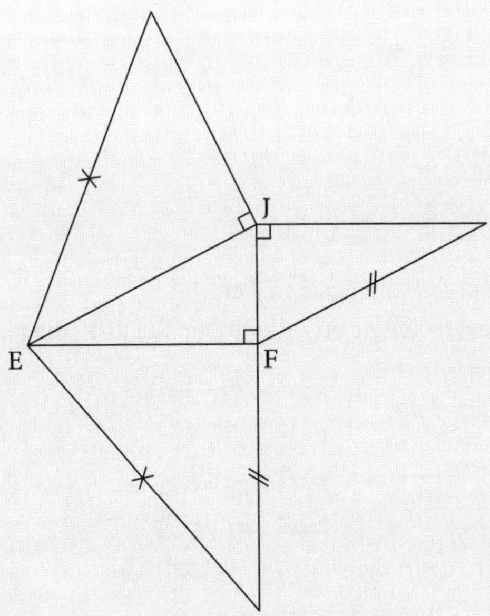

Corrigé de l'exercice 219 – page 163.

(a) Le volume de la partie cylindrique est

$$V_1 = \pi \times 7^2 \times 7 = \pi \times 343 \text{ dm}^3.$$

La hauteur de la partie conique est $16 - 7 = 9$ dm. Donc le volume de la partie conique est

$$V_2 = \frac{\pi \times 7^2 \times 9}{3} = \frac{\pi \times 441}{3} = \pi \times 147 \text{ dm}^3.$$

Le volume du réservoir est

$$V = V_1 + V_2 = \pi \times 490 \text{ dm}^3.$$

(b) Puisque $1 \text{ dm}^3 = 1$ L alors le réservoir peut contenir 490π L, ce qui est plus grand que 1 000 L.
La partie conique peut contenir 147π L, ce qui est plus petit que 1 000 L. Il y a donc de l'eau dans la partie cylindrique.

Corrigé de l'exercice 220 – page 164.

(a) La pyramide $MEFG$ a 4 faces : MEF qui est un triangle isocèle en M ; EFG qui est un triangle rectangle isocèle en F ; MFG qui est un triangle rectangle en F et le triangle EMG.

Le patron est à l'échelle 1 : 2.

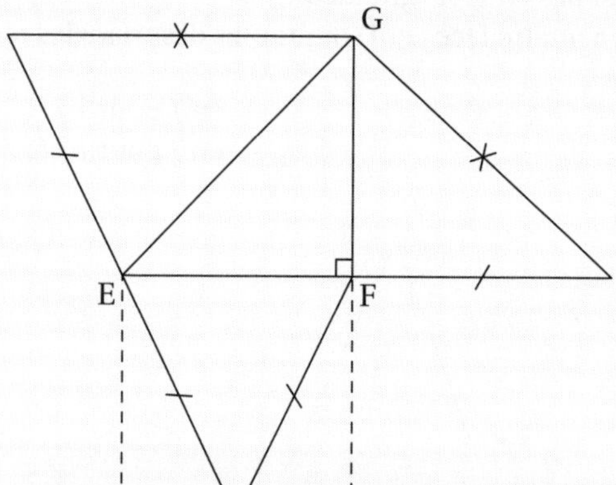

(b) Les longueurs EF et FG sont égales à 5 cm.

Le triangle FBM est rectangle en B donc l'égalité de Pythagore est vérifiée :

$$FM^2 = FB^2 + BM^2$$
$$FM^2 = 5^2 + 2{,}5^2$$
$$FM^2 = 25 + 6{,}25$$
$$FM^2 = 31{,}25$$
$$FM = \sqrt{31{,}25}$$

Le triangle EFG est rectangle en F donc l'égalité de Pythagore est vérifiée :

$$EG^2 = EF^2 + FG^2$$
$$EG^2 = 5^2 + 5^2$$
$$EG^2 = 25 + 25$$
$$EG^2 = 50$$
$$EG = \sqrt{50}$$

Comme le triangle MFG est rectangle en F alors l'égalité de Pythagore est vérifiée :

$$MG^2 = MF^2 + FG^2$$
$$MG^2 = 31{,}25 + 5^2$$
$$MG^2 = 31{,}25 + 25$$
$$MG^2 = 56{,}25$$
$$MG = \sqrt{56{,}25}$$
$$MG = 7{,}5 \text{ cm}$$

(c) La base de cette pyramide est EFG, la hauteur mesure 5 cm. Donc le volume est

$$V = \frac{\text{Aire de } EFG \times 5}{3}$$
$$V = \frac{\frac{5 \times 5}{2} \times 5}{3}$$
$$V = \frac{\frac{125}{2}}{3}$$
$$V = \frac{125}{6} \text{ cm}^3$$

Corrigé de l'exercice 221 – page 164.

(a) Dans le triangle BAC, $[BC]$ est le plus grand côté.

$$\left.\begin{array}{l} BC^2 = 5{,}2^2 = 27{,}04 \\ BA^2 + AC^2 = 2^2 + 4{,}8^2 = 4 + 23{,}04 = 27{,}04 \end{array}\right\} BC^2 = BA^2 + AC^2$$

L'égalité de Pythagore est vérifiée donc le triangle BAC est rectangle en A.

(b) Le patron est à l'échelle 1 : 2.

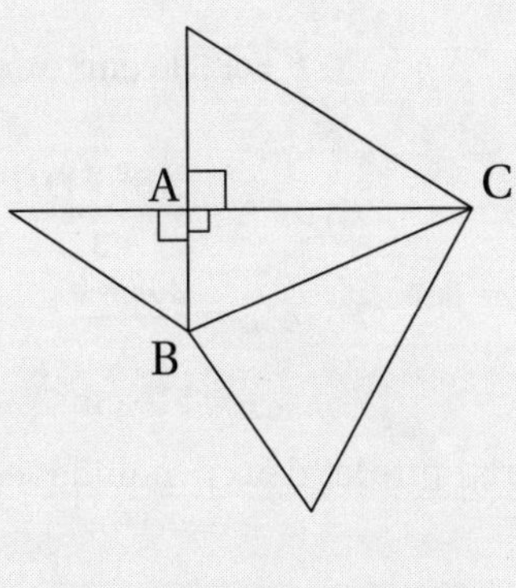

(c) L'aire de la base ABC est $\dfrac{4,8 \times 2}{2} = 4,8\ \text{cm}^2$. Donc le volume de cette pyramide est

$$V = \frac{4,8 \times 3}{3} = 4,8\ \text{cm}^3.$$

Corrigé de l'exercice 222 – page 164.

(a) Le triangle SHA est rectangle en H donc l'égalité de Pythagore est vérifiée :

$$\begin{aligned} SA^2 &= SH^2 + HA^2 \\ 20^2 &= SH^2 + 12^2 \\ 400 &= SH^2 + 144 \\ SH^2 &= 400 - 144 \\ SH^2 &= 256 \\ SH &= \sqrt{256} \\ SH &= 16 \end{aligned}$$

(b) Dans le triangle SAH rectangle en H, on a :

$$\begin{aligned} \cos(\widehat{SAH}) &= \frac{AH}{AS} \\ \cos(\widehat{SAH}) &= \frac{12}{20} \\ \widehat{SAH} &\approx 53° \end{aligned}$$

(c) Comme $ABCD$ est un carré alors $AC = 2 \times AH = 24$ cm.
Comme le triangle ABC est rectangle en B alors l'égalité de Pythagore est vérifiée :

$$\begin{aligned} AC^2 &= AB^2 + BC^2 \\ 24^2 &= AB^2 + AB^2 \\ 576 &= 2AB^2 \\ 288 &= AB^2 \\ \sqrt{288} &= AB \end{aligned}$$

La longueur AB mesure bien $\sqrt{288}$ cm.

(d) On a

$$\begin{aligned} \mathscr{V} &= \frac{AB^2 \times SH}{3} \\ \mathscr{V} &= \frac{288 \times 16}{3} \\ \mathscr{V} &= 1\,536\ \text{cm}^3 \end{aligned}$$

(f) On a donc

$$\begin{aligned} \mathscr{V}_{OABCD} &= \frac{AB^2 \times OH}{3} \\ \mathscr{V}_{OABCD} &= \frac{288 \times 6}{3} \\ \mathscr{V}_{OABCD} &= 576\ \text{cm}^3 \end{aligned}$$

Donc le volume compris entre les deux pyramides est $1\,536 - 576 = 960\ \text{cm}^3$.

Index

A

Agrandissement 141
Angle
    Côté adjacent à un. 145
Angles
    alternes-internes 15
    correspondants 15
    adjacents 15

B

Bissectrice d'un angle 119, 122

C

Cercle
    circonscrit à un triangle . . . 12, 128
    inscrit à un triangle 122
Comparer
    des nombres 95
Cône de révolution 158
    Hauteur d'un 159
Conjecture 65
Cylindre de révolution 18

D

Développer
    une expression 61
Distance
    d'un point à une droite . . . 119
Distributivité
    double 62
    simple 60
Diviseur
    d'un nombre entier 8

E

Échelle 20
Écriture scientifique 82
Égalité
    de Pythagore 101
    des produits en croix 49
    des trois rapports 133
Équation
    Résoudre une 88
    Solution d'une 88
Exposant
    Puissance d' 78

F

Factoriser
    une expression 61
Fréquence 28

G

Grandeurs
    proportionnelles 19

H

Hauteur
    d'un cône de révolution . . 159
    d'un triangle 13
    d'une pyramide 157

I

Inégalité
    triangulaire 12
Inverse
    d'un nombre relatif non nul42
    d'une fraction 74

M

Médiane
d'un triangle 13
Moyenne
d'une série statistique 30
Moyenne pondérée
d'une série statistique 31
Multiple
d'un nombre entier 8

N

Nombre
relatif 22
Nombre impair
de facteurs négatifs 38
Nombre pair
de facteurs négatifs 38
Nombre positif
Racine carrée d'un 105
Nombres relatifs
Comparer des... 95
Multiplier des 35
Quotient de 41

O

Opposé
d'un nombre relatif 22

P

Parallélogramme 14
Prisme droit 18
Pyramide 156
Hauteur d'une 157
Pythagore
Égalité de 101

Q

Quotients
égaux 43

R

Résoudre
une équation 88
Racine carrée
d'un nombre positif 105
Réduction 141
d'une expression 64

S

Solution
d'une équation 88
Symétrie
centrale 7

T

Tangente
à un cercle 123
Théorème
des milieux 112

V

Vitesse moyenne 55

Achevé d'imprimer en juin 2011 par Normandie Roto Impression s.a.s., 61250 Lonrai
N° d'impression : 112485 — Dépôt légal : juin 2011 — *Imprimé en France*